Thema
Gentechnik

G. J. V. Nossal Ross L. Coppel

Thema
Gentechnik

Eine lebensverändernde Wissenschaft

Aus dem Englischen übersetzt
von Ingrid Glomp

Spektrum Akademischer Verlag Heidelberg · Berlin · New York

Originaltitel: Reshaping Life
Aus dem Englischen übersetzt von Ingrid Glomp

Die Deutsche Bibliothek – CIP-Einheitsaufnahme
Nossal, Gustav J. V.:
[Gentechnik]
Thema Gentechnik : eine lebensverändernde Wissenschaft /
G. J. V. Nossal ; Ross L. Coppel. Aus dem Engl. übers. von
Ingrid Glomp. – Heidelberg ; Berlin ; New York :
Spektrum Akad. Verl., 1992
Einheitssacht.: Reshaping life <dt.>
ISBN 3-86025-021-3
NE: Coppel, Ross L.:

Erstausgabe der ersten englischen Auflage bei Melbourne University Press,
Carlton, Australien, 1984
Veröffentlicht von Cambridge University Press, Cambridge, New York,
Melbourne, 1985
Erstausgabe der zweiten englischen Auflage bei Melbourne University Press,
Carlton, Australien, 1989
Veröffentlicht von Cambridge University Press, Cambridge, New York,
Melbourne, 1990

Lektorat: Meike Hensmann, Frank Wigger
Produktion: Brigitte Achauer, Susanne Tochtermann

Gesamtherstellung: Druckerei und Verlag Bitsch GmbH, Birkenau

Gedruckt auf umweltfreundlichem Papier

Für Klara und in Gedenken an
Francisco Mendes Filho

Inhaltsverzeichnis

Danksagung

Wir möchten Richard Mahony für die Zeichnungen und Sonya Belan für Photoarbeiten danken. Die Schreibkräfte am Walter and Eliza Hall Institute unter der Leitung von Elisa McLennan waren (wie gewöhnlich) außerordentlich schnell und effizient.

Dies ist die Veröffentlichung Nummer 4381 des Hall Institute. Unsere eigenen Forschungsarbeiten wurden unterstützt vom National Health and Medical Research Council in Canberra (Australien), vom National Institute of Allergy and Infectious Diseases des United States Public Health Service (USA), von der John D. and Catherine T. MacArthur Foundation in Chicago sowie durch großzügige private Spenden an das Hall Institute.

G. J. V. Nossal und Ross L. Coppel
Melbourne, Juni 1989

Verzeichnis der Abbildungen

1. Der Flaschengeist ist frei

Bei einem Rückblick auf das 20. Jahrhundert werden Historiker feststellen, daß seine erste Hälfte von den physikalischen Wissenschaften, die zweite jedoch von der Biologie geprägt war. Die ersten fünfzig Jahre des Jahrhunderts brachten eine Revolutionierung des Verkehrs- und Nachrichtenwesens und der Massenproduktionstechnologie sowie den Beginn des Computerzeitalters mit sich. Sie sahen auch die Entwicklung der Kernwaffen und damit einen unwiderruflichen Wandel im militärischen Denken und in der Art der Kriegsführung. Diese und viele andere Veränderungen gingen von der Physik und der Chemie aus. Die biologische Wissenschaft geriet in jenen Jahrzehnten ebenfalls in Bewegung. Die Entwicklung von Impfstoffen und Antibiotika wie auch die Anfänge der Grünen Revolution stellten stolze Errungenschaften dar. Doch weil sich die Öffentlichkeit vorrangig mit den physikalischen Wissenschaften und Technologien beschäftigte – und den enormen Umwälzungen im menschlichen Leben, die diese mit sich brachten –, gelangten Biologie und Medizin erst etwas später in den Blickpunkt. Außerdem sind lebende Strukturen so kompliziert, daß ihre tiefsten Geheimnisse erst entdeckt werden konnten, nachdem die Physiker die Werkzeuge für entsprechende Untersuchungen entwickelt hatten – Elektronenmikroskope, Radioisotope und Geräte zur chemischen Analyse. So haben die Erträge der biologischen Wissenschaften erst in den letzten Jahren den Weg auf die Titelseiten gefunden.

Im Brennpunkt des Interesses steht dabei die DNA. Dieses lange, aber im wesentlichen einfache Molekül ist der Schlüssel zum Rätsel des Lebens. Es legt für jede biologische Art fest, wie diese aussieht, wie lange sie lebt, wo die Grenzen ihrer Möglichkeiten liegen. Die DNA bestimmt bis ins winzigste Detail die Funktion und Tätigkeit jeder Pflanze und jedes Tieres – genaugenommen jeder einzelnen Zelle. Aus diesem Grund hat man die DNA als „Faden des Lebens“ bezeichnet. Die fortschreitende Aufklärung ihrer Struktur und ihrer Funktion zählt zu Recht seit 1950 zu den Hauptaufgaben der Biologie. Warum hat die DNA dann erst in den letzten Jahren so ein außergewöhnliches Interesse erweckt? Was ist plötzlich so neu, so besonders?

Ein Vierteljahrhundert lang, zwischen 1950 und 1975, betrachteten die meisten Wissenschaftler die DNA als einen fernen Diktator in einer Festung – unantastbar, hochheilig, Befehle erteilend, selbst aber reglos und unveränderlich. Dann kamen die Gentechnologen und änderten mit wahrhaft atemberaubender Geschwindigkeit das Image der DNA. Sie machten das Molekül – ohne Furcht vor seinem großen Namen – einer neuen Generation von Forschern unmittelbar zugänglich. Die DNA enthält die Gene, die Grundeinheiten der Vererbung, gewissermaßen die Blaupausen für die Arbeit der Zelle. Die Gentechnologen spalteten nun die Erbsubstanz nach Belieben, schnitten einzelne Gene heraus, verpflanzten sie in Bakterien oder andere Zellen und vermehrten sie auf das Milliardenfache. Sie schufen Hybride im Reagenzglas, die in dem, was die Evolution in dreieinhalb Milliarden Jahren hervorgebracht hatte, ohne Vorläufer waren. In weniger als einem Jahrzehnt wurde deutlich, daß die Gentechnologie oder Gentechnik (im Englischen als *genetic engineering* bezeichnet) und verwandte Technologien den größten einzelnen Fortschritt der Naturwissenschaften in diesem Jahrhundert darstellen. Hier lag der Schlüssel zu einem tieferen Verständnis menschlicher Krankheiten einschließlich Krebs. Der Industrie versprach die neue Technik prächtige Gewinne und der Landwirtschaft eine Befreiung von Einschränkungen wie dem ständigen Bedarf an Düngemitteln und Pestiziden. Es schien keine Grenzen für den Wagemut der Gentechnologen zu geben. Sie hatten den Flaschengeist freigelassen.

Anders als das Atomzeitalter, das während eines Weltkrieges im Geheimen geboren wurde, hat das DNA-Zeitalter im grellsten Licht der Öffentlichkeit begonnen. In einem beispiellosen Fall von globaler Selbstzensur erlegte die internationale Gemeinschaft der Wissenschaftler im Jahre 1974 der gentechnologischen Forschung ein kurzes Moratorium auf, bis mögliche Gefahren bewertet werden konnten; von der Gesellschaft wurde dies, wie vorauszusehen war, falsch gedeutet. Panikmacher gab es reichlich, und ein großer Teil der öffentlichen Diskussion erzeugte mehr heiße Luft als Licht. Schließlich setzten sich Geduld und gesunder Menschenverstand durch, und die Forschung wurde 1975 unter strengen Sicherheitsvorkehrungen wieder aufgenommen – Vorkehrungen, die sich im nachhinein als unnötig kompliziert erwiesen. Es gereicht sowohl den Wissenschaftlern als auch ihren Kritikern zu bleibender Ehre, daß der Gesetzesrahmen für das weitere Fortschreiten der gentechnologischen Forschung mehr auf Richtlinien und Empfehlungen als auf Vorschriften und Sanktionen aufgebaut war. Als Folge davon hat sich die Gentechnologie schließlich bis in die letzten Winkel von Biologie und Medizin ausgebreitet. Die DNA-Industrie existiert, ohne in einem Meer bürokratischer Auflagen zu versinken. Philosophen und Juristen haben ein neues Tätigkeitsfeld entdeckt. Große multinationale Pharmakonzerne bewerten ihre Forschungs- und Entwicklungsstrategien neu. Regierungen entwerfen Programme zur Förderung einer vielversprechenden neuen Quelle von Beschäftigung und Exporterlösen. Nicht zuletzt haben die Journalisten aus Presse, Funk und Fernsehen das neue Wunder freudig als Ausgangspunkt eines unerschöpflichen Stromes von „Durchbrüchen" und „Wundermitteln" aufgegriffen.

Warum dann noch ein weiteres Buch über Gentechnologie? Was könnte es noch zu sagen geben? Uns wurde der Bedarf nach einer bestimmten Art der Darstellung ganz allmählich bewußt. Im Rahmen unserer normalen Tätigkeit kommen wir mit den unterschiedlichsten Bereichen der Gesellschaft in Berührung, und viele Laien zeigen lebhaftes Interesse an der Forschung. Wir waren jedoch mit farbenprächtigen Pressemitteilungen einerseits und schwergewichtigen Fachbüchern andererseits so eingedeckt, daß wir einen entscheidenden Punkt der Gentechnologie völlig übersehen hatten. Diejenigen unter uns Wissenschaftlern, die die Geburt dieser erstaunlichen Entwicklung miterlebt haben, wie auch die, die in endlosen Versammlungen von Regierungskommissionen sitzen und trockene Fachberichte schreiben, und sogar jene, die sich ehrlich bemühen, den jungen Journalisten bei seiner ersten wissenschaftlichen Recherche zu unterstützen – wir alle waren und sind zu dicht am Problem. Wir haben vergessen, wie fremdartig die Konzepte von Genen, Zellen und Molekülen für den Laien sind. Wir benutzen unsere eigene Sprache, rutschen unbewußt in Fachjargon ab und verlieren damit schnell sogar einen wirklich bemühten Zuhörer. Es ist jedoch äußerst wichtig, die Möglichkeiten wie auch die Grenzen der Gentechnologie einer großen Öffentlichkeit zu vermitteln – um so mehr, als ihre grundlegenden Konzepte gar nicht schwer zu verstehen sind. Wir haben uns daher das Ziel gesetzt, die wesentlichen Elemente der Gentechnologie in einem kurzen Buch so darzustellen, daß biologisches Hintergrundwissen oder gar Fachkenntnisse nicht erforderlich sind. Das Zielpublikum umfaßt Entscheidungsträger auf vielen Ebenen: Politiker, Finanziers und Industrielle, führende Persönlichkeiten des öffentlichen Lebens und Akademiker aus nichtbiologischen Bereichen. Wir hoffen auch, interessierte Bürger aus allen Schichten und Berufen zu motivieren, sich über eine wichtige Entwicklung zu informieren, die langsam, aber sicher viele Lebensbereiche ihrer Kinder umgestalten wird. Unser größter Wunsch ist es, das Interesse junger

Menschen zu wecken – zum Beispiel von Schulabgängern, die über eine Berufslaufbahn nachdenken –, so daß die Faszination dieses Gebiets einige vielleicht zu zukünftigen Anhängern macht.

Man kann die Gentechnologie nicht vernünftig darstellen, ohne auf einige Grundlagen der Biologie einzugehen. Im nächsten Kapitel beschreiben wir deshalb die wichtigsten Prinzipien biologischer Organisation. Daran anschließend werden wir die Verfahrensweisen der Gentechnologie besprechen. Diese beiden Kapitel helfen uns über die schwierigsten Hürden im Verständnis hinweg; danach können wir uns mit praktischen Ergebnissen und sozialen Folgen dieser außergewöhnlichen Umwälzung in der Menschheitsgeschichte beschäftigen. Wir machen uns keine Illusionen darüber, daß es für Leser ohne wissenschaftliche Vorbildung anstrengend sein wird, den Kapiteln 2 und 3 zu folgen. Wenn diese bei kurzer Durchsicht zu einschüchternd auf Sie wirken, sollten Sie sie einfach überschlagen und direkt mit Kapitel 4 fortfahren. Darin erklären wir, wie Hormone und andere menschliche Proteine, die bei der Behandlung ernster Erkrankungen nützlich sind, mit Hilfe der Gentechnologie in großen Mengen produziert werden können. Kapitel 5 beschreibt, wie gereinigte Gene bei der Diagnose von Erbkrankheiten und anderen Erkrankungen helfen können, und Kapitel 6 spekuliert darüber, wie man in Zukunft „schlechte“ Gene direkt im Körper des Patienten gegen „gute“ Gene austauschen könnte. Kapitel 7 untersucht bestimmte Gesundheitsprobleme der tropischen Entwicklungsländer unter besonderer Berücksichtigung neuer, gentechnologisch hergestellter Impfstoffe. Die Kapitel 8 und 9 betrachten die Gentechnologie aus dem Blickwinkel der Industrie und erörtern Verwendungsmöglichkeiten in Bereichen wie Landwirtschaft, Chemie, Bergbau und Abfallbeseitigung.

Die letzten drei Kapitel des Buches konzentrieren sich auf allgemeinere, soziale Aspekte der neuen Technologie und sind vielleicht für viele die interessantesten. Sie können durchaus direkt zu Kapitel 9 und 10 übergehen, obwohl wir hoffen, daß Sie schließlich zu den vorhergehenden Kapiteln zurückkehren, um dort manche interessante Einzelheit zu entdecken.

Die zwischen der ersten und der zweiten Auflage dieses Buches vergangenen fünf Jahre haben die Macht der Gentechnologie und ihre Bedeutung für die moderne Biologie klar aufgezeigt. Es gibt fast keinen Forschungszweig mehr, der nicht durch die Verwendung rekombinierter DNA tiefgreifend verändert wurde. Probleme, die vor einem Jahrzehnt unlösbar waren, geben nun wie von selbst ihre Geheimnisse preis. Als Folge davon verstehen wir zum Beispiel Schlüsselaspekte der Medizin, wie die Ursachen von Krebs und von Autoimmunerkrankungen, immer besser. In der vorliegenden revidierten Auflage haben wir versucht, über einige der aufregendsten Entwicklungen in der biologischen Grundlagenforschung zu berichten. Zwei Beispiele hierfür sind die Entdeckung der Onkogene – Gene, die mit dem für Krebszellen typischen ungehemmten Wachstum zu tun haben – und die der Wachstumsfaktoren, chemischer Botenstoffe, die zwischen Zellen weitergegeben werden und deren Wachstum stimulieren.

Eine weitere bedeutende Entwicklung der letzten fünf Jahre ist, daß die Gentechnologie sich aus dem Labor heraus in die Umwelt begeben hat. Sie beginnt, jeden Bereich unseres Lebens zu beeinflussen. Patienten werden mit Medikamenten behandelt, die noch vor kurzer Zeit bloße Laborkuriositäten waren. Diese Proteine, die normalerweise im Körper in so geringen Mengen vorkommen, daß man sie niemals auf andere Art hätte gewinnen können, werden bei der Behandlung von Herzerkrankungen und anderen Beschwerden schon routinemäßig eingesetzt. Auf dem Gebiet der Rechtsprechung gewinnen Beweise in Form genetischer Fingerabdrücke (*genetic fingerprinting*) zunehmend an Bedeutung. In der Wirtschaft vermarkten Firmen wie Genentech und Cetus heutzutage gentechnologisch hergestellte Produkte, und ihre Aktien werden an der Börse lebhaft gehandelt. Bei vielen Nahrungsmitteln erzielt man inzwischen größere Erträge, indem man Methoden der modernen Biotechnologie anwendet. Wir haben Abschnitte über diese Entwicklungen in das Buch aufgenommen.

Die Verwendung der neuen Methoden ist jedoch nicht unumstritten. Schon existieren transgene Tiere, das heißt Tiere, denen fremde Gene in ihre Zellen injiziert wurden, und auch in Pflanzen lassen sich mittlerweile neue Gene einbauen. Wir haben eine begrenzte Freisetzung genetisch veränderter Mikroorganismen in die Umwelt erlaubt. Die bei der Schaffung dieser modifizierten Lebensformen angewandten Techniken sowie Überlegungen, die ihre Freisetzung betreffen, werden in den Kapiteln 8 und 11 diskutiert. Wir sind inzwischen in der Lage, jeden Menschen aufgrund seiner einzigartigen DNA-Sequenz zu identifizieren. Bald werden wir voraussagen können, wer wahrscheinlich in jungen Jahren herzkrank wird und wer krebsanfällig ist. Das Persönlichkeitsrecht des einzelnen wird mit den Forderungen von Versicherungsgesellschaften, Unternehmen und Regierungen kollidieren. Daher muß es Sicherheitsmaßnahmen geben, die die Rechte des einzelnen schützen, es aber gleichzeitig erlauben, die Früchte dieser umwälzenden Entwicklungen zu ernten. Die Gentechnologie kann, wie alle machtvollen Werkzeuge, zum Guten und zum Schlechten genutzt werden. Es ist Aufgabe der Gesellschaft als Ganzes, über die Art der Anwendung zu entscheiden. Wir sehen eine informierte Öffentlichkeit als entscheidende Voraussetzung dafür an, daß die neue Technologie in angemessener und humaner Weise genutzt wird.

2. Der Bauplan des Lebens

Vor mehr als dreieinhalb Milliarden Jahren, als die Temperatur, die Art und Verteilung der chemischen Elemente und Verbindungen sowie das Ausmaß der Strahlungsenergie gerade richtig waren, entstand Leben auf der Erde. Wahrscheinlich geschah dies im Meer, und vermutlich war es ein einmaliges Ereignis. Mit anderen Worten, die unermeßliche Vielfalt der Lebensformen von den einfachsten Bakterien oder Algen bis hin zum Menschen stammt von einer einzigen primitiven Ur-Zelle ab. Wie wir noch sehen werden, hat dies tiefgreifende Konsequenzen für die Gentechnologie. Im vorliegenden Kapitel werden wir die Zelle als die gemeinsame Grundeinheit aller lebenden Materie beschreiben und zeigen, wie sich daraus Gewebe, Organe und schließlich vollständige Organismen aufbauen. Während wir die Zelle näher ansehen, werden wir erfahren, wie wiederum deren Bestandteile entstehen. Dies wird uns schließlich zu der zentralen Rolle der DNA führen und zu den Gründen, warum verschiedene Zellen im Körper völlig unterschiedliche Aufgaben erfüllen.

Die Zelle – Grundeinheit alles Lebendigen

Einer der utopischen Träume der Wissenschaft ist es, ein lückenloses Wissen über die Welt zu gewinnen, das die Natur vom Standpunkt ihrer kleinsten Bausteine aus beschreibt und erklärt. Elementarteilchen ergeben Atome, Atome lagern sich zu Molekülen zusammen, und Moleküle bauen – oft in sehr komplexen Kombinationen – Substanzen, Gegenstände, Organismen und so weiter auf. Gegenstände und Organismen bilden Teile kollektiver Einheiten wie Familien, Gesellschaften und Zivilisationen. Alle belebte und unbelebte Materie auf der Erde ergibt zusammen einen Planeten, der jedoch wiederum nur ein Teil eines Sonnensystems in einer Galaxie des Weltalls ist.

In der Realität ist unser Wissen allerdings so begrenzt, daß wir zwar allgemeine Aussagen über die Beziehung jeder Komponente oder Komplexitätsebene zu der nächsthöheren Organisationsebene machen können, daß aber zahlreiche wichtige Details im dunkeln bleiben. In der Tat tendiert die Forschung dazu, innerhalb einer bestimmten Ebene zu verbleiben und dort immer tiefere Einsichten zu gewinnen, ohne sich allzusehr um Verbindungen zu den Ebenen darüber oder darunter zu kümmern. So erforschen Kernphysiker Elementarteilchen, Chemiker Moleküle und Geologen Gesteine. Obwohl gerade die Schnittpunkte zwischen den Disziplinen manchmal die aufregendsten Entdeckungen hervorbringen, ziehen es die meisten Wissenschaftler vor, sich nicht aus einem vorgegebenen Bezugssystem herauszuwagen.

Jeder Versuch, einen Laien mit biologischen Phänomenen bekanntzumachen, führt zu ähnlichen Problemen: Wo soll man anfangen? Welche Organisationsebene ist der sinnvollste Ausgangspunkt, um die spannenden Seiten der Gentechnologie zu veranschaulichen? Die meisten Autoren steigen sehr direkt ein und präsentieren als erstes ein Bild des zentralen Moleküls, der DNA. Wir haben uns jedoch entschieden, auf einer höheren Komplexitätsebene zu beginnen, nämlich der Zelle. Wenn die Zelle und ihre Bestandteile bekannt sind, wird man der Darstellung der Moleküle viel leichter folgen können. Wir haben uns bemüht, die fachspezifischen Einzelheiten in diesem Kapitel auf ein Minimum zu beschränken. Für diejenigen, die mit Begriffen wie „Molekül“ oder „Protein“ nicht vertraut sind, bietet der Anhang A eine kurze Einführung.

Wenngleich es zwischen verschiedenen Zelltypen bedeutsame Unterschiede gibt, geht doch aus den vielen vorhandenen Ähnlichkeiten klar hervor, daß die Zelle die Grundeinheit alles Lebendigen ist; mit anderen Worten, die erste Lebensform auf der Erde war ein einzelliger Organismus, und sämtliche Arten, die sich im Laufe der Evolution entwickelten, bestanden oder bestehen aus einer oder mehreren Zellen. Abbildung 1 zeigt die Grundstruktur einer Zelle, in diesem Falle einer tierischen; Pflanzen- und Bakterienzellen haben einen geringfügig anderen Aufbau. Eine typische Tierzelle hat einen Durchmesser von etwa einem tausendstel Zentimeter. Das bedeutet, daß man eine einzelne Zelle zwar nicht mit bloßem Auge sehen, aber schon unter einem einfachen Mikroskop leicht erkennen kann. Die Grenzen eines Standardlichtmikroskops liegen bei einem Vergrößerungsfaktor von etwa 1000. Um Zellen noch detaillierter zu untersuchen, ist eine wesentlich kompliziertere Apparatur erforderlich, ein Elektronenmikroskop. Dieses Gerät kann Objekte ungefähr 100 000fach vergrößern und hat entscheidend zu unserem gegenwärtigen Bild von Zellstruktur und -organisation beigetragen. Bei einem komplexen vielzelligen Organismus wie uns selbst sollte man bedenken, daß jeder Teil – die

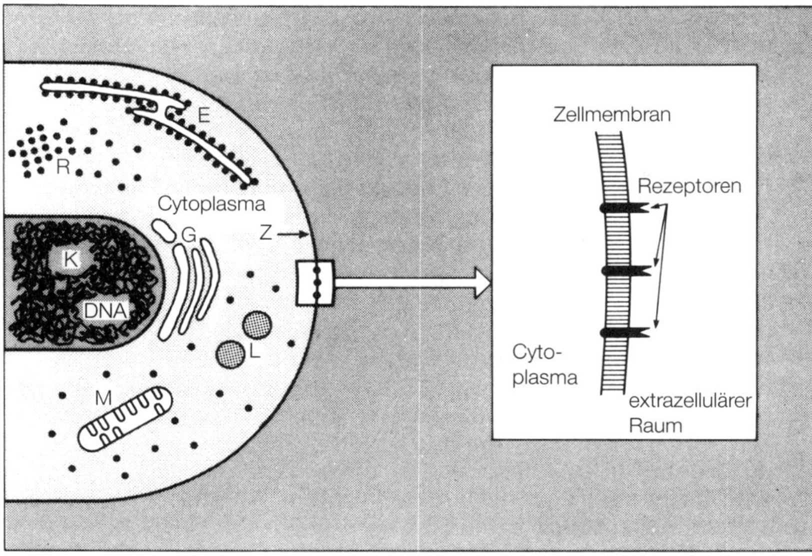

Abbildung 1: Schematische Darstellung einer typischen Tierzelle
Die wichtigsten Organellen sind mit Buchstaben gekennzeichnet: E, endoplasmatisches Reticulum; G, Golgi-Apparat; L, Lysosomen; M, Mitochondrion; K, Kern; R, Ribosomen; Z, Zellmembran.

Leber, das Gehirn, die Muskeln – aus Zellen besteht, die in ihrem Aufbau einem Grundmuster folgen, sich aber in Details voneinander unterscheiden.

Man kann sich eine Zelle als eine Art Fabrik vorstellen. Sie besitzt zwei Hauptabteilungen, den Kern und das Cytoplasma. Der Zellkern ist quasi das Büro der Fabrik. Hier befindet sich das Kontrollzentrum, wo die grundsätzlichen Entscheidungen darüber fallen, welche Art von Arbeit diese spezielle Zelle erledigen wird. Der Kern enthält auch den Apparat für die Selbstverdoppelung der Zelle durch jenen Teilungsvorgang, den wir Mitose nennen. Im Gegensatz dazu ist das Cytoplasma die Fertigungshalle – hier wird die eigentliche Arbeit der Zelle ausgeführt; hier findet man die rationell angeordneten Maschinen und Fließbänder, und hier wird die notwendige Energie erzeugt und an den Verbraucher geliefert. Das Cytoplasma ist kein ungeordnetes Meer von Molekülen, die durcheinanderschwimmen, sondern eine hochorganisierte und vielfach unterteilte Struktur. Einige seiner Bestandteile sind im Elektronenmikroskop erkennbar und lassen sich mit hochentwickelten biophysikalischen und biochemischen Methoden isolieren und analysieren. Diese Zellkomponenten werden als Organellen bezeichnet. In

Abbildung 1 sind nur die wichtigsten gezeigt. Der interessierte Leser findet in Anhang B kurze Beschreibungen ihrer Funktionen. Hier mag die Feststellung genügen, daß es im Cytoplasma Organellen gibt, die Energie liefern, Verdauungsorganellen, die Moleküle abbauen, und – für unser Thema am wichtigsten – Organellen, die Proteine herstellen. Wir werden diese proteinerzeugenden Organellen, die sogenannten Ribosomen, ausführlicher besprechen, wenn wir später in diesem Kapitel auf die Boten-RNA treffen.

Die Makromoleküle des Lebens

Lebende Zellen enthalten zahlreiche kleine Moleküle wie Wasser, Salze und manche organische Substanzen, die bestimmte Aufgaben erfüllen oder als Bausteine dienen. In gewisser Weise sind jedoch die großen Moleküle oder Makromoleküle am charakteristischsten für lebende Materie. Von diesen gibt es im wesentlichen vier Arten, nämlich Nucleinsäuren, Proteine, Kohlenhydrate und Lipide. Kohlenhydrate und Lipide dienen vor allem strukturellen Funktionen und der Energiespeicherung. Obwohl sie interessant sind, sollen sie uns hier nicht beschäftigen. Die Moleküle, mit denen sich der angehende Student der Gentechnologie auseinandersetzen muß, sind die Nucleinsäuren und die Proteine. Einige Proteine besitzen sehr nützliche strukturelle Eigenschaften – etwa das Keratin, das Haare und Nägel aufbaut. Diese sind jedoch für unsere Zwecke weniger interessant als die sogenannten globulären Proteine, die im Körper spezialisiertere dynamische Aufgaben erfüllen.

Die Proteine

Proteine sind ausgesprochen geschickt konstruierte molekulare Maschinen, welche die Evolution in Äonen sorgsam entwickelt und verfeinert hat, damit sie bestimmte Funktionen effizient erfüllen. Niemand weiß genau, wie viele verschiedene Arten von Proteinen zum Beispiel im menschlichen Körper existieren, aber größenordnungsmäßig ist 100 000 sicher keine schlechte Schätzung. Darüber hinaus kommen einige gewissermaßen als Variationen eines Themas vor. Das extremste Beispiel hierfür sind die Antikörper, die uns vor Infektionen schützen. Diese setzen sich im Grunde aus nur acht verschiedenen Proteinarten zusammen, aber winzige, subtile Variationen in deren Struktur ermöglichen es, daß eine Person 100 000 000 unterschiedliche Antikörper erzeugt, die jeweils gegen einen anderen Fremdstoff gerichtet sind. So wird es wohl noch lange dauern, bis wir die Struktur aller oder auch nur der meisten Proteine eines Organismus kennen werden. Das ist schade, weil es im wesentlichen Unterschiede zwischen Proteinen sind, die funktionelle Unterschiede von Zellen und damit letztendlich von ganzen Individuen bestimmen.

Die wichtigsten Arbeitspferde der Zelle sind jene Proteine, die man als Enzyme bezeichnet. Ein Enzym ist ein Katalysator, das heißt, es unterstützt und fördert den schnellen und effizienten Ablauf einer bestimmten chemischen Reaktion. Enzyme sind deshalb für die meisten Auf- und Abbauprozesse im Körper unerläßlich. Sie verarbeiten Nahrung, helfen beim Transport und bei der Speicherung von Energie, wirken entscheidend an der Synthese aller Makromoleküle mit und sind ohne Frage essentiell für die Verdoppelung der Zelle. Die wichtigste Eigenschaft dieser Proteine ist ihre *Spezifität*. Das Enzym, das gewöhnlichen Haushaltszucker in seine Bestandteile zerlegt, hat keine Wirkung auf Milchzucker, für dessen Abbau es wiederum ein eigenes Enzym gibt. Keines von beiden kann das größere Speicherkohlenhydrat Glykogen verarbeiten. Die Spezifität eines Enzyms hängt von einem bestimmten Bereich seiner Oberfläche ab, der zu einer entsprechenden Stelle des *Substrats* – des Moleküls, auf welches das Enzym einwirkt – komplementär sein muß (Schlüssel-Schloß-Prinzip). Eine solche Komplementarität der Formen sorgt dafür, daß Enzym und Substrat aneinanderhaften, wenn sie durch zufällige Molekularbewegungen aufeinandertreffen. Erst dann kann das Enzym seine Arbeit verrichten. Häufig wird die zu katalysierende Reaktion sogar von einem anderen Teil des Enzymmoleküls als von der anfänglichen Bindungsstelle ausgeführt.

Eine bestimmte chemische Umwandlung umfaßt oft eine Serie oder Kaskade von aufeinanderfolgenden Enzymreaktionen. Vielfach sind die beteiligten Enzyme dabei in sinnvoller räumlicher Nachbarschaft in einem spezialisierten Membrangefüge angeordnet. Jedes Enzym erfüllt einen bestimmten Teil des Arbeitsprogramms und reicht das Produkt dann an die nächste Station weiter. Insofern verhält es sich fast wie eine Maschine, und die Ähnlichkeit des ganzen Komplexes mit einem Fließband in einer Fabrik ist sehr groß.

Andere Proteine, die keine Enzyme sind, zeigen eine gleichermaßen ausgeprägte Spezifität. Antikörper etwa, die in den Körper eingedrungene Gifte und Mikroben neutralisieren, sind ebenfalls sehr wählerisch: Ein gegen Masernerreger gerichteter Antikörper wirkt nicht gegen Polioviren (die Auslöser der Kinderlähmung). Hämoglobin hat die besondere Fähigkeit, Sauerstoff in den Lungen, wo dessen Konzentration hoch ist, aufzunehmen und ihn in Geweben abzugeben, wo die Konzentration niedriger ist, weil der Sauerstoff von den Zellen dort verbraucht wird. Hämoglobin erfüllt diese einzigartige, lebenswichtige Aufgabe, indem es Gestaltänderungen durchläuft, die es ihm erlauben, den Sauerstoff erst aufzunehmen und dann wieder freizusetzen. Die Struktur der Proteine ist also entscheidend für ihre fehlerfreie Arbeitsweise. Mit Hilfe einer hochentwickelten Untersuchungstechnik, der Röntgenstrukturanalyse, hat man die Form vieler Proteine so genau bestimmt, daß man die exakte Anordnung der sie aufbauenden Atome kennt. Mit dieser Methode kann man Proteine gewissermaßen hundertmillionenfach vergrößern, und es macht Spaß, in einem Röntgenstrukturanalyse-Labor um das nachgebaute Modell eines einzelnen Proteins, das den halben Raum beansprucht, buchstäblich herumzuspazieren. Oft gibt schon die Form einen Hinweis darauf, wie die molekulare Maschine funktioniert.

Aminosäuren: Die Bausteine der Proteine

Wie erhält jedes Protein die spezielle Gestalt, die zur Erfüllung seiner Aufgabe notwendig ist? Die Antwort darauf liegt in der Anordnung der einzelnen Bausteine, aus denen sich das Protein zusammensetzt. Wie alle Makromoleküle sind Proteine Polymere, die aus kleineren Einheiten gebildet werden. Diese kleinen Moleküle, die durchschnittlich etwa hundertmal soviel wiegen wie ein Wasserstoffatom, heißen Aminosäuren. In den Proteinen lebender Zellen sind zwanzig verschiedene Aminosäuren zu finden. Natürlich haben sie alle Namen, aber wichtiger ist, daß jede ihre eigene charakteristische Form hat. Ein typisches Protein besteht aus 50 bis 2000 Aminosäuren, wobei diese Bausteine in den unterschiedlichsten räumlichen Strukturen angeordnet sein können. Man kann sich vorstellen, welch riesige Anzahl verschiedener Formen der Meisterschöpfer Evolution durch unterschiedliche Aneinanderreihung der zwanzig unterschiedlichen geformten Bausteine herzustellen vermochte.

Über eine grundlegende Eigenschaft der Proteine muß man sich klar werden, bevor man ihre genetische Verschlüsselung verstehen kann. Während der Proteinsynthese werden die Aminosäuren Schritt für Schritt aneinandergekoppelt. Am Anfang lagert sich eine einzelne Aminosäure an das Ribosom an. Dann hängen Enzyme einen Baustein nach dem anderen an, bis die ganze Kette vollständig ist. Man kann deshalb ein Protein als eine lineare Abfolge von Aminosäuren darstellen. Diese Beschreibung vernachlässigt jedoch die Tatsache, daß sich die Kette in Wirklichkeit zu einer komplexen, dreidimensionalen Form auffaltet. In der endgültigen Gestalt des Moleküls kann sich daher etwa Aminosäure Nummer 3 genauso nah bei Aminosäure Nummer 32 oder 51 befinden wie bei ihren direkten Nachbarn, den Aminosäuren 2 und 4. Dennoch ergibt sich die räumliche Struktur des Proteins in der Zelle zwingend aus der Aminosäuresequenz, der sogenannten *Primärstruktur.* Die Art der Auffaltung wird durch Abstoßungs- und Anziehungskräfte zwischen den aufeinanderfolgenden Kettenelementen bestimmt. Falls also die Evolution ein bestimmtes Protein modifizieren möchte, muß sie nur die Abfolge der Aminosäuren variieren. Eine subtile Änderung der dreidimensionalen Gestalt wird die Folge sein.

Die Namen der zwanzig Aminosäuren sind im Rahmen dieses Buches nicht besonders wichtig. Wir werden sie bei der Betrachtung des genetischen Codes kurz kennenlernen. Wenn Biochemiker die Sequenz eines Proteins analysieren, benutzen sie gewöhnlich eine von zwei Schreibkonventionen, um ihre Ergebnisse festzuhalten. Statt die Struktur als eine Reihe von vollständigen Aminosäurenamen wiederzugeben, bezeichnen sie jeden dieser Bausteine entweder mit seinen ersten drei Buchstaben oder auch nur mit einem einzelnen Buchstaben des Alphabets, auf den man sich international geeinigt hat.

Die Nucleinsäuren

Die anderen Biopolymere oder Makromoleküle von besonderem Interesse für uns sind die Nucleinsäuren. Auch sie setzen sich aus kleineren Bausteinen, den sogenannten Nucleotiden, zusammen. Diese sind etwas komplexer als die Aminosäuren, weil jedes aus einer Base, einem Zucker und einer Phosphatgruppe besteht. Der Zucker-Phosphat-Teil braucht uns jedoch nicht weiter zu kümmern, weil er nur eine strukturelle Aufgabe erfüllt. Der Informationsgehalt oder, anders ausgedrückt, die Codierungsfunktion ist allein an die Basen gebunden. Und damit kommen wir zu einem ganz grundlegenden Unterschied zwischen Proteinen und Nucleinsäuren. Die Funktion der Proteine ist von ihrer endgültigen dreidimensionalen Form abhängig. Sie sind Maschinen, arbeitende Strukturen. Dagegen beruht die Funktion der Nucleinsäuren einzig auf der Reihenfolge der Basen. Sie stellen Blaupausen oder Codebücher dar, die erst in der Übersetzung nützlich werden.

Es gibt zwei Arten von Nucleinsäuren, DNA und RNA – oder ausgeschrieben Desoxyribonucleinsäure (*deoxyribonucleic acid*) und Ribonucleinsäure (*ribonucleic acid*). Die entscheidende Eigenschaft der DNA ist, daß sie eine Kette von Genen darstellt. Jedes Gen enthält die verschlüsselte Information für ein Protein. Die DNA ist gewissermaßen der Hauptbauplan, der ständig im Leitungsbüro der Zelle, dem Kern, aufbewahrt wird. Ribonucleinsäuren gibt es in verschiedenen Ausführungen. Von unserem Standpunkt aus die wichtigste ist die Boten-RNA (*messenger RNA* oder mRNA). Sie ist quasi eine Werkstattzeichnung – eine Kopie der DNA in leicht abgeänderter Schrift, die sich vom Kern zum Cytoplasma bewegt und dort zur Herstellung der Proteine verwendet wird. Sowohl DNA als auch RNA benötigen nur je vier verschiedene Basen, um ihre Codierungsaufgabe zu erfüllen. Zu den Basen der DNA gehören zwei Moleküle mit einer organischen Doppelringstruktur, Adenin und Guanin, und zwei mit einer einfachen Ringstruktur, Cytosin und Thymin. Glücklicherweise beginnen die Namen dieser vier Moleküle mit verschiedenen Buchstaben des Alphabets, so daß man sie bequemerweise mit A, G, C und T abkürzen kann. Die RNA enthält ebenfalls A, G und C, aber anstelle von T verwendet sie die chemisch recht ähnliche Base Uracil oder U, die in der Codierung T entspricht.

Die DNA liegt im Kern in Form zweier wendeltreppenartig umeinandergeschlungener Stränge vor – der berühmten Doppelhelix von James Watson und Francis Crick (Abbildung 2). Die Zucker- und Phosphateinheiten der Nucleotide bilden das Rückgrat jedes Stranges; die Basen A, G, C und T ragen in die Mitte der Helix hinein. Gegenüberliegende Basen lagern sich dabei mit Hilfe einer bestimmten Art von chemischer Bindung, der sogenannten Wasserstoffbindung oder Wasserstoffbrücke, paarweise aneinander. A bildet immer ein Paar mit T und G mit C. Im Zuge der Zellteilung, bei der die gesamte genetische Maschinerie der Zelle genau kopiert werden muß, wickelt sich die Doppelhelix auseinander. Enzyme bauen komplementär zu jedem alten einen neuen Strang auf, indem sie gegenüber einem A ein T einfügen, gegenüber einem G ein C, gegenüber einem T ein A und gegenüber einem C ein G. Schon die DNA einer einfachen Bakterienzelle besitzt ein enormes Codierungspotential – nämlich insgesamt knapp über drei Millionen Basenpaare. Diese DNA liegt als ein einzelnes, großes Doppelhelixmolekül vor. Eine menschliche Zelle enthält noch tausendmal mehr DNA! Vermutlich um die Organisation einer solchen Menge genetischen Materials zu erleichtern, ist die DNA menschlicher Zellen in 46 separate große Stücke unterteilt – die Chromosomen. 44 davon

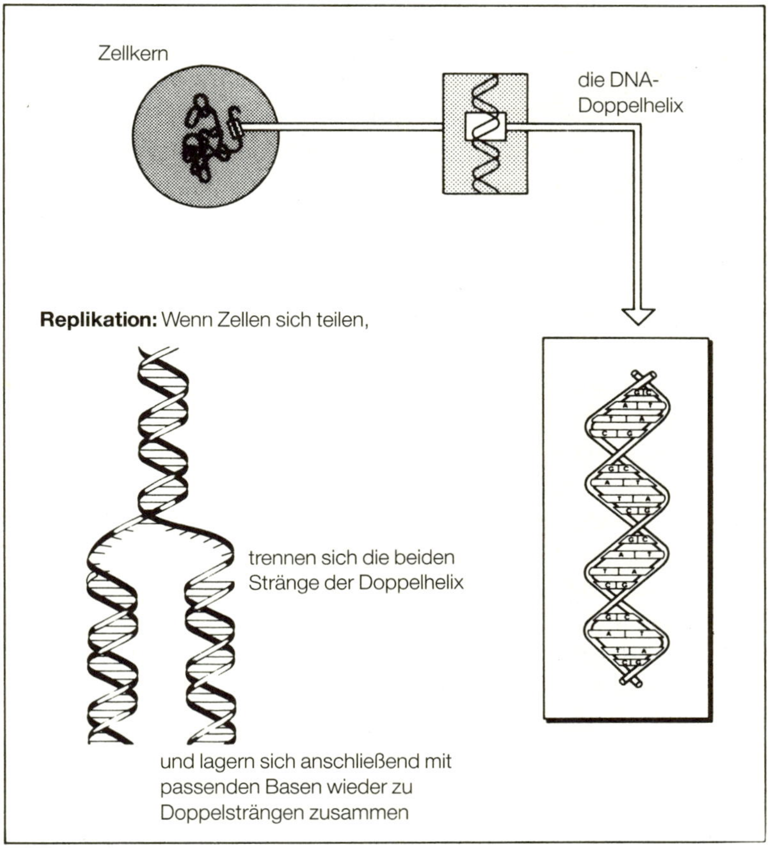

Abbildung 2: Die DNA-Doppelhelix
Das Rückgrat jedes Einzelstranges besteht aus sich wiederholenden Zucker- und Phosphateinheiten. Vier Basen, nämlich Adenin, Thymin, Guanin und Cytosin (abgekürzt A, T, G und C), üben die Codierungsfunktion aus. In doppelsträngiger DNA bilden die Basen immer bestimmte Paare – A mit T und G mit C. Sie sind im Inneren der Helix (über Wasserstoffbrücken) miteinander verbunden. Bei der Verdoppelung der DNA vor einer Zellteilung (DNA-Replikation) trennen sich die beiden Stränge der Doppelhelix, und jeder Strang dient als Muster oder Matrize für die Bildung eines zweiten, komplementären Stranges. Enzyme sorgen dafür, daß etwa bei einem A im ursprünglichen Strang als neuer Baustein ein T angelagert wird und so fort.

liegen als identische Paare vor, die restlichen zwei sind die Geschlechtschromosomen, bei der Frau X und X, beim Mann X und Y. Jedes Chromosom besteht aus einem einzelnen, sehr langen Molekül Doppelhelix-DNA und mehreren als Histone bezeichneten Proteinen, die fest an die DNA gebunden sind und neben einer strukturellen möglicherweise auch eine regulatorische Funktion erfüllen.

Wir wissen also jetzt, daß DNA sich aus langen Ketten von vier Bausteinen, den Basen, zusammensetzt und daß in deren Reihenfolge entlang der Stränge die genetische Information gespeichert ist. Ein Teil der DNA sind Gene, welche die Struktur von Proteinen codieren. Dazwischen liegen DNA-Strecken ohne codierende Funktion; warum sie existieren, ist noch nicht ganz geklärt. Wir wissen jedoch, daß direkt an Gene angrenzende DNA-Bereiche eine wichtige Kontrollfunktion bei der Anschaltung oder Aktivierung dieser Gene ausüben. Als Antwort auf Signale aus dem Inneren der Zelle oder von außerhalb erlauben solche Kontrollelemente (der Fachmann spricht von Promotoren und „Verstärkern", englisch *enhancer*) nicht nur den Beginn der Boten-RNA-Synthese, sondern bestimmen auch die Menge der hergestellten mRNA-Moleküle. Je mehr mRNA-Moleküle im Kern produziert werden, desto mehr von dem entsprechenden Protein läßt sich im Cytoplasma herstellen. Die Kontrollelemente sind auch entscheidend für die Spezialisierung der Zelle; sie sorgen zum Beispiel dafür, daß das Insulingen in einer Muskelzelle stumm bleibt, in der passenden Zelle der Bauchspeicheldrüse aber immer wieder angeschaltet wird. Wenn wir mit gentechnologischen Tricks Gene hin und her bewegen wollen, müssen wir gleichzeitig diese Kontrollelemente austauschen. Dann können wir letztlich große Mengen eines Proteins in einer Zelle herstellen, die es normalerweise nie synthetisieren würde.

Der genetische Code

Wir kommen nun zu einem Begriff, der oft Verwirrung hervorruft, aber eigentlich ganz einfach ist – dem genetischen Code. Stellen Sie sich für einen Moment die Alltagswelt vor. Sie ist voller Gegenstände und Lebewesen – Gebäude, Straßen, Autos, Möbel, Menschen, Tiere. Mit Hilfe der Sprache können wir über all diese Objekte und über die Vorgänge, durch die sie verbunden sind, miteinander kommunizieren. Außerdem haben wir gelernt, diese Sprache in schriftlicher Form festzuhalten. Wir können Deutsch als einen Code mit den folgenden Eigenschaften betrachten. Das einfachste Element dieses Codes ist ein Buchstabe, eine von 26 Möglichkeiten im Alphabet. Die Buchstaben sind linear verknüpft, um Wörter zu bilden, von denen die meisten zwei bis 15 Buchstaben lang sind. Wenn sie vom menschlichen Auge und Gehirn gelesen werden, stehen diese Wörter für die wirklichen Objekte und Vorgänge, die wir zu beschreiben versuchen. In gewissem Sinne erlangen sie ihre konkrete Bedeutung erst durch den Übersetzungsprozeß. Genauso ist es mit dem genetischen Code. Anstelle der 26 Buchstaben des Deutschen (wie auch des Englischen), die uns – zu Wörtern zusammengestellt – beispielsweise Goethes gesammelte Werke oder auch die über hundert Bände des *Journal of Immunology* geliefert haben, besitzt der genetische Code nur vier Buchstaben in seinem Alphabet, nämlich A, G, C und T (oder dessen Entsprechung U). Die lineare Abfolge dieser vier Buchstaben in der DNA kann die Information für eine Biene, eine Sonnenblume, einen Elefanten oder einen Albert Einstein beinhalten. Genau wie im Deutschen benötigt man eine Zeichensetzung und eine definierte Schreibweise, um anzuzeigen, wo Wörter oder Sätze beginnen beziehungsweise aufhören. Und genau wie im Deutschen wird die verschlüsselte Botschaft (das Gen) erst durch die Übersetzung (in ein Protein) faßbar. Der genetische Code drückt also im wesentlichen aus, wie die Struktur der Proteine in der DNA verschlüsselt ist. Normalerweise (obwohl es wichtige Ausnahmen gibt) codiert ein Gen ein Protein. Das wirft die Frage auf, wie sich die Sprache der Gene mit ihrem Alphabet aus vier Buchstaben in die Sprache der Proteine mit ihren 20 Buchstaben übersetzen läßt. Ein Experte für Nachrichtenverschlüsselung könnte etliche elegante Lösungen für dieses Problem entwickeln; die Natur hat jedoch nur eine einzige verwirklicht, die für alle Lebewesen gleichermaßen gilt.

Zuerst einmal ist der Code linear oder fortlaufend; die Sequenz der Basen bestimmt die Abfolge der Aminosäuren. Zweitens ist der Code nichtüberlappend – das heißt, ein Genstück AGCTGTA kann entweder als AGC, TGT, A oder als AG, CTG, TA oder als A, GCT, GTA gelesen werden, wobei jede Base immer nur einmal Verwendung findet. Wie ein solches Genstück in der Zelle tatsächlich gelesen wird, hängt davon ab, bei welcher Base der Sequenz die Maschinerie das Startsignal erhalten hat. Drittens ist der genetische Code ein „Triplett"-Code: Je drei Basen codieren eine Aminosäure. So steht AGC für Serin, ACG dagegen für Threonin und so weiter. Solche Basentripletts werden auch Codons genannt, und da man an jeder Position zwischen vier Basen wählen kann, gibt es alles in allem $4 \times 4 \times 4$, also 64 verschiedene Codons. Es müssen aber nur 20 Aminosäuren verschlüsselt werden, so daß wir etliche Tripletts sozusagen übrig haben. Drei Codons dienen als Stoppsignale – also quasi als Satzzeichen. Auch dann ist noch überschüssige Informationskapazität vorhanden, und tatsächlich werden die meisten Aminosäuren von mehr als einem Triplett codiert. Wie sich gezeigt hat, sind häufig die ersten beiden Buchstaben des Codons maßgebend, der dritte dagegen ist nicht so wichtig. Dies wird auch in der Tabelle auf der folgenden Seite deutlich, die den

Der genetische Code

Codon	Aminosäure	Codon	Aminosäure	Codon	Aminosäure	Codon	Aminosäure
UUU	Phenylalanin	CUU	Leucin	AUU	Isoleucin	GUU	Valin
UUC	Phenylalanin	CUC	Leucin	AUC	Isoleucin	GUC	Valin
UUA	Leucin	CUA	Leucin	AUA	Isoleucin	GUA	Valin
UUG	Leucin	CUG	Leucin	AUG	Methionin	GUG	Valin
UCU	Serin	CCU	Prolin	ACU	Threonin	GCU	Alanin
UCC	Serin	CCC	Prolin	ACC	Threonin	GCC	Alanin
UCA	Serin	CCA	Prolin	ACA	Threonin	GCA	Alanin
UCG	Serin	CCG	Prolin	ACG	Threonin	GCG	Alanin
UAU	Tyrosin	CAU	Histidin	AAU	Asparagin	GAU	Asparaginsäure
UAC	Tyrosin	CAC	Histidin	AAC	Asparagin	GAC	Asparaginsäure
UAA	STOP	CAA	Glutamin	AAA	Lysin	GAA	Glutaminsäure
UAG	STOP	CAG	Glutamin	AAG	Lysin	GAG	Glutaminsäure
UGU	Cystein	CGU	Arginin	AGU	Serin	GGU	Glycin
UGC	Cystein	CGU	Arginin	AGC	Serin	GGC	Glycin
UGA	STOP	CGA	Arginin	AGA	Arginin	GGA	Glycin
UGG	Tryptophan	CGG	Arginin	AGG	Arginin	GGG	Glycin

gesamten genetischen Code wiedergibt. In dieser Tabelle wurden die vier Basen der RNA verwendet – denken Sie daran, daß das U dem T der DNA entspricht. (Einzelheiten des Codes brauchen Sie sich allerdings nicht zu merken.)

Das Lesen des genetischen Codes

Wie wird dieser Code nun benutzt – das heißt, wie läuft die Proteinsynthese im einzelnen ab? Botschaften aus dem Inneren der Zelle oder von außerhalb teilen der DNA mit, daß es an der Zeit ist, ein bestimmtes Protein herzustellen. Die entsprechende Nachricht geht an ein Kontrollelement, das neben dem Zielgen liegt. Die Aktivierung eines solchen Elements bewirkt, daß das benachbarte Gen kopiert wird. Diesen Prozeß der *Genaktivierung* kann man mit dem Anknipsen eines Lichtschalters vergleichen. Die Fähigkeit, Licht zu spenden, ist immer vorhanden, aber erst durch die Bedienung des Schalters wird sie tatsächlich genutzt. Wenn ein Gen aktiviert wird (denken Sie daran: ein Gen – ein Protein), laufen die in Abbildung 3 dargestellten Vorgänge ab. Zuerst wird die genetische Botschaft der DNA in RNA umkopiert. Die

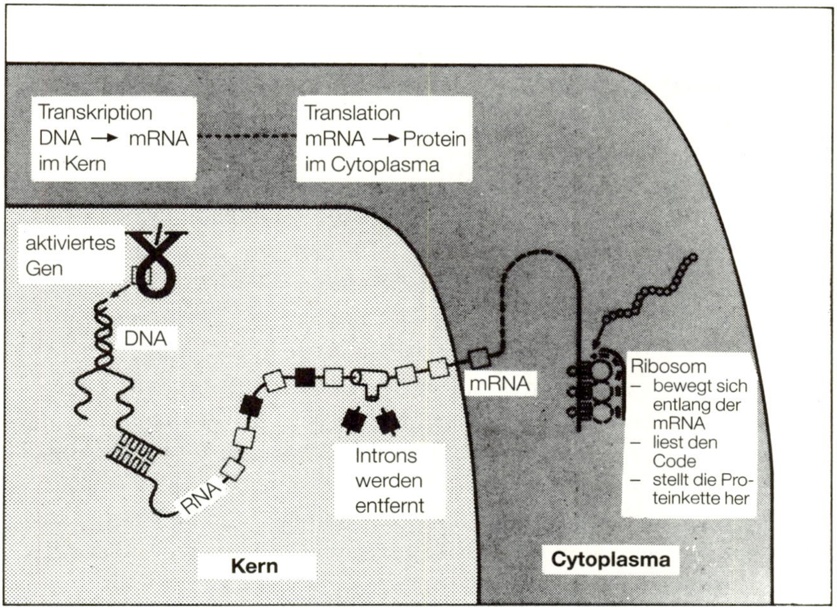

Abbildung 3: Genaktivierung und Genexpression
Wenn ein Gen aktiviert wird, trennen sich die beiden Stränge der DNA-Doppelhelix, und Enzyme fertigen von einem Strang eine Boten-RNA-Kopie an. Diesen Schritt bezeichnet man als Transkription. In tierischen Zellen enthält das Gen DNA-Stücke mit codierender Funktion, die sogenannten Exons, und dazwischenliegende DNA-Bereiche, die kein Protein codieren und deren Aufgabe unbekannt ist; diese werden Introns genannt. Da das primäre RNA-Transkript eine genaue Kopie der DNA ist, enthält es sowohl Exon- als auch Intronsequenzen. Im Zellkern wird die RNA so weiterverarbeitet, daß die Intronsequenzen herausgeschnitten und die Schnittstellen wieder geschlossen werden. Diese verarbeitete Boten-RNA gelangt dann in das Cytoplasma. Hier heften sich Ribosomen an sie an und sorgen für den fortlaufenden Zusammenbau einer Proteinkette, wobei je ein Triplett aus drei Basen eine bestimmte Aminosäure codiert. Wenn das Ribosom das Ende der Boten-RNA erreicht, löst es sich ab und setzt das vollendete Protein frei. Den gesamten Vorgang der Umsetzung von DNA-Information in Proteine bezeichnet man als Genexpression.

DNA dient dabei als Vorlage oder Matrize. Der Vorgang des Umkopierens von DNA-Information in RNA-Information wird *Transkription* genannt; die RNA-Kopie des Gens, die sich in diesem Moment noch im Zellkern befindet, bezeichnet man als *Primärtranskript* (*primary transcript*). Aus bislang ungeklärten Gründen ist in Zellen höherer Organismen einschließlich des Menschen die codierende Information bei fast allen Genen von Basensequenzen unterbrochen, die keine Codierungsfunktion besitzen. Diese „sinnlosen" Abschnitte werden als dazwischenliegende (*intervening*) Sequenzen oder Introns bezeichnet. Die Abschnitte mit codierender Information heißen Exons. Das Primärtranskript ist eine genaue Kopie von Exons *und* Introns. Bevor es in das Cytoplasma gelangt, wird es verarbeitet, indem Enzyme die Stücke, die den Introns entsprechen, aus dem RNA-Strang herausschneiden und diesen dann wieder schließen, so daß er akkurat nur die Exons wiedergibt. Die RNA ist jetzt bereit, sich als *Boten-RNA* (mRNA) ins Cytoplasma zu begeben.

Im Cytoplasma lagern sich Ribosomen an die Boten-RNA an, und die Übersetzung der codierten Information in eine Aminosäuresequenz beginnt. Dieser Prozeß wird *Translation* genannt. Man kann sich ein Ribosom als den Tonkopf eines Cassettenrecorders vorstellen, der die Signale auf dem Band liest, während dieses über ihn hinwegläuft. In Wirklichkeit ist es etwas komplizierter, weil die Codons von *Anticodons* abgelesen werden – von RNA-Tripletts auf einem speziellen Adaptermolekül, das man Transfer-RNA (oder tRNA) nennt. Für jede Aminosäure gibt es eine solche Transfer-RNA; sie bringt die jeweils richtige Aminosäure zum Ribosom, wo geeignete Enzyme sie an die wachsende Proteinkette anhängen. Während sich das Ribosom auf der mRNA zum folgenden Codon weiterbewegt, bringt eine neue tRNA die nächste Aminosäure herbei und so weiter.

Die vollendete Proteinkette fällt vom Ribosom ab und schwimmt dann frei im Cytoplasma oder in einem spezialisierten Membranraum, dem endoplasmatischen Reticulum. Sie faltet und rollt sich zu der Form auf, die ihr von der Aminosäuresequenz vorgegeben ist. In einigen Fällen hängen spezifische Enzyme dann noch Zuckermoleküle an. Zudem setzen sich viele wichtige Proteine aus mehreren verschiedenen Teilproteinen zusammen, die oft als Ketten bezeichnet werden. Antikörper zum Beispiel bestehen jeweils aus vier solchen Teilproteinen – zwei identischen leichten Ketten von jeweils ungefähr 220 Aminosäuren und zwei identischen schweren Ketten, die mehr als doppelt so lang sind. Wenn ein Gentechnologe ein solches Protein herstellen will, muß er die verschiedenen Ketten einzeln synthetisieren und dann korrekt zusammensetzen – was die Aufgabe natürlich erschwert.

Wir haben bisher noch nicht erwähnt, wie der genetische Code die Struktur anderer Makromoleküle, etwa von Kohlenhydraten und Lipiden, bestimmt. Wieder kommt Enzymen die entscheidende Aufgabe zu. Sie selbst werden als Proteine direkt von Genen codiert, und Kohlenhydrate oder Lipide entstehen unter Enzymeinwirkung aus einfachen Bausteinen. Wenn die Evolution nur eines der vielen daran beteiligten Enzyme verändert, wird auch die endgültige Struktur des jeweiligen Makromoleküls etwas anders aussehen. Somit unterliegen diese Makromoleküle, wenn auch indirekt, ebenfalls der Kontrolle der Gene.

Zellspezialisierung als Folge unterschiedlicher Genexpression

Der Hauptvorteil vielzelliger Organismen wie uns selbst ist die Arbeitsteilung im Körper, dank derer sich verschiedene Zellen den Luxus leisten können, sehr unterschiedliche und hochspezialisierte Aufgaben auszuführen. Ein Bakterium muß als einzelliges Lebewesen über die komplette Enzymmaschinerie verfügen, um Nahrung aufzunehmen, zu schwimmen, zu wachsen, sich zu teilen, Abwehrstoffe zu produzieren und vieles mehr. Beim Menschen dagegen braucht jede einzelne Zelle nur einen winzigen Bruchteil der Proteine herzustellen, die im gesamten Körper benötigt werden. Magenzellen erzeugen Verdauungssäfte, Schilddrüsenzellen das Schilddrüsenhormon, Zellen des Blutplasmas Antikörper und Gehirnzellen schließlich die komplizierte Maschinerie zur Weiterleitung von Nervenimpulsen. Folglich ist in einer bestimmten Zelle immer nur ein kleiner Anteil aller Gene aktiv. Es gibt zwei mögliche Strategien für die Natur, um dieses Ziel zu erreichen. Sie könnte den Befehl erlassen haben, daß Zellen während ihrer Spezialisierung Gene, die sie nicht benötigen, schlicht verwerfen. Dies würde jedoch eine geringe Flexibilität bedeuten – eine Zelle dürfte in bezug auf ihre Funktion niemals „ihre Meinung ändern“. Als Alternative könnte jede Zelle sämtliche Gene des gesamten Organismus behalten; die Übernahme einer spezialisierten Aufgabe würde dann ein Anschalten ganz bestimmter Gene und ein gleichzeitiges Abschalten aller anderen bedeuten. In der Tat hat die Natur diese zweite Strategie gewählt. Zellspezialisierung ist also das Ergebnis einer unterschiedlichen Aktivierung und Expression von Genen in verschiedenen Zellen. Die Untersuchung der Genaktivierung und der Frage, wie sie die Bildung spezialisierter Organe und Gewebe steuert, ist eines der faszinierendsten und sich am schnellsten entwickelnden Forschungsgebiete der modernen Zellbiologie. So werden wir eines Tages nicht nur erklären können, wie die Leber zur Leber wird, das Herz zum Herzen und so weiter, sondern auch mehr darüber wissen, worin sich die Organe unterscheiden und damit, wie sie funktionieren.

Die Natur hat ihre eigenen „Pläne“, ihre eigene Vorgehensweise, aber der Mensch ist gewissermaßen der Joker im Spiel. Bevor wir uns näher damit befassen, wie die Wissenschaftler lernten, mit Genen zu jonglieren, wollen wir noch einmal die wichtigsten Punkte rekapitulieren. Jede Zelle enthält die Gene des gesamten Organismus in Form sehr langer DNA-Doppelhelixstränge. Die DNA, die aus vier Grundcodierungseinheiten in linearer Anordnung besteht, wird nach Aktivierung des jeweiligen Gens in RNA umkopiert. Nach einem Verarbeitungsschritt begibt sich diese RNA vom Zellkern ins Cytoplasma. Sie dient dort als Vorlage für den Proteinaufbau. Über einen Triplettcode werden die Anweisungen aus dem Vier-Buchstaben-Alphabet von DNA und RNA zuverlässig in das 20-Buchstaben-Alphabet der Proteine übersetzt. Ein Gen codiert dabei ein Protein. Verschiedene Zellen aktivieren unterschiedliche Gene und erzeugen so bestimmte Sätze von Proteinen, welche die jeweilige Zelle für eine spezifische Aufgabe benötigt.

Die Entschlüsselung des menschlichen Genoms: Das Human Genome Project

Der englische Dichter Alexander Pope hat einmal gesagt: »Das beste Studienobjekt für die Menschheit ist der Mensch selbst.« Nirgendwo hat man sich diesen Aphorismus mehr zu Herzen genommen als beim Human Genome Project. Einfach ausgedrückt zielt dieses ehrgeizige Programm darauf ab, die Nucleotidsequenz der gesamten DNA einer menschlichen Zelle – also des menschlichen Genoms – zu bestimmen. Wie wir gesehen haben, codiert die DNA Proteine, und diese wiederum steuern alle Aspekte der Zellentwicklung und des Stoffwechsels. Sie kontrollieren letztendlich auch sämtliche Vorgänge, die an unserer Entwicklung aus einer einzelnen befruchteten Eizelle zu einem erwachsenen, denkenden Menschen beteiligt sind. All die Proteine, die an dieser feinen Abstimmung mitwirken, all die Hormone, Enzyme und Wachstumsfaktoren sind in der Abfolge der Basen auf der DNA codiert. Die Kenntnis dieser Abfolge ist der Schlüssel zur Aufklärung der Strukturen all dieser Proteine. Die Möglichkeiten für die Grundlagenforschung und für die Entwicklung vieler neuer Medikamente, von denen man bisher nicht einmal träumt, sind enorm.

Genauso gewaltig ist jedoch auch die Menge an Arbeit, die die Sequenzierung aller drei Milliarden Basen des menschlichen Genoms erfordert. Die Methoden der Gensequenzierung und -kartierung sind noch nicht weit genug entwickelt. Die Einrichtung des Genomprojekts wird jedoch die Grenzen der verfügbaren Techniken ausweiten – ähnlich wie in den sechziger Jahren das amerikanische Raumfahrtprogramm. Bei Durchschnittskosten von zwei bis drei DM pro Base würde die Sequenzierung des gesamten Genoms eine Summe erfordern, wie sie in der modernen Physik nicht ungewöhnlich ist, wo Teilchenbeschleuniger und Fusionsanlagen Hunderte von Millionen Mark kosten. Man erwartet, daß das Genomprojekt zumindest das ganze nächste Jahrzehnt läuft. In den ersten Jahren wird man sich mehr mit der Weiterentwicklung der bisherigen Methoden beschäftigen. Wenn man bedenkt, daß die Wissenschaftler der ganzen Welt seit Beginn der gentechnologischen Revolution vor etwa zehn Jahren erst ungefähr zehn Millionen Basen sequenziert haben, so steht für die erfolgreiche Vollendung des Projekts ein etwa 300facher Aufwand ins Haus. Fortschritte in der Technologie der Informationsspeicherung werden ebenfalls nötig sein, um alle erzeugten Daten zu handhaben. Wahrscheinlich wird man die Datenflut erst mit neuen Generationen von Supercomputern vollständig analysieren können. Trotzdem hat das Projekt viel Begeisterung ausgelöst – zum Teil, weil es ein so immenser Prüfstein für die Wissenschaft ist, aber natürlich auch wegen seines offensichtlichen Nutzens für die Menschheit.

3. Die Technik der Genverpflanzung

Nachdem wir nun ein brauchbares Arbeitswissen über die grundlegende Organisation des Lebens erworben haben, mögen wir uns fragen, warum überhaupt jemand den Wunsch verspüren sollte, an einem so perfekten System noch herumzubasteln. Die DNA enthält die gesamte für das Leben notwendige Information, und über RNA-Kopien wird diese in wunderbare und nützliche Proteine umgesetzt. Was braucht man mehr? Wie immer in der Wissenschaft kreist die Antwort um das Streben nach Wissen und Macht. Um mehr über Gene zu erfahren, sind Methoden erforderlich, die uns diese einzeln, in gereinigter Form und in ausreichender Menge für eine detaillierte chemische Analyse liefern. Und wenn wir die so erworbenen Kenntnisse dann für sozial sinnvolle Zwecke nutzen wollen, benötigen wir Verfahren, mit denen wir das Gen in schnellwachsende Organismen verpflanzen und es dort nach Wunsch zur Massenproduktion wertvoller Proteine anschalten können. Innerhalb nur eines Jahrzehnts entstand eine Technologie von einzigartiger Eleganz und erstaunlich hohem Entwicklungsstand, die all dies und mehr ermöglicht. Die Biologie wird nie mehr so sein wie früher.

Das Problem mit der DNA einer Zelle ist, daß man den Wald vor lauter Bäumen nicht sieht. Die Moleküle sind zu lang, und sie enthalten Tausende von Genen. Um überhaupt zum Zuge zu kommen, muß der Gentechnologe die DNA deshalb zunächst in kleine, handliche Stücke zerbrechen, die jeweils nur ein oder wenige Gene tragen. Jedes dieser Fragmente wird dann einzeln in ein spezielles, virusähnliches DNA-Stück eingebaut, das die Fähigkeit zur Selbstverdoppelung besitzt. Diese neu zusammengestellten, „rekombinierten" oder „rekombinanten" DNA-Moleküle läßt man nun – wiederum einzeln – in sich schnell teilende Wirtszellen eindringen, zum Beispiel in Bakterien oder Hefezellen, die auf diese Weise letztlich zu Fabriken für ein bestimmtes, isoliertes Gen werden. Raffinierte Tricks erlauben es dem Gentechnologen, genau jene Wirtszelle zu identifizieren, die das für sein Experiment benötigte Gen enthält. Indem man eben diese Zelle isoliert und nach Bedarf vermehrt, kann man das gewünschte Gen (oder sein Proteinprodukt) gewinnen. Bei jeder Art von Gentechnologie gibt es also vier Grundschritte. Erstens zerlegt man die DNA in kurze Fragmente. Zweitens verbindet man jedes Bruchstück mit einer passenden „Genfähre". Drittens schleust man diese rekombinierten DNA-Moleküle einzeln in Wirtszellen ein und sorgt für deren vielfache Vermehrung. Viertens schließlich sucht man die Zellen mit den gewünschten verpflanzten Genen heraus.

In diesem Kapitel werden wir die wichtigsten Werkzeuge und Methoden der Gentechnologen beschreiben. Das wird uns erlauben, in späteren Kapiteln einige der faszinierenden praktischen Anwendungen zu betrachten, ohne uns dort allzu lange mit der Methodik aufzuhalten. Sollten Sie dieses Kapitel als zu fachspezifisch empfinden, überschlagen Sie einfach alles bis zur Zusammenfassung am Ende. Betrachten Sie dies nicht als Niederlage – tatsächlich ist der Gentechnologie, selbst wenn man sie auf ihre Grundlagen reduziert, im Detail nur schwer zu folgen, und es wäre schade, wenn Sie aus Frustration über das dritte Kapitel die anderen Aspekte dieses Buches versäumen würden!

Restriktionsendonucleasen: Präzisionswerkzeuge *par excellence*

Stellen Sie sich das menschliche Genom vor: insgesamt drei Milliarden Basenpaare – zwar aufgeteilt in Chromosomen, aber jeder dieser chromosomalen Doppelhelixstränge immer noch viele Millionen Basenpaare lang. Wie soll man da ein bestimmtes Gen finden? Wie soll man seine Struktur untersuchen, wenn es nur eine einzige Kopie pro Zelle gibt? Wie soll man das Gen, ehe man es verpflanzt, von all der anderen DNA trennen? Der Gentechnologe benötigt Präzisionswerkzeuge *par excellence* für diese Vorhaben, und am Anfang steht eine Reihe von besonderen Enzymen, die man Restriktionsendonucleasen nennt.

Diese Restriktionsendonucleasen können die DNA-Doppelhelix auf sehr präzise Art zerteilen. Sie haben die Fähigkeit, bestimmte Basensequenzen auf der DNA zu erkennen und dann jeden Strang an der so vorgegebenen Stelle zu zerschneiden. Auf diese Weise kann man eine lange DNA-Kette systematisch so zerkleinern, daß man jedesmal den gleichen Fragmentsatz erhält. Zum Beispiel erkennt das oft verwendete Restriktionsenzym *Eco*RI die folgende Sequenz auf der Doppelhelix:

–G–A–A–T–T–C–
–C–T–T–A–A–G–

Es schneidet exakt zwischen dem G und dem A in jedem Strang und hinterläßt DNA, die so aussieht:

–G –C–T–T–A–A	und	A–A–T–T–C– G–

Ein anderes Beispiel ist die Restriktionsendonuclease *Hind*III, die das folgende Doppelhelixstück erkennt:

–A–A–G–C–T–T–
–T–T–C–G–A–A–

Wiederum wird ein präziser Schnitt, dieses Mal zwischen A und A, ausgeführt, der am einen Ende

–A
–T–T–C–G–A

ergibt und am anderen

A–G–C–T–T–
A–

Natürlich schneiden solche Enzyme eine sehr lange DNA-Doppelhelix viele Male, nämlich überall dort, wo die jeweils spezifische Basensequenz erscheint. Das Ergebnis ist ein Gemisch von DNA-Fragmenten (man spricht hier auch von einem „DNA-Verdau"); jedes Fragment hat noch immer die Form einer Doppelhelix, aber an beiden Enden ragt ein kurzes Stück Einzelstrang-DNA heraus. Diese kurzen überhängenden Einzelstränge werden oft als „klebrige Enden" (*sticky ends*) bezeichnet. Wie bereits erwähnt, besteht eine der grundlegenden Eigenschaften von DNA darin, daß die Basen unter geeigneten chemischen Bedingungen bestrebt sind, miteinander Paare zu bilden, A mit T, G mit C, T mit A und C mit G. Wenn dies schon für ein einzelnes Basenpaar gilt, so ist das „Verlangen" bei längeren komplementären Sequenzen um so intensiver, so daß –T–T–A–A sich sehr bereitwillig mit A–A–T–T– zusammenschließen wird. Nachdem die DNA mit Hilfe der Restriktionsenzyme zerschnitten ist, kann der Wissenschaftler Bedingungen schaffen, unter denen die Fragmente wieder aufeinander treffen und sich ein überhängendes Ende mit seinem komplementären Partner verbindet. Die Reparatur der noch vorhandenen Schnittstellen auf der DNA besorgen andere Enzyme, die sogenannten DNA-Ligasen. Sie wirken wie Klebstoff, der die DNA-Fragmente wieder zu einer geschlossenen Kette zusammenfügt. Dabei wird sich natürlich ein bestimmtes Bruchstück nur sehr selten wieder mit seinem ursprünglichen Nachbarfragment verbinden. Es ist wahrscheinlicher, daß sich aus dem Gemisch von Tausenden von Fragmenten eine zufällige und neuartige Anordnung der DNA ergibt. Dies ist das erste Grundprinzip gentechnologischer Verfahren.

Mit inzwischen etwa dreihundert verschiedenen Restriktionsendonucleasen steht dem Gentechnologen heute eine ganze Batterie von Präzisionsinstrumenten zur Verfügung. Bevor wir erklären, auf welche Weise er diese Enzyme nutzt, sollten wir uns fragen, warum die Natur sie überhaupt erfunden hat. In der Welt der Bakterien bieten solche Enzyme offenbar Schutz vor fremder DNA, die in ein Bakterium eindringen und seine Funktionsfähigkeit stören könnte. Die eigene DNA wird von den Endonucleasen des Bakteriums nicht abgebaut, weil jene Sequenzen der DNA, die von den Restriktionsenzymen erkannt werden, ein kleines Schutzmolekül (um genau zu sein: eine Methylgruppe) tragen. So bleibt die Erbinformation der Zelle selbst unbeeinträchtigt, während die Restriktionsenzyme andere (nichtmethylierte) DNA, die in die Zelle gelangt, angreifen – etwa die eines eindringenden Virus.

Restriktionsendonucleasen in der Gentechnologie

Restriktionsendonucleasen sind hauptsächlich deswegen von Nutzen, weil sie die lange DNA-Doppelhelix in kleinere, handlichere Stücke zerlegen. Nehmen wir an, Sie wollten herausfinden, wie ein Auto funktioniert. Das wäre recht schwierig, wenn Sie es nicht in seine Einzelteile zerlegen könnten. Indem man jedoch die verschiedenen Bauteile (Getriebe, Differential, Verteiler, Motorkopf und so weiter) sorgfältig auseinandernimmt und jedes einzeln untersucht, wird das Problem besser zugänglich. Genauso ist es mit der DNA. Ein Gentechnologe, der die Struktur eines bestimmten, für ihn interessanten Gens analysieren will, weiß zunächst nicht, wo die Schnittstelle für eine bestimmte Endonuclease liegt. Probiert er aber einfach verschiedene Enzyme aus, so wird das DNA-Ausgangsmolekül stets in spezifische Fragmente zerbrochen, die sich leichter analysieren und bearbeiten lassen.

Je länger die Erkennungssequenz für ein Restriktionsenzym ist, desto seltener wird sie auf der DNA vorkommen, und die von diesem speziellen Enzym geschaffenen Fragmente werden entsprechend länger sein. Die meisten Enzyme erkennen Sequenzen von vier bis sechs Basenpaaren. In einer zufälligen Anordnung von einer Million Basen würde eine bestimmte Vierersequenz, etwa –G–C–G–C–, *durchschnittlich* einmal alle $4 \times 4 \times 4 \times 4 = 256$ Basen auftauchen. Genau wie beim Werfen einer Münze, wo statistisch „Kopf" genauso oft erscheint wie „Zahl", jedoch eigenartige Serien wie sechsmal „Kopf" hintereinander nicht selten sind, ist es durchaus möglich, eine Strecke von 50 Basen zu finden, in der –G–C–G–C– zweimal auftritt, oder auch einen Abschnitt von 1000 Basen, wo es überhaupt nicht vorkommt. Folglich sind die DNA-Stücke, die durch das entsprechende Enzym (in diesem Fall *Hha*I) erzeugt werden, zwar im Durchschnitt 256 Basenpaare lang, in Wirklichkeit jedoch sehr heterogen. Wenn der Gentechnologe das Enzym lang genug einwirken läßt, so daß auch die letzte Erkennungsstelle zerschnitten wird, sollte das eine Million Basenpaare lange DNA-Molekül knapp 4000 verschiedene Fragmente liefern. In der Praxis ist es häufig zweckmäßig, die Restriktionsendonuclease nur eine kürzere Zeit angreifen zu lassen, damit einige der –G–C–G–C–-Sequenzen *nicht* geschnitten werden. Wenn man darüber hinaus nicht mit einem, sondern mit einer großen Anzahl von DNA-Molekülen beginnt, werden einige –G–C–G–C–-Abschnitte – etwa in dem jeweils interessierenden Gen – sicherlich dem Schneiden entgehen. Die Heterogenität der Fragmente wird durch diesen Schachzug vergrößert. Eine Restriktionsendonuclease, die wie *Eco*RI eine Sequenz aus sechs Basen erkennt, findet durchschnittlich nur alle 4096 Basenpaare einen passenden Angriffspunkt. Für einen unvollständigen enzymatischen Abbau gelten wieder die obengenannten Regeln. Der Gentechnologe kann DNA also auf verschiedene Art zerkleinern und lernt dabei aus Erfahrung, welche Enzyme sich für bestimmte Zwecke am besten eignen. Das Prinzip ist vereinfacht in Abbildung 4 dargestellt.

Nachdem der Wissenschaftler ein heterogenes Gemisch von kürzeren DNA-Fragmenten geschaffen hat, kann er die Bruchstücke mit Hilfe bewährter Methoden nach ihrer Größe trennen. So läßt man bei einer Art molekularem Siebverfahren, das man als Gelelektrophorese bezeichnet, die DNA unter Einwirkung eines elektrischen Stromes durch eine gelartige Matrix laufen. Die größeren Fragmente ecken immer wieder an und werden dadurch abgebremst. Je größer das Stück ist, desto mehr Kollisionen erfährt es und desto langsamer läuft es. Daher sind nach einer gewissen Zeitspanne die DNA-Fragmente ordentlich nach Größe sortiert, wobei die kleinsten Bruchstücke am wei-

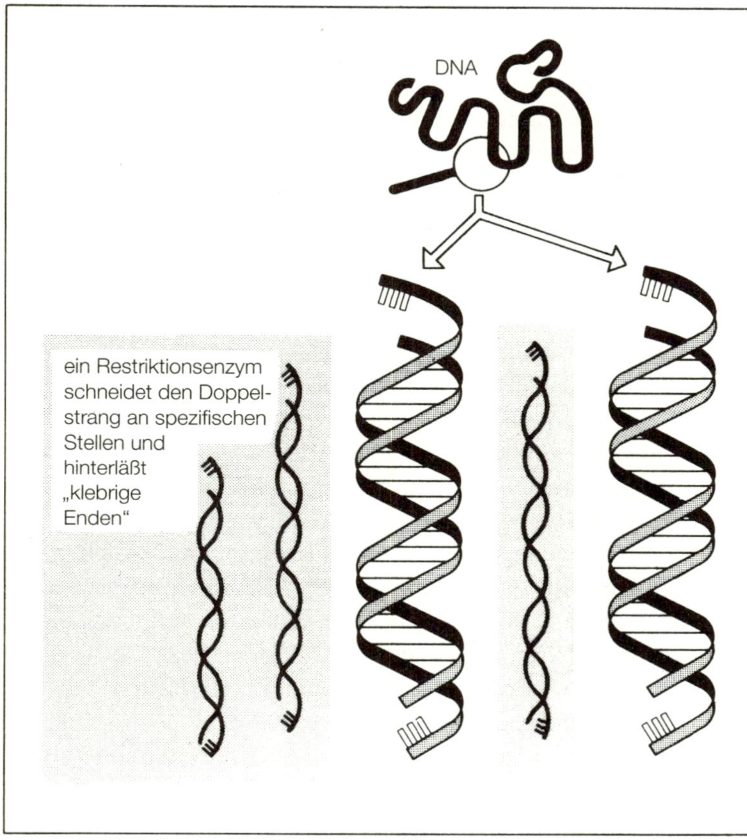

Abbildung 4: Der erste Arbeitsschritt des Gentechnologen
Die gewählte DNA wird in kleine Stücke zerlegt. Restriktionsendonucleasen erkennen jeweils eine bestimmte Basensequenz und schneiden die DNA-Doppelhelix nur dort, wo solch eine Sequenz vorkommt. Die entstehenden kürzeren DNA-Fragmente haben häufig überhängende, „klebrige“ Enden (*sticky ends*).

testen vom Startpunkt entfernt liegen. Für den Wissenschaftler ist dies eine Art Fingerabdruck des DNA-Verdaus. Indem man das jeweils interessierende Fragment isoliert und mit einem zweiten Restriktionsenzym behandelt, erhält man – falls es eine Erkennungsstelle für das Enzym gibt – zwei kleinere DNA-Stücke. Eine Karte von den verschiedenen Restriktionsendonuclease-Schnittstellen auf einem DNA-Fragment ist ein sehr nützlicher erster Schritt bei der Analyse seiner Sequenz.

Vektoren für die Klonierung von DNA in Bakterien

Wie bereits erwähnt, folgt nach dem Schneiden der DNA als zweiter Schritt das Einsetzen eines jeden Bruchstückes in ein selbstreplizierendes virusartiges Transportmolekül, das in bestimmte Wirtszellen einzudringen vermag. Diese für Genübertragungen nützlichen Vehikel oder „Fähren" sind allgemein als Vektoren bekannt, und wir müssen ein wenig über sie lernen. Grundsätzlich ist jedes genetische Element, das für den Gentechnologen DNA transportieren kann, ein Vektor.

Bakterien sind primitive einzellige Organismen. Sie werden von Laien meist als schädliche, krankheitsauslösende Mikroben angesehen. In Wirklichkeit gibt es jedoch Tausende von harmlosen Bakterienarten, die in der Biosphäre bestimmte ökologische Nischen besiedeln. Viele sind sogar sehr nützlich. Einige stellen in unserem Darm Vitamine bereit (die wir nicht selbst synthetisieren können), andere ermöglichen es gewissen Pflanzen, elementaren Stickstoff zu binden und als Baustein zu verwenden, und wieder andere vergären Milch zu Käse. Ein typisches Bakterium enthält ein großes, kreisförmiges, doppelsträngiges DNA-Molekül, das all seine Lebensfunktionen und seine Vermehrung steuert. Wie schon erwähnt, besteht diese DNA aus ungefähr drei Millionen Basenpaaren. In vielen Bakterien findet man zusätzlich noch kleinere, ebenfalls doppelsträngige und kreisförmige DNA-Moleküle, die man *Plasmide* nennt. Sie sind zwischen 2000 und einigen hunderttausend Basenpaaren lang. Plasmide haben mehrere bemerkenswerte Eigenschaften. Erstens sind die Gene, die sie tragen, nicht unbedingt lebenswichtig für die Zelle. Deshalb kann ein Plasmid problemlos ein Bakterium verlassen und in ein anderes übertreten – und dabei Erbmerkmale zwischen Zellen übertragen. Zweitens vermag sich das Plasmid in der Bakterienzelle unabhängig von der Haupt-DNA zu vermehren. Drittens kann es mit der Haupt-DNA verschmelzen und sich später wieder von ihr lösen, wobei es oftmals ein Stück der großen DNA mitnimmt. Die Natur scheint Plasmide als effektive Vehikel für den Genaustausch zwischen Bakterienzellen entwickelt zu haben – und der Gentechnologe nutzt sie gerne als Vektoren.

Überraschenderweise infizieren sich auch Bakterien zuweilen mit einem Virus! Viren sind die kleinsten aller Organismen und vollkommene Parasiten, denn sie können nur innerhalb einer Zelle leben. Bakterienviren werden *Phagen* (oder Bakteriophagen) genannt, da sie das Bakterium manchmal „fressen" – zumindest in dem Sinne, daß sie es töten und zum Platzen bringen. Die DNA eines typischen Phagen ist 50 000 Basen lang. Diese Viren wandern frei von Bakterium zu Bakterium, und sie besitzen eine sehr präzise und ästhetisch gestaltete Vorrichtung, um die bakterielle Zellwand zu durchbohren und ihre DNA in die Zelle zu injizieren. Auch die Phagen-DNA klinkt sich manchmal in die Haupt-DNA des Bakteriums ein. In dieser Form beeinträchtigt das Virus sein Wirtsbakterium nicht – es ruht und vermehrt sich nur als Teil der bakteriellen DNA. Im Laufe der Jahre haben Forscher Tricks entwickelt, um Phagen nach Wunsch in das Hauptchromosom hinein- und wieder herausspringen zu lassen. Im letzteren Fall nimmt das Virus manchmal ein oder zwei Wirtsgene mit. Phagen stellen eine zweite wichtige Gruppe von Vektoren dar.

Beide Arten von selbstreplizierenden Einheiten – Plasmide wie Phagen – sind zu Schlüsselwerkzeugen der Gentechnologen geworden. Vielleicht haben Sie schon erraten, wie man sie beim zweiten Schritt der Genmanipulation verwendet. Eine Anzahl von Phagen oder Plasmiden wird mit Hilfe einer Restriktionsendonuclease aufgeschnitten und dann mit Stücken fremder DNA vermischt. Diese DNA-Fragmente besitzen passende „klebrige" Enden, da sie mit derselben Endonuclease erzeugt wurden. Häufig verbindet sich deshalb ein fremdes Gen mit dem Plasmid oder dem Phagen, und mit den entsprechenden Enzymen (Ligasen) kann man den DNA-Kreis wieder schließen. Hokuspokus – schon ist die rekombinierte DNA da! Indem man das Plasmid oder den Phagen anschließend verwendet, um Bakterien zu infizieren, nutzt man ihn als Vektor für die fremden Gene. Das Wirtsbakterium vermehrt sich – so oft, wie der Forscher es wünscht – und mit ihm der Vektor und das Fremdgen. Weil sich ein Bakterium etwa alle zwanzig Minuten teilt, ist oft schon nach zehn Stunden die fremde DNA milliardenfach vervielfältigt. Es gibt heute eine große Auswahl von maßgeschneiderten Vektoren für die Gentechnologie, von denen einige DNA-Fragmente von einer Länge bis zu 40 000 Basenpaaren transportieren können. Einen Vektor mit einem bestimmten Fremdgen in eine Bakterienzelle zu stecken und dann eine milliardenfache Nachkommenschaft heranwachsen zu lassen, wird als *Klonierung* dieses Gens bezeichnet. Ein „Klon" ist allgemein eine Population, die sich auf nichtsexuellem Weg von einem einzigen Vorfahren ableitet. Man darf das Klonieren von Genen nicht mit jener spektakulären Methode verwechseln, mit der man bei Amphibien wie etwa Kaulquappen ganze Sätze identischer Individuen produzieren kann; man verpflanzt dazu Zellkerne eines einzelnen Frosches in viele Froscheier, denen man vorher den eigenen Zellkern entfernt hat. Das Klonieren von Menschen in diesem Sinne ist reine Science-fiction, das Klonieren menschlicher Gene hingegen, wie wir noch sehen werden, schon längst Routine.

Der Aufbau einer Genbibliothek

Lassen Sie uns nun im einzelnen betrachten, wie man etwa die Gene einer Maus kloniert. Mausgewebe wird zunächst zerkleinert und die DNA auf chemischem Wege isoliert; die dazu verwendeten Methoden sind schon seit Jahrzehnten bekannt. Dann behandelt man die DNA mit einem geeigneten Restriktionsenzym – einem von jenen zum Beispiel, die DNA-Stücke mit einer Durchschnittslänge von 4096 Basenpaaren erzeugen. Wenn dieses Enzym nur relativ kurze Zeit einwirkt, so daß es, sagen wir einmal, lediglich ein Fünftel der in Frage kommenden Stellen schneiden kann, werden die DNA-Fragmente im Durchschnitt 20 000 Basenpaare lang sein. Ein passender Vektor, etwa die DNA eines Phagen, wird nun mit derselben Endonuclease behandelt. Anschließend vermischt man beides und gibt eine geeignete DNA-Ligase hinzu, um die freien DNA-Stränge „zusammenzukleben". Aneinanderlagerung und Verknüpfung sind dabei völlig dem Zufall überlassen. Manchmal verbinden sich einfach wieder die überhängenden Enden des Vektors miteinander, und man erhält den unveränderten Originalvektor. In anderen Fällen jedoch wird sich ein beliebiges Stück Maus-DNA zwischen die beiden überhängenden Vektorenden einklinken, so daß sich der Kreis letztlich zu rekombinierter DNA schließt. Da das Sextett der Basenpaare, die in unserem Beispiel vom Restriktions–enzym erkannt werden, nicht regelmäßig alle 4096 Basenpaare vorkommt, werden Fragmente unterschiedlicher Länge in die Vektoren eingefügt; dabei hängt die obere Grenze von der Aufnahmekapazität des gewählten Vektors ab. Abbildung 5 veranschaulicht den grundlegenden Vorgang.

Jetzt ist der Wissenschaftler für den dritten Arbeitsschritt bereit, nämlich die Einschleusung der gentechnologisch veränderten Vektoren in Wirtsbakterien. Die Vektoren werden einer Bakterienkultur zugegeben, die in einer bouillonartigen Nährlösung gewachsen ist und dann so behandelt wurde, daß die Bakterienzellen den Eintritt fremder DNA erlauben. Ein Teil der Bakterien wird infiziert, aber zu Anfang weiß der Wissenschaftler nicht, welche. Ein bei Plasmidvektoren bisweilen verwendeter nützlicher Trick besteht darin, Plasmide einzusetzen, die ein Resistenzgen gegen ein bestimmtes Antibiotikum tragen. Nachdem die mit den Plasmiden vermischten Bakterien in die Wachstumsphase eingetreten sind, wird dem Kulturmedium eben dieses Antibiotikum zugesetzt – mit der Konsequenz, daß sich nur noch jene Bakterien, die den Vektor (und damit das Resistenzgen) aufgenommen haben, weiter teilen können. Es ist ferner zweckmäßig, die Bakterien nun nicht mehr

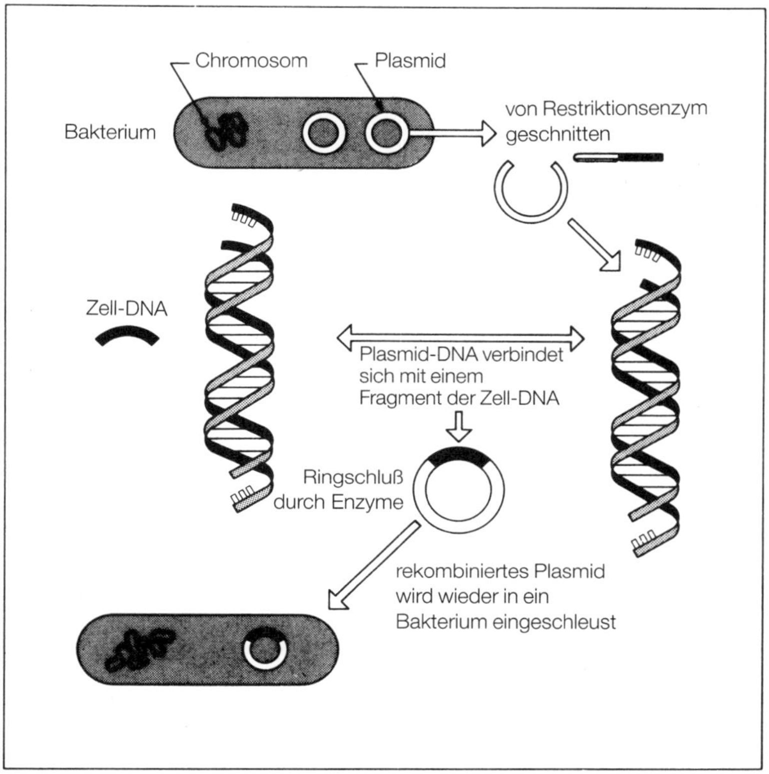

Abbildung 5: Der zweite Arbeitsschritt des Gentechnologen
DNA wird in einen Vektor eingebaut. Im hier dargestellten Fall ist der Vektor ein bakterielles Plasmid. Das Plasmid wird mit derselben Restriktionsendonuclease gespalten, die man zuvor schon für die zu verpflanzende DNA verwendet hat; dabei entstehen komplementäre überhängende Enden. Wenn sich nun einzelne DNA-Stückchen zusammenschließen, entstehen immer wieder auch rekombinierte Plasmide („Rekombinanten"). Die DNA-Schnittstellen werden von geeigneten Enzymen (Ligasen) repariert.

in einer Nährlösung, sondern auf der Oberfläche eines Gels (auf einer sogenannten Agarplatte) wachsen zu lassen. Dies hindert sie am Herumschwimmen und ermöglicht es jedem einzelnen Bakterium, zu einer Kolonie aus Millionen von Zellen heranzuwachsen, die man leicht mit bloßem Auge erkennen kann. Jede solche Kolonie enthält eine riesige Menge von Vektorkopien und damit auch von der Fremd-DNA, die in sie eingebaut ist. Abbildung 6 zeigt das Prinzip.

Eine Variante dieser Vorgehensweise wird bei Phagenvektoren verwendet. Phagen, die sich im Inneren einer Bakterienzelle vermehren, zerstören diese letztlich und infizieren dann benachbarte Bakterien – wiederum mit tödlichem Ausgang. Auf diese Weise kann ein Phage (in

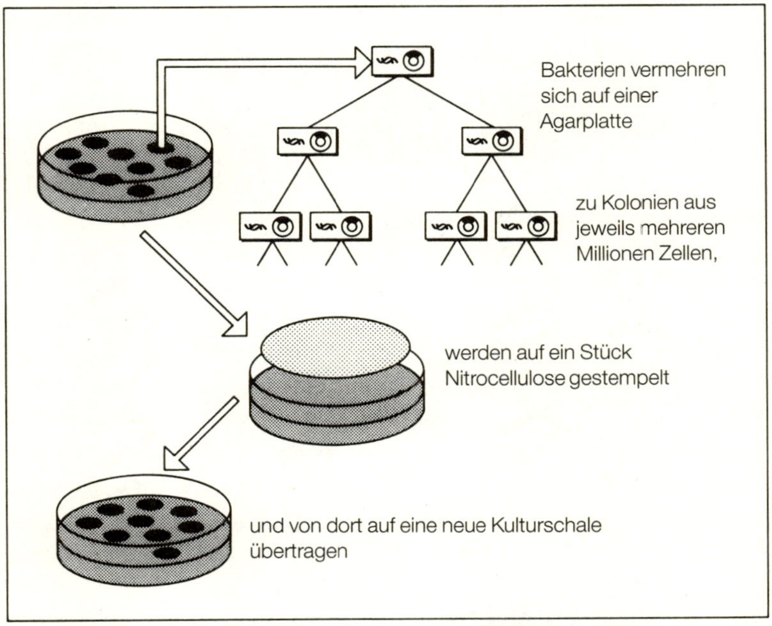

Abbildung 6: Der dritte Arbeitsschritt des Gentechnologen
Nach der Mischung von rekombinierten Plasmiden mit Wirtsbakterien der Art *E. coli* läßt man jene Bakterien, die rekombinierte DNA enthalten, auf der Oberfläche eines gelartigen Kulturmediums (Agar) wachsen. Jedes Bakterium teilt sich, bis eine Kolonie von einigen Millionen Zellen entstanden ist, die man mit bloßem Auge als Fleck von mehreren Millimetern Durchmesser erkennen kann. Indem man mit Hilfe eines Filters sorgfältig einen Abdruck der Kolonien in ihrer räumlichen Anordnung auf eine zweite Kulturschale mit frischem Nährmedium überträgt, kann man eine exakte Kopie (Replika) der Originalschale anfertigen. Dies läßt sich beliebig oft wiederholen.

unserem Fall einer, der ein Stück fremde DNA trägt) mitsamt seiner großen Nachkommenschaft in einem Rasen wachsender Bakterien ein Loch erzeugen. Diese Löcher werden Plaques genannt und lassen sich ebenfalls mit bloßem Auge entdecken.

Wir wollen nun ein paar einfache Berechnungen anstellen. In unserem Beispiel ist das jeweils eingefügte DNA-Stück im Mittel 20 000 Basenpaare lang. Die Gesamtheit der Maus-DNA – das Mausgenom – hat aber mehr als drei Milliarden Basenpaare. Um diese DNA-Menge komplett zu erfassen, braucht man mindestens 150 000 Bakterienkolonien (oder Phagenplaques). Überdies muß man die Zufälligkeit der Ereignisse berücksichtigen. Es ist nämlich durchaus möglich, daß die 150 000 Bakterien ein bestimmtes DNA-Fragment fünfmal enthalten, ein anderes dagegen überhaupt nicht. Um also hinreichend sicher zu sein, daß jeder Teil des Genoms seinen Weg in wenigstens ein Bakterium gefunden hat, verwenden die Gentechnologen gewöhnlich ungefähr zehnmal mehr, in unserem Beispiel also 1,5 Millionen Bakterien, um eine vollständige Gensammlung aufzubauen. Jedes Gen wird dann in der Gesamtpopulation durchschnittlich zehnmal auftauchen und sollte somit in der Praxis zumindest einmal repräsentiert sein. Sogar Gene, die eine Restriktionsstelle enthalten, werden als vollständige Einheit in der Sammlung vertreten sein, weil wir nur einen partiellen DNA-Verdau durchgeführt und somit das Restriktionsenzym gestoppt haben, ehe es alle zehn Kopien des Gens zerschneiden konnte. Solch eine Bakterien- oder Phagensammlung wird als *Genbibliothek* oder *Genbank* bezeichnet. Irgendwo in dieser Bibliothek liegt das Gen, das Sie suchen, doch wie in einer normalen öffentlichen Bücherei besteht das eigentliche Kunststück darin, das Gesuchte dann auch zu finden!

Was wir gerade beschrieben haben, ist eine Bibliothek *genomischer* DNA. Oft möchte der Gentechnologe aber gar nicht eine solch vollständige Sammlung haben, sondern vielmehr eine, die den Informationsgehalt der Boten-RNA einer bestimmten Zellpopulation widerspiegelt. Erinnern Sie sich daran, daß in jeder beliebigen Zelle zu einem bestimmten Zeitpunkt nur eine kleine Minderheit der Gene aktiv ist. Diese werden in RNA umkopiert, welche im Kern verarbeitet und dann ins Cytoplasma transportiert wird, wo sie die Proteinsynthese steuert (siehe Kapitel 2 und Anhang B). Die gesamte Boten-RNA einer bestimmten Zelle repräsentiert daher einen kleinen Ausschnitt aus dem Gesamtinformationsgehalt der genomischen DNA. Außerdem sind die störenden kleinen Strecken nichtcodierender DNA, die Introns, während der Bearbeitung des Primärtranskripts herausgeschnitten worden. Nehmen wir an, Sie interessieren sich für das Gen, das Hämoglobin codiert. Dann ist es sinnvoll, von Zellen auszugehen, die aktiv Hämoglobin synthetisieren, und deren Boten-RNA zu reinigen. Mit einem ausgeklügelten Kunstgriff kann man letzteres so durchführen, daß man am Ende nur Moleküle erhält, die genau die richtige Länge haben, um eine Hämoglobinkette zu codieren. Dieser RNA-Bestand läßt sich von einem Enzym mit Namen *Reverse Transkriptase* in DNA umschreiben. Die kopierte DNA oder, abgekürzt, cDNA (*copy DNA*) kann genau wie genomische DNA in Bakterien kloniert werden. Solch eine weitaus übersichtlichere, weil kleinere Bibliothek enthält nun mit Sicherheit die Information, die Sie suchen. Man kann sogar noch raffinierter vorgehen. So gibt es Möglichkeiten, cDNA-Stücke zu eliminieren, die zwei verschiedenen Zellarten gemeinsam sind, und dann lediglich die von einer Zellart zu reinigen – eine gute Methode, eine spezielle cDNA anzureichern.

Die Durchmusterung der Genbibliothek: Wie man das richtige Gen findet

Der Gentechnologe ist nun bereit für Schritt Nummer 4. Gewiß sind die Methoden, mit denen man DNA in Einzelstücke zerlegen und gewaltige Mengen eines jeden Fragments in Bakterienkolonien produzieren kann, sehr klug erdacht und nützlich. Doch wie findet man das eine Gen, das man haben will? Die Aufgabe erinnert sehr an die sprichwörtliche Nadel im Heuhaufen. In einer Genombibliothek besitzen nur zehn oder weniger Kolonien von insgesamt 1,5 Millionen das gesuchte Gen. Wie wir gesehen haben, ist die Situation in einer cDNA-Bibliothek bereits erheblich günstiger. Bei der Entwicklung geeigneter Durchmusterungsverfahren (*screening*) haben die Wissenschaftler sowohl Genialität als auch Fleiß an den Tag gelegt.

Einen cleveren Trick kennen wir schon, nämlich die Einfügung eines Gens für eine Antibiotikaresistenz in den Vektor. Ein anderer Kunstgriff erlaubt es, Bakterien, die einen *rekombinierten* Vektor aufgenommen haben, von solchen mit einem unveränderten zu unterscheiden. Hierzu benutzt man gewöhnlich ein Plasmid, das ein Gen für ein bestimmtes Enzym, die β-Galactosidase, enthält. Wenn Sie Bakterien mit diesem Plasmid „füttern“, wandelt das Enzym eine X-Gal genannte, farblose Indikatorsubstanz in einen blauen Farbstoff um. Die Bakterienkolonie färbt sich dadurch blau. Forscher haben nun in das β-Galactosidase-Gen eine Restriktionsstelle eingefügt, und genau hier wird die fremde DNA in den aufgeschnittenen Plasmidvektor integriert. Dies unterbricht natürlich die Basensequenz, die normalerweise die β-Galactosidase codiert; folglich liefert die Übersetzung des kompletten Gens ein unsinniges Protein, das die Farbreaktion nicht mehr bewerkstelligen kann. Damit haben wir einen eleganten Test für die Anwesenheit von rekombinierten DNA-Molekülen: Wir füttern die Bakterien einfach mit dem farblosen Indikator; Bakterien mit dem unveränderten Vektor färben sich blau, während solche mit rekombinierter DNA weiß bleiben. So kann sich der Wissenschaftler darauf konzentrieren, nur mit den Bakterienkolonien mit eingebauter Fremd-DNA weiterzuarbeiten. Es gibt noch viele andere raffinierte Möglichkeiten, solche Kolonien zu identifizieren.

Dies war der leichtere Teil. Wie aber findet man nun jene Bakterien, die nicht nur irgendein Stück fremde DNA enthalten, sondern genau das gesuchte? Wir werden hier lediglich zwei Vorgehensweisen betrachten, aber man sollte wissen, daß den Forschern noch etliche andere zur Verfügung stehen. Die erste beruht auf dem „Verlangen“ komplementärer DNA-Stränge, sich fest aneinander zu binden. Nehmen wir einmal an, Sie kennen die Aminosäuresequenz des Proteins, dessen Gen Sie suchen, oder sogar nur ein kurzes Stück davon – vielleicht fünf Aminosäuren. Unter Berücksichtigung des genetischen Codes synthetisieren Sie ein kurzes RNA-Fragment, das diesem Aminosäurequintett entspricht. Die RNA-Kette wird, da wir es ja mit einem Triplettcode zu tun haben, 15 Nucleotide lang sein. Sie lassen die Synthese so ablaufen, daß die entstehende RNA hochradioaktiv ist. Außerdem sorgen Sie dafür, daß dort, wo beim dritten Nucleotid des Codons mehrere Möglichkeiten existieren, für jede dieser Option eine RNA synthetisiert wird (siehe Kapitel 2). Jetzt haben Sie eine radioaktive *Sonde* (englisch *probe*) für das gewünschte Gen – ein markiertes RNA-Molekül, das sich unter den richtigen Bedingungen fest an die DNA des Gens binden kann.

Wenden wir uns nun einer DNA-Bibliothek zu, die irgendwo die gesuchte genetische Information beherbergt. Die Bakterienkolonien, die rekombinierte DNA enthalten, werden in ihrer originalen räumlichen Anordnung auf spezielles Filterpapier (gewöhnlich Nitrocellulose) übertragen. Das Filter wird anschließend chemisch behandelt, um die Bakterien abzutöten und aufzubrechen und um die beiden Stränge ihrer DNA voneinander zu trennen. Des weiteren entfernt man den größten Teil der Proteine und allen sonstigen Materials; nur die einzelsträngige DNA bleibt fest an das Filter gebunden. Man gibt nun die radioaktive („heiße“) Sonde zu. Mit der Zeit „findet“ diese den passenden, komplementären DNA-Strang und bindet sich fest daran. Je länger die Sonde ist, desto stärker ist natürlich dieser Zusammenschluß, und man kann durchaus radioaktive Sonden herstellen, die länger als 15 Nucleotide sind.

Nachdem man das Filter gründlich gewaschen hat, um ungebundene Anteile der heißen Sonde zu entfernen, legt man es in der Dunkelkammer auf einen Röntgenfilm. Die Radioaktivität der Sonde verursacht einen photographischen Abdruck, der auf dem entwickelten Film als schwarzer Fleck erscheint. Der Forscher braucht jetzt nur noch auf der ursprünglichen Kulturschale diejenige Kolonie auszuwählen, die der räumlichen Lage des schwarzen Fleckes entspricht. Diese Bakterienpopulation sollte das gewünschte Gen enthalten. Da aus Platzgründen die Kolonien häufig sehr dicht beieinander liegen, muß man die Kolonie, die man für die richtige hält, eventuell noch einmal anwachsen lassen, um sicherzugehen, daß wirklich sie den Fleck auf dem Film verursacht hat. Die Methode ist in Abbildung 7 auf der folgenden Seite zusammengefaßt.

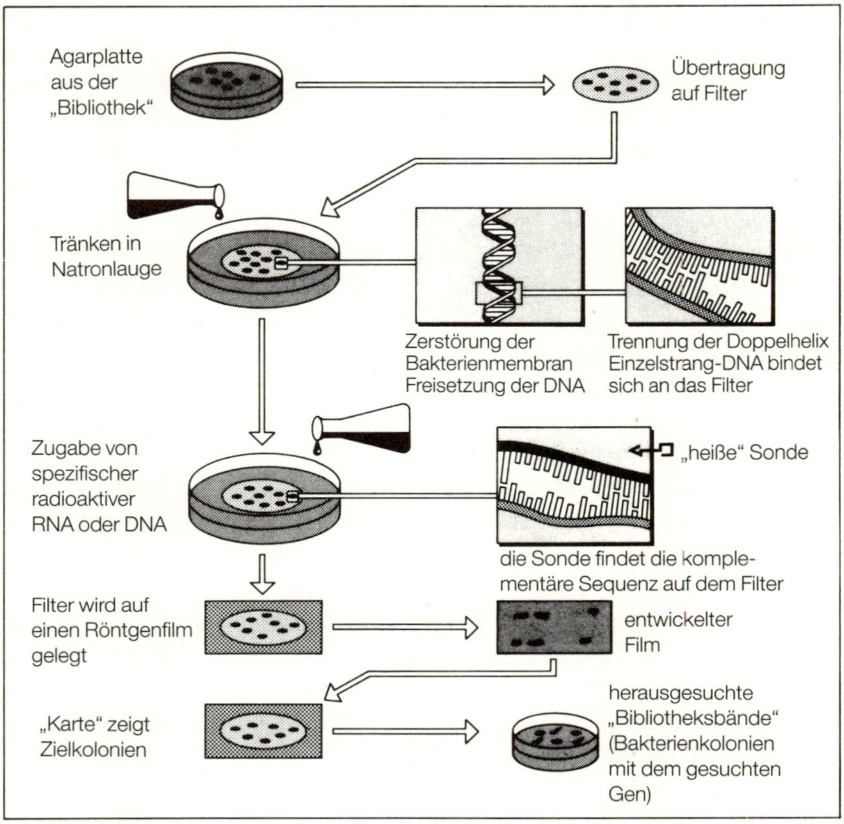

Abbildung 7: Der vierte Arbeitsschritt des Gentechnologen
Wie man in einer Genbibliothek ein bestimmtes Gen aufspüren kann. Irgendwo in einer großen Anzahl von Bakterienkolonien, die rekombinierte Plasmide enthalten, befindet sich das gesuchte Gen. Als erstes kopiert man sämtliche Kulturschalen der Bibliothek auf Nitrocellulosefilter. Nachdem sich die Bakterienkolonien auf den Filtern etwas vergrößert haben, werden diese mit Natronlauge behandelt, um die Bakterien aufzubrechen und ihre DNA freizusetzen. Die Lauge trennt außerdem die Doppelhelix in Einzelstränge, die sich fest an das Filtermaterial binden. Nach mehreren Waschschritten werden die Filter mit einer Lösung radioaktiver RNA oder Einzelstrang-DNA bedeckt, in deren Sequenz mindestens 14 Basen komplementär zu dem gesuchten Gen sind. Dort, wo Kolonien mit dem richtigen Gen sitzen, hybridisiert diese „heiße“ Sonde mit der DNA (das heißt, die passenden Basen legen sich aneinander). Die Radioaktivität läßt sich nachweisen, indem man die Filter im Dunkeln auf einen Röntgenfilm legt. Nach einigen Stunden oder Tagen wird der Film entwickelt; ein schwarzer Fleck markiert die Stelle der „richtigen“ Bakterienkolonie. Der Forscher greift dann auf die ursprüngliche Kulturschale zurück und entnimmt die Kolonie, die dem schwarzen Fleck entspricht. Diese Kolonie sollte Bakterien mit Plasmiden enthalten, in deren DNA das relevante Gen eingebaut ist.

Bei einer anderen Methode läßt man die rekombinierte DNA zunächst „arbeiten“ und das gesuchte Protein synthetisieren. Dazu muß man den Schalter andrehen, der es erlaubt, die rekombinierte DNA in

RNA zu transkribieren und in ein Protein zu übersetzen, wie es in Kapitel 2 und Anhang B beschrieben ist. All die Tausende von Genen in der Bibliothek werden dabei aktiviert, und jedes stellt eine große Menge „seines" Proteins her. Wieder stellt man nun Filterkopien der Kulturschalen her. Dieses Mal behandelt man sie jedoch so, daß auf ihnen nicht einzelsträngige DNA, sondern Protein haften bleibt. Dann wird das Ganze mit einem *Antikörper* gegen das gesuchte Protein überschichtet. Antikörper sind interessante Moleküle, die einen Teil des natürlichen Abwehrsystems des Körpers bilden. Sie haben die Fähigkeit, sich spezifisch mit bestimmten Proteinen zu verbinden. Es ist recht einfach, Antikörper gegen Insulin, Wachstumshormon, Hämoglobin oder ein beliebiges anderes wertvolles Protein herzustellen. Auf unserem Filter identifizieren die Antikörper die Kolonie mit dem „richtigen" Gen; sie selbst lassen sich nachweisen, indem man einen radioaktiven „Marker" verwendet (gewöhnlich einen zweiten, „heißen" Antikörper), der den ersten Antikörper erkennen kann. Das Endergebnis ist wieder ein dunkler Fleck auf einem Röntgenfilm, der an derselben Stelle liegt wie die Kolonie mit dem gesuchten Gen.

Wenn man bei der Durchmusterung erst einmal den Bakterienklon gefunden hat, der die richtige cDNA enthält, ist man bei der Suche nach dem vollständigen Gen in der gesamten Genombibliothek schon einen riesigen Schritt weitergekommen. Man kann nun recht einfach ein langes, radioaktives DNA-Fragment als Kopie der cDNA herstellen – Mehrdeutigkeiten gibt es jetzt nicht mehr – und dieses neue, heiße DNA-Stück als hochselektive Sonde verwenden. Die DNA einer Million Bakterienkolonien durchzumustern ist zwar immer noch mühsam, aber die Methodik wird ständig verbessert, und der Preis lohnt den Aufwand. Und wenn ein Genstück erst einmal für interessant befunden wurde, läßt sich seine korrekte Basensequenz mittlerweile relativ leicht bestimmen. Wenn Sie dann noch die Aminosäuresequenz des Proteins kennen, werden Sie schnell herausfinden, wo die codierenden Abschnitte liegen und wo die unübersetzten Zwischensequenzen, die Introns.

Gene anschalten: Wie Gentechnologen Proteine herstellen

Es ist eine Sache, Gene in Bakterien einzuschleusen, aber eine andere, diese Bakterien dazu zu bringen, als Fabriken für die Herstellung des Genprodukts, also des codierten Proteins, in Aktion zu treten. Dies gelingt, indem man das Fremdgen direkt neben ein geeignetes

Kontrollelement plaziert. Bakterien besitzen zum Beispiel ein kompliziertes, in langjähriger Forschungsarbeit entschlüsseltes Steuerungssystem, das es ihnen erlaubt, sich von einem bestimmten Zucker, der Lactose (Milchzucker), zu ernähren. Gibt man Lactose zu einer Kultur solcher Bakterien, so schalten diese das Gen jenes Enzyms an, das den Zucker in seine beiden Bestandteile Galactose und Glucose spaltet: Die Zelle produziert dann große Mengen von β-Galactosidase (desselben Enzyms, das für den oben beschriebenen Farbtest verwendet wird). Der DNA-Abschnitt, der die Anwesenheit des Zuckers erkennen und die Galactosidaseproduktion ankurbeln kann, wird als Lactose- oder *lac-Operon* bezeichnet. Man kann das bakterielle *lac*-Operon nun in Plasmide verpflanzen und fremde DNA direkt daneben einfügen. Wenn man Bakterien, die solche Plasmide enthalten, mit Lactose füttert, stellen sie nicht nur die Galactosidase her, sondern auch das von der fremden DNA codierte Protein. Man kennt inzwischen eine ganze Reihe weiterer Operons, die sich ähnlich nutzen lassen, und die verwendeten Methoden sind oft noch raffinierter als die oben erwähnte. So kann man bei manchen den Einschalthebel durch eine einfache Temperaturänderung betätigen. Vektoren, mit denen man nach Wunsch Gene anschalten kann und die so eine Proteinsynthese in großem Umfang erlauben, werden *Expressionsvektoren* genannt. Einige sind inzwischen so hochentwickelt, daß man Bakterien dazu bringen kann, fünf bis zehn Prozent ihres eigenen Gewichts an spezialisiertem Protein anzufertigen!

Die wichtigsten Tricks des Gentechnologen

Wir wollen die wichtigsten gentechnologischen Kunstgriffe noch einmal in Kochbuchmanier zusammenfassen. Man setze zunächst Restriktionsendonucleasen ein, um lange DNA-Stränge in handlichere Stücke von 1000 bis 40 000 Basenpaaren zu zerbrechen. Dann nehme man einen Plasmid- oder Phagenvektor, der in Wirtsbakterien eindringen kann, und öffne ihn durch Behandlung mit derselben Restriktionsendonuclease. Nun mische man die beiden Komponenten und füge Ligasen hinzu, um die DNA wieder zu schließen. So erhält man rekombinierte Vektoren mit fremder DNA. Diese lasse man anschließend eine große Bakterienpopulation infizieren. Mit diversen Tricks kann man erkennen, welche Bakterien rekombinierte DNA aufgenommen haben. Man lasse die Bakterien zu Kolonien heranwachsen – oder die Phagenpopulationen sichtbare Löcher im Bakterienrasen hervorrufen –, die man dann durchmustern kann, um jene zu finden, welche die interessierende DNA-Sequenz enthält. Dieses DNA-Fragment plaziere man dann in ein Kontrollsystem, das nach Wunsch an- und abgeschaltet werden kann, und schon hat man eine billige Fabrik für wertvolle Proteine.

Bisher haben wir uns lediglich mit Bakterien als Wirtszellen für rekombinierte DNA beschäftigt, aber auch viele andere Zellen lassen sich in ähnlicher Weise nutzen. Wir werden später einigen als Varianten der zweiten und dritten Generation dieser Methode begegnen.

Leser, die sich mehr dafür interessieren, *was* der Gentechnologe vollbringen kann, als dafür, *wie* er es tut, sollten im Gedächtnis behalten, daß es viele Verfahren gibt, um Gene aus ihrem angestammten Zellkern zu entfernen und zu verpflanzen – sei es, um sie genauer untersuchen zu können, um sie zu aktivieren oder sogar, um ihre Wechselwirkung mit anderen Genen zu analysieren. So ergibt sich eine nahezu unendliche Vielfalt von Experimenten und praktischen Anwendungen.

4. Fabriken für wertvolle Proteine

Das Los eines Arztes im 19. Jahrhundert war nicht einfach. Über die Naturgeschichte der Krankheiten hatte sich im Laufe der Jahrhunderte ein stattliches Wissen angesammelt. Diagnosen fußten zwar nicht auf der heute verfügbaren breiten Palette spezialisierter Tests, wurden aber dennoch in vielen Fällen recht treffsicher gestellt, indem man aufmerksam der Schilderung der Symptome folgte und bestimmte klinische Anzeichen aufspürte. Die Ärzte wußten also genau, wie übel manche Krankheiten den Menschen mitspielen, doch dagegen tun konnten sie wenig! Natürlich gab es wirkungsvolle Präparate wie Digitalis, Opiate und Belladonna, die zumindest in begrenztem Maße halfen, aber allzuoft mußte man einfach der Natur ihren Lauf lassen.

Die große Wende in der Fähigkeit der wissenschaftlichen Medizin, in eine Krankheit einzugreifen und ihre Vorbeugung oder Heilung zu gewährleisten, beruht im wesentlichen auf vier Entwicklungen: Impfstoffen, Substitutionstherapie, Operationen und Medikamenten. Impfstoffe, die gewissermaßen das natürliche Abwehrsystem des Körpers aufrüsten, um bestimmte Infektionen zu verhindern, haben – zusammen mit hygienischeren Lebensbedingungen – entscheidend dazu beigetragen, die entwickelten Länder von vielen tückischen Seuchen zu befreien. Die Substitutionstherapie, sei es mit Vitaminen, Bluttransfusionen oder Hormonen wie Insulin, hat die Kontrolle zahlreicher Krankheiten ermöglicht, bei denen ein Organ nicht angemessen arbeitet oder zerstört ist. Die Chirurgie, einschließlich der modernen Geburtshilfe, kann auf ihre zahlreichen Erfolge zu Recht stolz sein. Und wenn wir an die Biotechnologie denken, sollten wir unsere Aufmerksamkeit vor allem den Medikamenten widmen; denn es ist dieses riesige Arsenal hochwirksamer Pharmazeutika, das den Ärzten heutzutage ihre wichtigsten Werkzeuge für die tägliche medizinische Praxis zur Verfügung stellt.

Medikamente sind im weitesten Sinne kleine organische Moleküle mit der Fähigkeit, wichtige biologische Prozesse entweder nachzuahmen oder zu stören. Bei manchen handelt es sich um Naturstoffe, so etwa bei vielen Antibiotika. In zunehmendem Maße sind Medikamente jedoch synthetische Produkte, maßgeschneidert, um eine ganz bestimmte räumliche Gestalt anzunehmen. Organische Chemiker entwerfen und produzieren kleine Moleküle mit speziellen Charakteristika – etwa mit der Fähigkeit, diejenigen Stoffe im Körper zu blockieren, welche die Produktion von Magensäure auslösen, oder jene natürlichen Moleküle nachzuahmen, die für die Entspannung der Muskeln in den Bronchien sorgen. Falls dies gelingt, hat man ein neues Medikament gegen Magengeschwüre beziehungsweise gegen Asthma in Händen. Allerdings gehen einer Anwendung beim Menschen lange Jahre des Ausprobierens, oft mit aufwendigen Tierversuchen, voraus. Die chemische Signalvermittlung im Körper – zwischen Nerv und Nerv, Nerv und Muskel oder Zelle und Zelle – hängt ebenfalls zum großen Teil von der lokalen Freisetzung kleiner organischer Moleküle ab. Es ist daher verständlich, daß man andere Vertreter solcher Moleküle einsetzen kann, um die verschiedenen Kontrollschleifen im Organismus zu beeinflussen und sie dort zu berichtigen, wo sie fehlgehen. Die Zwillingswissenschaften Pharmakologie (die Lehre von der Wirkungsweise der Medikamente) und Therapeutik (die Anwendung dieser Medikamente bei der Krankheitsbehandlung) haben also eine solide wissenschaftliche Grundlage.

Kleine Moleküle allein reichen jedoch nicht aus. Es gibt einen weiteren Zweig der wissenschaftlichen Medizin – ein jüngeres, noch nicht so scharf definiertes Feld, das sich aber schnell entwickelt und voll aufregender Möglichkeiten steckt: nämlich die Verwendung größerer Moleküle in der Therapie. Viele davon sind Proteine, und oft benutzt man den Begriff „biologische Wirkstoffe" (*biologicals*), um therapeutisch nützliche Substanzen dieser Art zu bezeichnen. Der Bedarf an solchen Stoffen ist leicht zu erklären. So wirksam der Einsatz kleiner Moleküle auch sein mag – viele der täglichen Aufgaben des Körpers werden doch mit Hilfe von Makromolekülen erledigt. Häufig kann irgendein Fehler nur von großen Molekülen behoben werden, die sich durch einen höheren Grad an funktioneller Spezialisierung auszeichnen. Einige biologische Wirkstoffe sind eigentlich gar nicht so neu. Das Insulin haben wir bereits kurz erwähnt; dieser lebensrettende Wirkstoff wurde schon vor über 70 Jahren isoliert. Zu nennen sind hier außerdem verschiedene Blutbestandteile wie Albumin, das verlorene Körperflüssigkeit ersetzen kann, und Gammaglobulin, das – zumindest vorübergehend – bestimmte Infektionen verhindern kann. Die genannten Substanzen lassen sich recht leicht gewinnen, da sie in großer Menge in der Bauchspeicheldrüse (Insulin) beziehungsweise im Blut vorkommen. Das Problem bei vielen anderen therapeutisch nützlichen biologischen Wirkstoffen ist, daß sie im Blut oder in Geweben nur in geringen Konzentrationen vorhanden sind, so daß die Gewinnung ausreichender Mengen ein schwieriges und kostspieliges Unterfangen darstellt. Genau hier kommt die Gentechnologie zu Hilfe.

Nachdem man das Gen eines Proteins einmal mit Hilfe eines geeigneten Expressionsvektors in Bakterien-, Hefe- oder Säugerzellen eingeschleust hat, spielt es überhaupt keine Rolle mehr, ob dieses Protein normalerweise häufig vorkommt oder aber in Gewebe und Körperflüssigkeiten sehr selten und damit besonders wertvoll ist. Mit der richtigen Methode kann man das Gen für das seltene Protein genauso hart und schnell arbeiten lassen wie ein Gen für ein gewöhnliches Protein. Das bedeutet nicht nur eine beträchtliche Kostenreduzierung im Vergleich zu der Gewinnung aus natürlichen Quellen. In vielen Fällen ist es sogar eine Frage von alles oder nichts – etwas, das zuvor überhaupt nicht zur Verfügung stand, ist nun potentiell in großen Mengen erhältlich. Selbst bei Proteinen, die auch vorher schon verfügbar waren, bietet die Gentechnologie oft eine praktischere und vernünftigere Vorgehensweise. Mehrere Beispiele sollen dies veranschaulichen.

Die Klonierung von Somatostatin: Der Beginn eines langen Abenteuers

Es gibt ein Hormon namens Somatostatin, das vielleicht eine größere Berühmtheit erlangt hat, als ihm zusteht. Es ist ein kleines Protein, nur 14 Aminosäuren lang. Es wird unter anderem in der Bauchspeicheldrüse von spezialisierten Zellen hergestellt und verkörpert eine jener Kontroll- oder Rückkoppelungsschleifen, die die Natur so liebt. Seine wichtigste Funktion ist die eines Gegengewichts zu dem positiven Einfluß, den das Wachstumshormon der Hirnanhangdrüse (das Somatotropin) auf die Speicherung von Nährstoffen im Körper ausübt. Somatostatin wird als das erste Protein in Erinnerung bleiben, das im Zuge der Genmanipulation von *E. coli* hergestellt wurde. Es ist schon erstaunlich, daß dieses Meisterstück erst vor etwa 15 Jahren, nämlich 1977, gelang. Wie alltäglich uns solche einst unvorstellbaren Leistungen inzwischen vorkommen! In den frühen Tagen der Gentechnologie schien es am einfachsten, das Somatostatingen nicht etwa zu suchen – zum Beispiel in einer cDNA-Bibliothek –, sondern es statt dessen vollständig zu *synthetisieren*! Da das Protein nur aus 14 Aminosäuren besteht, erfordert seine Codierung nur eine Sequenz von 42 Basen. Die organisch-chemischen Methoden, mit denen man 42 Nucleotide in der richtigen Reihenfolge anordnen kann, sind zwar kompliziert, aber die Wissenschaftler Keiichi Ikatura, Francisco Bolivar und Herbert Boyer schafften es. Sie konnten das synthetische Gen anschließend in ein Plasmid einbauen und zur Produktion einer recht beträchtlichen Menge von Somatostatin anregen. Dabei wurde deutlich, daß man noch ein paar besondere Tricks lernen mußte, um die Vorgehensweise zu perfektionieren. Man brauchte zum Beispiel raffinierte Verfahren, um das gewünschte Protein von der Galactosidase abzuspalten, die man als Schaltvorrichtung im Bakterium benutzte (siehe Kapitel 3). Außerdem baute ein großer Teil der genetisch veränderten (transformierten) Bakterien das fremde Protein fast genauso schnell wieder ab, wie sie es herstellten – und das auf scheinbar willkürliche, unvorhersehbare Weise. Diese Tendenz zum intrazellulären Abbau ist noch heute ein Hauptärgernis der gentechnologischen Forschung, aber sie wird mit zunehmend größerem Erfolg und besserer Reproduzierbarkeit bekämpft. Anscheinend sind unvollständige Fragmente wertvoller Proteine, die entstehen, wenn nur ein Teil des Gens verpflanzt wurde, für einen enzymatischen Abbau besonders anfällig. Um die Ausbeute zu erhöhen, kann man dem Wachstumsmedium der Bakterien etwa Hemmstoffe für die proteinabbauenden Enzyme hinzufügen oder aber Bakterien verwenden, denen solche Enzyme gänzlich fehlen. Bei dem, was man die produktionstechnische Seite der Gentechnologie nennen könnte, hat man seit 1977 gewaltige Fortschritte gemacht, und weitere Verbesserungen in der nahen Zukunft sind gewiß.

Das menschliche Wachstumshormon: Ein klassischer Meilenstein der Gentechnologie

David Goeddel und Kollegen von der Gentechnologiefirma Genentech verkündeten im Oktober 1979 die erfolgreiche Herstellung des menschlichen Wachstumshormons. Drei Faktoren unterschieden diese Leistung von dem vorherigen Erfolg mit dem Somatostatin. Erstens ist das Wachstumshormon mit einer Länge von 191 Aminosäuren fast vierzehnmal so groß. Zweitens wurde das Gen in diesem Fall nicht synthetisiert, sondern aus einer Genbibliothek herausgefischt – mit einer Methode, die inzwischen zu den klassischen Vorgehensweisen zählt: Man reinigte Boten-RNA, baute die entsprechende, komplementäre cDNA in eine *E. coli*-Bibliothek ein, suchte das richtige Gen heraus und setzte es in einen geeigneten Expressionsvektor (ein Plasmid) ein. So gelang es letztlich, große Mengen des Hormons herzustellen. Drittens schließlich wurde die Arbeit am Wachstumshormon *in* der Industrie durchgeführt, während Ikaturas Somatostatinuntersuchungen nur von ihr unterstützt wurden.

Worin bestehen die wesentlichen Funktionen des Wachstumshormons? Es ist einer der wichtigsten auslösenden Faktoren für Zell- und Gewebewachstum. Ein Tumor der Zellen der Hirnanhangdrüse (Hypophyse), die das Hormon herstellen, verursacht manchmal eine Überproduktion dieser lebenswichtigen Substanz. Das Endergebnis ist ein Riese mit besonders ausgeprägtem Wachstum von Händen, Füßen und Kinn (Akromegalie). Die betroffenen Personen haben ein charakteristisches Aussehen; der frühere Boxweltmeister im Schwergewicht, Primo Carnera, war ein klassisches Beispiel. Wenn dagegen die hormonproduzierenden Zellen versagen oder durch eine Krankheit zerstört werden, wird der Mensch zu einem sogenannten hypophysären Zwerg. Glücklicherweise kommt dies nur selten vor, und bis vor kurzem konnte man nichts daran ändern. Dann jedoch wurde ein Verfahren entwickelt, bei dem man aus menschlichen Hypophysen, die man in Leichenhallen sammelte, mittels einer aufwendigen chemischen Reinigungsprozedur menschliches Wachstumshormon isolierte. Wenn man die geringe Größe der menschlichen Hirnanhangdrüse bedenkt, ist es verständlich, daß das so gewonnene Hormon extrem teuer war. Mit regelmäßigen Injektionen gelang es, bei potentiellen Zwergen eine normale Körpergröße zu erreichen. Dann jedoch schlug das Schicksal zu: Drei Patienten, die man in den fünfziger und sechziger Jahren mit Hypophysenextrakt behandelt hatte, wurden von der Creutzfeld-Jakob-Krankheit befallen. Das ist eine seltene, aber tödliche Erkrankung, die von einem sehr ungewöhnlichen, nämlich einem sogenannten langsamen Virus (*slow virus*) verursacht wird, das seine fatale Wirkung erst nach vielen Jahren voll entfaltet. Die infizierten Menschen werden verwirrt, verlieren ihr Gedächtnis und sterben langsam, während ihr Gehirn alle Funktionsfähigkeit einbüßt. Einer der damaligen Hypophysenspender war an dieser Krankheit gestorben, von der man zu jener Zeit noch nicht wußte, daß sie ansteckend war; das mit dem Extrakt weitergegebene Virus blieb zunächst latent – nur um dann 30 Jahre später mit vernichtender Wirkung zuzuschlagen. Die Behandlung mit Hypophysenextrakten wurde verboten. Glücklicherweise hatte man das Hormon inzwischen auch gentechnologisch hergestellt, und man beschleunigte seine Produktion, um den betroffenen Patienten die erforderliche Behandlung zu ermöglichen.

Mindestens zehn Firmen stellen zur Zeit rekombinantes Wachstumshormon her, und die Behandlungskosten sinken. Marktwirtschaftlich gesehen stellen zwergwüchsige Menschen natürlich nur ein sehr kleines Abnehmerpotential dar. Eine billige und reine Quelle für menschliches Wachstumshormon eröffnet jedoch Gelegenheiten für weitergehende Experimente mit dem Hormon und wird mit der Zeit auch seine Verwendung in anderen Bereichen ermöglichen – etwa wenn schnelles Zellwachstum erwünscht ist wie bei der Wundheilung, der Behandlung von Verbrennungen und bei Knochenbrüchen. Das Wachstumshormon bewirkt zudem, daß der Körper selektiv eher Fettgewebe abbaut als Muskeln, so daß Menschen, die auf Diät gesetzt sind und gleichzeitig mit diesem Hormon behandelt werden, nur in Fettregionen „Gewicht" verlieren. Die Verwendung eines solchen Medikaments als „Kosmetikum" ist allerdings sehr umstritten. Der Markt dafür ist aber zweifellos riesig, und Firmen werden unweigerlich versucht sein, solche eher ungewöhnlichen Anwendungsmöglichkeiten von biologischen Wirkstoffen zu erkunden. Dabei gilt es mit Bedacht vorzugehen. Die besondere Bedeutung des durch Gentransfer hergestellten Wachstumshormons liegt ohnehin in erster Linie darin, daß es belegt hat, wie sinnvoll sich diese Technologie im „wirklichen Leben" einsetzen läßt.

Die Geschichte des Wachstumshormons zeigte auch einige Probleme auf. Frühe Präparationen des Hormons, die in klinischen Versuchen erprobt wurden, verursachten unerwartete Nebenwirkungen, einschließlich Frösteln und Fieber. Der Grund dafür war wahrscheinlich eine Verunreinigung durch ein bakterielles Produkt, ein sogenanntes Endotoxin. Dieses setzt sich zum Teil aus Lipid (Fett), zum Teil aus sich wiederholenden Zuckereinheiten zusammen und ist eine wichtige Komponente der bakteriellen Zellwände. In den Körper injiziert ist das Endotoxin hochgiftig; schon ein millionstel Gramm kann eine schwerwiegende Reaktion hervorrufen. Menschen sind besonders anfällig, viel stärker als Ratten oder Mäuse. Im derzeitigen Entwicklungsstadium der Gentechnologie wird das künstlich hergestellte Protein von den Bakterien nicht in das Wachstumsmedium ausgeschieden, sondern im Zellinneren gespeichert, so daß man die Zellen aufbrechen muß, um an den Inhalt zu gelangen. Bei diesem Vorgang werden von den zerstörten Bakterien aber auch Endotoxinmoleküle freigesetzt. Die Methoden zur Proteinreinigung sind zwar exzellent, aber noch nicht perfekt, und winzige Verunreinigungen durch ein unerwünschtes Makromolekül des Ursprungsgemischs lassen sich oft nur schwer entdecken. Aus rekombinantem Wachstumshormon hat man das Endotoxin inzwischen entfernen können, aber das Problem muß bei jedem einzelnen gentechnologischen Produkt, für das man *E. coli* als Wirtszelle verwendet, neu beachtet werden.

Gentechnologisch hergestelltes menschliches Insulin: Ein Stoff mit großem Marktpotential

Unter die Bezeichnung Zuckerkrankheit oder Diabetes mellitus fallen eigentlich zwei verschiedene Krankheiten. Die eine Form tritt recht häufig auf und betrifft bis zu zwei Prozent der Bevölkerung. Bei ihr hat der Körper eine relativ schwach ausgeprägte Schwierigkeit, die Zuckerlast zu bewältigen, die bei einer kohlenhydratreichen Mahlzeit anfällt. Dieses Versagen liegt aber nicht daran, daß die Insulinausschüttung aus der Bauchspeicheldrüse ausbliebe. Tatsächlich ist der Insulinspiegel normal oder sogar erhöht. Die Krankheit hat vielmehr damit zu tun, wie das Insulin vom Körper genutzt wird. Diese Form des Diabetes beginnt normalerweise im mittleren oder späteren Lebensalter und geht häufig mit Fettleibigkeit einher. Sie erfordert keine Insulininjektionen und kann entweder durch eine Einschränkung der Kohlenhydrataufnahme behandelt werden oder aber mit Tabletten – antidiabetischen Wirkstoffen, die eine Senkung des Blutzuckerspiegels herbeiführen. Die zweite Form der Zuckerkrankheit, die dreimal seltener vorkommt, ist wesentlich ernster. Sie beginnt oft, wenn auch keineswegs immer, im Teenageralter. Sie beruht auf einer Zerstörung bestimmter Zellen in der Bauchspeicheldrüse, die auf die Insulinsekretion spezialisiert sind. Unbehandelt führt sie normalerweise schnell zum Tod.

Seit Banting und Best zu Beginn der zwanziger Jahre entdeckten, daß diese altbekannte Krankheit auf einem Ausfall der Insulinproduktion beruht, kann sie behandelt werden, und seither sind Millionen Menschenleben gerettet worden. Die Betroffenen müssen allerdings gewöhnlich zwei Insulininjektionen pro Tag auf sich nehmen. Die übliche Quelle für das Hormon sind Bauchspeicheldrüsen von Rindern oder Schweinen. Obwohl pharmazeutische Firmen ein ausgesprochenes Geschick bei der Isolierung und Reinigung des Insulins aus den auf Schlachthöfen eingesammelten Drüsen entwickelten, kann diese Vorgehensweise doch bei manchen Patienten zu Schwierigkeiten führen. Wenngleich Rinder- wie auch Schweineinsulin dem Hormon des Menschen sehr ähneln, weisen sie doch in ihrer Zusammensetzung geringfügige Unterschiede auf. Und das Immunsystem unseres Körpers ist leider verteufelt schlau beim Auffinden kleinster Abweichungen zwischen „Selbst“ und „Nichtselbst“. Ein Teil der Diabetespatienten produziert daher aufgrund der geringfügigen Strukturunterschiede zwischen tierischem und menschlichem Produkt Antikörper gegen das gespritzte Insulin. Dies hat zwei nachteilige Konsequenzen. Erstens kann der Antikörper die Wirkung des Insulins neutralisieren, so daß weit größere Mengen injiziert werden müssen. Zweitens wird, wenn Insulin und Antikörper im Gewebe aufeinandertreffen, als Antwort oft eine böse Entzündung ausgelöst; die Stelle, an der sich der Patient das Insulin injiziert hat, wird rot, schwillt an und schmerzt heftig. Sie können sich die Qual vorstellen, wenn dies zweimal täglich passiert! Darüber hinaus – und das ist am schwerwiegendsten – bleiben Diabetiker, auch wenn sie gut behandelt werden, meist nicht von ernsten Spätfolgen verschont, die durchaus mit der Injektion fremden Proteins zusammenhängen könnten. Insofern kann gentechnologisch hergestelltes menschliches Insulin als erheblicher Fortschritt gelten. Vom Standpunkt der pharmazeutischen Industrie aus besitzt es außerdem ein beträchtlich größeres Verkaufsvolumen als die anderen Hormone, die wir bisher erwähnt haben.

Die gentechnologische Herstellung menschlichen Insulins stellte die Wissenschaftler vor ein neuartiges Problem. Anders als das Wachstumshormon besteht ein Insulinmolekül aus *zwei* Proteinketten, die durch sogenannte Disulfidbindungen miteinander verknüpft sind. Jedes Insulinmolekül entsteht in der Bauchspeicheldrüse (dem Pankreas) durch einen komplizierten Vorgang, bei dem die Zelle zuerst einen Vorläufer herstellt, der mehr als zweimal so groß ist wie das endgültige Insulin. Diese Vorstufe wird dann in einer hochorganisierten Weise so zerschnitten und gekürzt, daß die korrekte Anordnung der beiden Teilproteine garantiert ist. Natürlich verfügt ein Bakterium nicht über die hochspezialisierte Enzymmaschinerie für diese Verarbeitung. Zwischen 1977 und 1980 fanden einige Forschergruppen unterschiedliche Lösungen für das Problem.

Dieser Fortschritt ist nicht zuletzt für zukünftige Entwicklungen von Bedeutung, denn viele wichtige Proteine sind in der Tat zusammengesetzte, mehrkettige Moleküle. Ihre erfolgreiche Herstellung mit Mitteln der Gentechnologie scheint inzwischen kein prinzipielles Problem mehr zu sein. Tatsächlich können entsprechend konstruierte Bakterien heute derart viel Insulin produzieren und ansammeln, daß sie förmlich davon anschwellen, wie man im Elektronenmikroskop sehen kann. Dieses gentechnologisch erzeugte Insulin ist in klinischen Langzeitversuchen getestet worden. Da es sich als sicher und wirksam erwies, ist es seit einiger Zeit im Handel erhältlich. Dennoch werden erst Jahre sorgfältigster Arbeit zeigen, ob es wirklich die erwarteten Vorteile gegenüber dem Insulin tierischer Herkunft besitzt. Mit der Zeit sollte es zweifellos deutlich billiger werden, obwohl man natürlich zuerst die Forschungskosten wieder einspielen muß.

Interferon: Ein Wundermittel?

Bisher haben wir uns mit Proteinen beschäftigt, deren therapeutisches Potential bereits recht gut bekannt war, bevor gentechnologisch erzeugtes Material verfügbar wurde. Wir wenden uns nun einer anderen Gruppe von Molekülen zu, die in den letzten Jahren enormes Interesse erregt haben, den Interferonen; ihren therapeutischen Wert kann man erst eingehend untersuchen, seit durch den Einsatz verschiedener neuer Methoden größere Mengen dieser Substanzen zur Verfügung stehen. Wie so oft in der Wissenschaft reichen die Wurzeln dieser Entwicklung viele Jahre zurück. In den vierziger Jahren hatte man herausgefunden, daß die Anwesenheit eines Virus in einem Gewebe irgendwie verhindert, daß ein zweites Virus in denselben Zellen wachsen kann. In den frühen fünfziger Jahren begann der englische Virologe Alick Isaacs dieses Phänomen während eines Aufenthalts am australischen Walter and Eliza Hall Institute zu untersuchen. Nach London zurückgekehrt, gelang es ihm und dem Schweizer Wissenschaftler Jean Lindenmann 1957, das Störphänomen eindeutig jenen Zellen zuzuschreiben, die durch das erste Virus infiziert worden waren. Diese stellten offenbar eine antivirale Substanz her, die das Wachstum anderer Viren hemmte. Das schützende Molekül nannten die Forscher Interferon (nach dem englischen *to interfere* für „stören"). Tatsächlich scheiden virusinfizierte Zellen kleine Interferonmengen aus, die sich in der umgebenden Gewebeflüssigkeit oder im Blut nachweisen lassen. Bald entdeckte man Möglichkeiten, mit einem defekten Virus infizierte Zellen dazu anzuregen, Interferon herzustellen. So konnte man ein wenig dieser kostbaren Substanz erhalten, ohne den Zellen größeren Schaden zuzufügen, denn ein defektes Virus kann in ihnen nicht wachsen und sie daher auch nicht töten.

Die Entdeckung des Interferons wurde als wichtiger Durchbruch begrüßt, weil Viruserkrankungen anders als bakterielle Infektionen nicht mit Antibiotika zu heilen sind. Zu jener Zeit stand tatsächlich kein einziges Medikament zur Verfügung, um virusinfizierte Patienten zu behandeln. Häufig verschrieb man ihnen Antibiotika, aber lediglich, um sekundäre bakterielle Infektionen zu verhindern; gegen die Viren selbst konnte man nichts ausrichten. Selbst heute gibt es nur eine Handvoll Medikamente mit nachgewiesener antiviraler Wirkung, und alle haben einige schwere Nebenwirkungen. Daher betrachtete man Interferon als biologischen Wirkstoff mit wirklich bedeutenden Möglichkeiten. Aber zwei Umstände erschwerten die Umsetzung einer Forschungsidee in eine breit nutzbare therapeutische Waffe. Erstens ist

Interferon *artspezifisch.* Mausinterferon schützt Mäuse, Kanincheninterferon Kaninchen, menschliches Interferon Menschen. Das bedeutet, daß sämtliches Interferon, das man in der ganzen Welt aus dem Gewebe von Versuchstieren isoliert hat, Menschen überhaupt nichts nützt. Man müßte menschliche Zellen in Kultur wachsen lassen und zur Interferonproduktion anregen. Dies schränkt die Möglichkeiten einer Herstellung im großen Maßstab stark ein. Zweitens produzieren Zellen in Kultur selbst unter günstigsten Bedingungen nur winzige Mengen Interferon. Die Präparation therapeutisch sinnvoller Mengen erfordert daher massive Anstrengungen und bringt hohe Kosten mit sich. So führte Interferon zwanzig Jahre lang ein Schattendasein, und das nicht nur wegen Alick Isaacs' vorzeitigem Tod in relativ jungen Jahren.

Ein großes Verdienst gebührt dem finnischen Wissenschaftler Kaare Cantell, der unermüdlich versuchte, immer größere Mengen menschlichen Interferons für klinische Versuche verfügbar zu machen. Als Leiter einer großen Blutbank in Helsinki hatte Cantell nicht nur Zugriff auf frische rote Blutkörperchen, sondern auch auf die im Blut viel selteneren weißen. Wenn man diese Zellen entsprechend stimuliert, sind sie gute Interferonproduzenten, obwohl sie nur kurze Zeit außerhalb des Körpers leben können. Durch unablässige Bemühungen, die Reinigungsstrategien und die Ausbeute zu verbessern, gewann Cantell aus solchen Blutzellen zunächst genügend Interferon für die Behandlung einer begrenzten Anzahl von Patienten. Doch selbst seine besten Präparationen enthielten nur ein Prozent Interferon und 99 Prozent verunreinigende Proteine aus den weißen Blutkörperchen. Cantells Anstrengungen gründeten sich nicht zuletzt auf die neue, wichtige Entdeckung, daß Interferon bei Versuchstieren die Größe bestimmter Tumore deutlich reduzieren konnte. Der Gedanke, ein natürliches Körperprodukt könne sich als Waffe gegen Krebs erweisen, war so aufregend, daß Interferon überall als *das* neue Wundermittel in die Schlagzeilen geriet. Es ist allerdings immer noch nicht geklärt, warum die Substanz Krebszellen zerstören kann. Weil bestimmte Krebsarten von Viren verursacht werden, könnte die Wirkung des Interferons zumindest zum Teil auf seinem gegen Viren gerichteten Potential beruhen. Andererseits vermag Interferon die Schlagkraft der weißen Blutkörperchen zu erhöhen, indem es etwa ihre Fähigkeit verstärkt, in den Körper gelangte Eindringlinge (und somit vielleicht auch Krebszellen) zu vernichten. Interferon könnte also als eine Art Verstärker des natürlichen Abwehrsystems wirken. Auf jeden Fall boten die gegen Krebs gerichteten Eigenschaften des Stoffes einen enormen zusätzlichen Anreiz für vermehrte Grundlagenforschung und klinische Untersuchungen.

Noch vor dem Einsatz der Gentechnologie auf diesem Gebiet erbrachte die Arbeit mit Interferon zwei neue Erkenntnisse, die auf Standardmethoden der Zellbiologie fußten. Erstens fand man heraus, daß es mindestens drei verschiedene Arten von Interferon mit leicht abweichenden Eigenschaften gibt, und bezeichnete diese mit den ersten drei Buchstaben des griechischen Alphabets: α (Alpha), β (Beta) und γ (Gamma). Zweitens erkannte man, daß keines der drei ein absolutes Wunderheilmittel gegen Krebs war. Interferon-α bewirkte zwar bei einer sehr seltenen Krebsform einen Heilungserfolg, aber seine Wirkung bei Patienten, bei denen der Tumor schon Tochtergeschwülste (Metastasen) gebildet hatte, war recht mäßig. Sie fiel jedenfalls nicht dramatischer aus als bei vierzig anderen, schon auf dem Markt erhältlichen Krebsmedikamenten. Dies ist keineswegs als Anklage gegen Interferon gemeint. Schließlich lernen wir auch fast vierzig Jahre nach dem Anbruch der Ära der Krebschemotherapie immer noch etwas über die Kombinationen und Dosierungen der verfügbaren Medikamente hinzu und können so inzwischen einige Krebsarten heilen und bei vielen anderen zumindest die Leiden lindern. Im Gegensatz zu den meisten dieser Arzneimittel erblickte Interferon unter den prüfenden Blicken der Öffentlichkeit und vielleicht mit dem Handikap übertriebener Erwartungen das Licht der Welt. Obwohl es die anfänglichen Hoffnungen nicht erfüllen konnte, fand es doch – in Kombination mit anderen Behandlungsmethoden – einen sinnvollen Platz in der Therapie einiger Krebsarten. Vor der gentechnologischen Ära herrschte zudem eine so große Nachfrage nach konventionell erzeugtem Interferon für verschiedene Krebsuntersuchungen, daß – zumal bei den extrem hohen Produktionskosten – nur relativ wenig Material für eine allgemeinere Erforschung seiner Rolle bei Virusinfektionen übrig blieb.

Es ist also kein Wunder, daß Interferon die Gentechnologen magisch anzog. Drei verschiedene Gruppen verkündeten 1980 ihren Erfolg bei der Herstellung verschiedener Interferone mit Hilfe rekombinierter DNA. Seitdem hat es buchstäblich Dutzende ähnlicher Meldungen gegeben. All diese Fortschritte haben unseren Fundus an Grundlagenkenntnissen enorm vergrößert. So wissen wir heute, daß es nicht nur die drei grundlegenden Interferontypen, sondern weit über zehn verschiedene Formen gibt. Soweit sie bisher getestet wurden, weisen sie leichte Unterschiede in ihren antiviralen und immunstimulierenden Eigenschaften auf. Um die tatsächliche Wirksamkeit dieser Moleküle bei verschiedenen Krankheiten zu untersuchen, bedarf es folglich wieder erheblicher klinischer Forschungsanstrengungen. Das zur Zeit verfügbare Material ist nicht nur zu einem Prozent, sondern zu über 99

Prozent rein. Man hat bereits bewiesen, daß die heilenden, tumorreduzierenden Eigenschaften wirklich auf das Interferon zurückzuführen sind und nicht auf irgendeine obskure Verunreinigung, die im konventionell hergestellten Interferon vielleicht vorhanden war. Unglücklicherweise haben sich die schlimmen Nebenwirkungen, die man bei hohen Dosen konventionellen Interferons beobachtet hat, auch bei Anwendung der reinen Substanz eingestellt und beruhen daher gleichfalls nicht auf Verunreinigungen. Diese Nebenwirkungen bestehen in Unwohlsein und Fieber – ähnlich wie bei einem Grippeanfall – und schließen manchmal ein sehr ernstes Absinken der Blutkörperchenbildung ein; sie bestimmen letztlich die obere Grenze der anwendbaren Interferondosis. Die klinische Forschung beschränkt sich indes nicht länger auf Krebs und lebensbedrohende ernste Infektionen; die Wissenschaftler untersuchen die Wirkung von Interferon nun auch bei anderen Krankheiten wie Multipler Sklerose einerseits und einfachen Virusinfektionen wie Erkältungen andererseits. Unter experimentellen Bedingungen kann der Wirkstoff zum Beispiel verhindern, daß man von einem in die Nase eingebrachten virushaltigen Tropfen eine Erkältung bekommt. Wird dies zur Entwicklung eines Nasensprays führen, das Erkältungskrankheiten vorbeugen kann? Die Antwort hängt von zwei Faktoren ab: Kosten und Nebenwirkungen. Die Kosten werden sicher mit der Zeit sinken. Die Nebenwirkungen sind eine andere Sache. Bei einer hohen Dosierung sind sie bekanntermaßen schwer, aber als Folge einer niedrigen Dosierung – wie in Tropfen und Sprays – hat man sie noch nicht genügend erforscht. Erst durch fortgesetzte sehr sorgfältige Untersuchungen wird man die Einsatzmöglichkeiten des Interferons bei Infektionen der oberen Atemwege bewerten können. Unserer Einschätzung nach steht dem Interferon als Waffe gegen Viren aber durchaus eine goldene Zukunft bevor, wohingegen seine Rolle im Kampf gegen Krebs wohl begrenzt bleiben wird.

Molekulare Wachstumsregulatoren

So glänzend die Errungenschaften der Vergangenheit auch gewesen sein mögen, die Zukunft strotzt vor noch aufregenderen Möglichkeiten. Da wir das Thema Krebs bereits kurz angesprochen haben, lassen Sie uns einige Beispiele von großer Bedeutung für dieses Problem betrachten. Es gibt im Körper eine Reihe von Hormonen, die das Wachstum von Zellen regulieren. Stellen Sie sich diese Substanzen als Teil eines extrem hoch entwickelten regulatorischen oder homöostatischen Systems vor, das die Zellwachstumsrate unter jeder Bedingung genau richtig einstellt; während Kindheit und Jugend sorgt es für ein allmähliches Wachstum des ganzen Körpers und später für einen angemessen schnellen Ersatz verbrauchter oder abgestorbener Zellen. Viele dieser Hormone (oder Wachstumsfaktoren, wie sie oft genannt werden) wirken nur auf bestimmte Zielgewebe. Manche stimulieren zum Beispiel die Vorläufer von Blutzellen, andere die Nervenzellen und wieder andere jene Zellen, die die Blutgefäße auskleiden. Einige wirken nur lokal und beeinflussen ausschließlich das Wachstum direkt benachbarter Zellen. Die meisten dieser Hormone kommen, wie das Interferon, in Blut und Gewebe nur in verschwindend geringen Mengen vor. Ihre Reinigung und infolgedessen auch ihre Untersuchung waren daher eine enorm schwierige und teure Aufgabe. Bei unseren eigenen Arbeiten benötigten wir zum Beispiel 20 000 Mäuse, um so viel von einigen dieser Faktoren zu gewinnen, daß wir wenigstens einen Teil ihrer Struktur chemisch analysieren konnten.

Inzwischen hat die Gentechnologie das alles geändert. Ein Dutzend Regulatoren, die das Wachstum von Blutzellen beeinflussen, sind in *E. coli* kloniert und dann in reiner Form in großen Mengen gewonnen worden. Dasselbe gilt für einige Faktoren, die für die Gewebereparatur nach Verletzungen verantwortlich sind. Der Zusammenhang dieser Faktoren mit Krebserkrankungen wird jetzt erkennbar. Beruhen manche Krebsarten auf einer Überproduktion solcher Substanzen? Oder vielleicht darauf, daß eine Zelle ihr eigenes Wachstumsfaktorgen anschaltet und sich dadurch selbst ununterbrochen zur Teilung stimuliert? Kann Krebs mit Medikamenten oder Antikörpern behandelt werden, die verhindern, daß die Wachstumsfaktoren zu ihrem Ziel auf der Zelloberfläche gelangen?

Obwohl vollständige Antworten auf diese Fragen noch viele Jahre genauester Grundlagenforschung erfordern werden, hat man in einigen Bereichen bereits Fortschritte erzielt. Krebsforscher haben etwa gezeigt, daß das Einschleusen gewisser DNA-Stücke eine normale Zelle bisweilen in eine bösartige verwandelt. Das zusätzliche Gen kann ein normaler Bestandteil des Genoms der Zielzelle sein, der jedoch beim Einbau (einem völlig zufälligen Vorgang) nicht an seinen üblichen Platz in der Zell-DNA gelangt ist. Wie wir bereits erwähnt haben, kontrollieren die an ein Gen angrenzenden DNA-Bereiche, wann dieses Gen an- oder abgeschaltet wird; eine an ungewohntem Ort eingefügte DNA kann also leicht zur falschen Zeit aktiviert werden. Als Wissenschaftler diese eingeschleusten DNA-Stücke (die man Onkogene oder Krebsgene nannte) in bösartig gewordenen Zellen untersuchten, machten sie eine bemerkenswerte Entdeckung. Die Fragmente codierten Wachstumsfaktoren. Die manipulierte Zelle gibt sich also quasi selbst die Anweisung, mit dem Wachstum fortzufahren und sich zu teilen. Die normalen Mechanismen, die nach einer solchen Teilung die Produktion der Wachstumsfaktoren beenden, funktionieren bei dem falsch plazierten Gen nicht mehr. Die Zellen vermehren sich ungehemmt und bilden einen Tumor. Die Aufregung um diese Entdekkung steigerte sich noch durch die Ergebnisse einer detaillierten Untersuchung von sogenannten Retroviren, die – hauptsächlich bei Tieren, aber auch beim Menschen – Krebs auslösen können. Wenn diese Viren eine Zelle infizieren, bauen sie Kopien ihrer selbst willkürlich in die Wirts-DNA ein. Manche tragen DNA-Sequenzen, die Genen für Wachstumsfaktoren oder deren Rezeptoren entsprechen. (Diese Rezeptoren sind Proteine in der äußeren Membran der Zelle, die Wachstumsfaktoren aus dem Blutkreislauf an sich binden und der Zelle daraufhin signalisieren, daß sie mit dem Wachstum beginnen soll.) Die Infektion mit einem Retrovirus könnte also zum Einbau eines Wachstumsfaktorgens an eine Stelle in der DNA führen, an der es ständig angeschaltet wird. Der Zelle würde somit suggeriert, daß sie zu wachsen habe, und sie würde beginnen, sich unkontrolliert zu teilen. Insofern kann man sich Tumorzellen einfach als normale Zellen vorstellen, die sich aufgrund falscher Anweisungen ungehemmt vermehren.

Wachstum ist häufig mit einem zellulären Vorgang verbunden, der als Differenzierung bezeichnet wird. Darunter versteht man die Ausbildung einer speziellen Funktion oder Fähigkeit, an deren Ende eine sich nicht mehr teilende Zelle steht, die für eine ganz bestimmte Aufgabe hervorragend geeignet ist. Auch die Differenzierung wird von Hormonen kontrolliert. Könnte man eine undifferenzierte, wuchernde Krebszelle mit gereinigtem „Differenzierungshormon" zu einem geordneteren Verhalten zwingen – oder sogar dazu, für den Körper nützliche Tochterzellen zu erzeugen? Bei Tieren ist dies in Versuchen schon gelungen, aber nur weitere Arbeit kann klären, ob sich die Ergebnisse auf den Menschen übertragen lassen. Die Gentechnologie hat uns bereits die dafür benötigten großen Mengen derartiger Wirkstoffe zur Verfügung gestellt. Wir wollen uns nun mit einigen Wachstumsfaktoren von therapeutischem Nutzen näher befassen.

Wachstumsfaktoren für Blutzellen: Erythropoietin und koloniestimulierende Faktoren

Das Blut in den Arterien und Venen des Körpers besteht aus Zellen und einer Vielzahl von Proteinen. Es gibt rote Blutkörperchen, die den Sauerstoff zu den Geweben des Körpers transportieren, und verschiedene weiße Blutzellen, die für die Zerstörung eindringender Mikroben und Krebszellen verantwortlich sind. Die Blutproteine haben viele Aufgaben, zu denen der Transport von Eisen und Fett im Körper, die Bildung von Blutgerinnseln und deren Entfernung sowie das Zurückhalten von Flüssigkeit in den Blutgefäßen gehören. Die Blutzellen werden im Knochenmark gebildet, und eben hier sorgen Wachstumsfaktoren für die ordnungsgemäße Entwicklung der Zellen in Anpassung an die Bedürfnisse des Körpers. Jeder einzelne Faktor wirkt auf eine begrenzte Anzahl von Zielzellen ein und veranlaßt sie, sich zu teilen und neue Blutzellen hervorzubringen. Es gibt also spezifische Wachstumsfaktoren für rote Blutkörperchen und solche für weiße.

Erythropoietin (kurz EPO) ist ein Wachstumsfaktor, der die Bildung roter Blutkörperchen (Erythrocyten) anregt. EPO wird in den Nieren produziert und dann in den Blutstrom freigesetzt, mit dem es zum Knochenmark gelangt. Dort befiehlt es den entsprechenden Vorläuferzellen, sich zu teilen und reife, einsatzfähige rote Blutkörperchen zu bilden. Man hat das Gen für EPO identifiziert und isoliert und kann das Protein nun synthetisch herstellen. Interessanterweise benutzt man dafür nicht Bakterien, sondern eine kontinuierlich wachsende Zellinie, die sich von Chinesischen Hamstern ableitet. Diese Zellen stellen nämlich eine Version von EPO her, die dem menschlichen strukturell bedeutend ähnlicher ist als die, die man in Bakterien erzeugen kann. Vielen menschlichen Proteinen werden bei ihrer Synthese in der Zelle Zuckermoleküle angehängt (ein als Glykosylierung bezeichneter Vorgang). Bei von Bakterien produzierten Proteinen fehlen diese Zucker; wenn man so hergestelltes EPO in Menschen injiziert, wird es schnell aus dem Blut entfernt und zerstört. Das zuckertragende Protein aus Hamsterzellen zirkuliert dagegen viele Stunden lang und hat somit ausreichend Zeit, die Vorläuferzellen im Knochenmark zu stimulieren.

Bei manchen Patienten mit schweren Nierenerkrankungen wird in den Nieren nicht mehr genug EPO hergestellt, um die Bildung neuer roter Blutkörperchen anzuregen. Die Betroffenen entwickeln eine Anämie. In den Vereinigten Staaten benötigt ungefähr ein Viertel der 80 000 Patienten, bei denen wegen Nierenversagens eine Dialyse durchgeführt wird, regelmäßig Bluttransfusionen. Dabei verbrauchen sie jedes Jahr ungefähr eine halbe Million Einheiten Blut. In letzter Zeit hat man in einer Reihe von Versuchen geprüft, ob eine Gabe von EPO es diesen Patienten ermöglichen könnte, ihre roten Blutkörperchen wieder selbst herzustellen. Man injizierte Gruppen von transfusionsabhängigen Patienten mit Nierenversagen dreimal wöchentlich EPO aus Hamsterzellen. Tatsächlich begannen sie, rote Blutkörperchen effizienter zu produzieren, kamen ohne Transfusionen aus und fühlten sich erheblich besser. Toxische Nebenwirkungen traten nicht auf. Allerdings benötigten die Patienten zusätzliches Eisen für all die neuen roten Blutkörperchen. Sollten größere Versuchsreihen genauso erfolgreich sein, wird dieser wichtige therapeutische Fortschritt Menschen mit Nierenversagen das Leben erheblich erleichtern und den Andrang auf die Vorräte von Blutbanken vermindern – was heutzutage nicht zuletzt wegen Aids von großer Bedeutung ist.

Patienten mit verschiedenen anderen chronischen Krankheiten wie rheumatischer Arthritis und Lebererkrankungen sind oft ebenfalls anämisch. EPO wird zur Zeit auch bei diesen Krankheiten erprobt. Eine weitere Verwendung findet es bei Patienten, die wegen eines chirurgischen Eingriffs eine Bluttransfusion benötigen. Hier kann man dem Patienten ein bis zwei Monate vor der Operation EPO geben, um die Bildung roter Blutkörperchen anzuregen. Das frisch produzierte Blut wird wie bei einer routinemäßigen Blutspende gesammelt. Zum Zeitpunkt des Eingriffs gibt man dem Patienten sein eigenes Blut als Transfusion zurück. Dies schaltet unter anderem jedes Risiko aus, sich durch die Verwendung fremden Blutes Aids oder Hepatitis zuzuziehen.

Genau wie EPO regen die Wachstumsfaktoren der weißen Blutkörperchen entsprechende Vorläuferzellen an, sich zu teilen und eine große Anzahl reifer, differenzierter Zellen zu bilden. Die sogenannten koloniestimulierenden Faktoren wurden von Donald Metcalf und seinen Kollegen am Walter and Eliza Hall Institute und dessen Zweiginstitutionen in Melbourne entdeckt und gründlich charakterisiert. Eine plötzliche Produktion weißer Blutkörperchen als Mittel, das Immunsystem anzukurbeln, kann bei vielen Gelegenheiten von Vorteil sein. Krebspatienten werden zum Beispiel mit sehr giftigen Medikamenten behandelt, um die wuchernden Krebszellen zu vernichten. Als Nebenwirkung töten diese Medikamente aber auch andere sich teilende Zellen im Körper ab – nicht zuletzt weiße Blutkörperchen. Ein Absinken der Zahl dieser Zellen macht den Patienten infektionsanfällig. Wenn man ihm nun einen Wachstumsfaktor für weiße Blutzellen – wie zum Beispiel G-CSF (den für Granulocyten spezifischen koloniestimulierenden Faktor) – verabreicht, werden weiße Blutzellen schnell nachproduziert. So verkürzt sich die Zeitspanne, in der der Patient für eine Infektion besonders anfällig ist. Man könnte auf diese Weise Krebspatienten ohne Probleme mit weit höheren Dosen von Antikrebsmedikamenten behandeln und somit eine effektivere Beseitigung der Krebszellen bei gleichzeitig geringeren Nebenwirkungen auf das Knochenmark erreichen. Mit einem verwandten Wachstumsfaktor, GM-CSF (der für Granulocyten und Makrophagen spezifisch ist), hat man bei Aids-Patienten die Zahl der weißen Blutkörperchen erhöhen können. Man erwartet, daß solche Wachstumsfaktoren bei den verschiedensten Erkrankungen dazu beitragen können, Infektionen zu bekämpfen. Besonders Patienten mit Verbrennungen und offenen Wunden, Transplantatempfänger sowie Diabetiker sollten von einer solchen Behandlung profitieren.

Außerhalb des Knochenmarks stimulieren weiße Zellen einander zu Wachstum und Differenzierung, indem sie eine ganze Reihe spezieller Botenproteine, sogenannter Interleukine, ausschütten. Der Krebsforscher Steven Rosenberg und seine Kollegen am National Cancer Institute der USA in Washington haben etliche Versuche durchgeführt, bei denen sie Patienten mit fortgeschrittenen, unheilbaren Tumoren eines dieser Zellhormone, nämlich IL-2 (Interleukin 2), verabreichten. Alternativ dazu entnahmen sie den Patienten weiße Blutkörperchen, behandelten diese im Reagenzglas mit dem Hormon und brachten sie zusammen mit noch mehr IL-2 in den Patienten zurück. In einigen Fällen trat tatsächlich eine deutliche Besserung ein: Der Tumor ging zurück, und die Patienten überlebten länger. Die Behandlung mit IL-2 ruft jedoch schwere Nebenwirkungen wie Fieber und ein Zurückhalten von Flüssigkeit in den Lungen hervor – und ist zudem sehr teuer. Die Wissenschaftler bemühen sich weiter um eine gefahrlose Anwendung von IL-2 und um eine realistische Bewertung seiner Nützlichkeit in der Krebstherapie. Wahrscheinlich wird man es vor allem in Kombination mit konventionellen Therapieformen sowie mit anderen Hormonen weißer Blutzellen einsetzen, die seit einiger Zeit auf ihre Antikrebseigenschaften hin untersucht werden, wie zum Beispiel Interferon-α (siehe Seite 64) und TNF (Tumor-Nekrose-Faktor).

Länger leben nach einem Herzinfarkt

Die Haupttodesursachen in unserer Gesellschaft sind Krebs und Herz-Kreislauf-Erkrankungen. Wir haben schon erwähnt, wie die Gentechnologie uns neue Erkenntnisse über Krebs vermittelt. Sie kann auch die

Aussichten für Patienten mit koronaren Herzerkrankungen verbessern. Bei diesen Menschen kommt es durch die Ablagerung von fettähnlichem Material zu einer Verengung der Koronararterien (Herzkranzgefäße), also jener Arterien, die den Herzmuskel mit Blut versorgen. Dies kann mit der Zeit zu einer Verstopfung führen, die oft sehr plötzlich auftritt, wenn sich über dem Fettmaterial (Atherom genannt) ein Blutgerinnsel bildet. Der von der verstopften Arterie versorgte Herzmuskel bekommt nun keinen Sauerstoff mehr – der Patient erleidet einen Herzinfarkt (Myokardinfarkt). Stellt man die Versorgung mit Blut nicht schnell wieder her, stirbt der entsprechende Teil des Herzmuskels ab und wird, sollte der Patient überleben, durch ein fibröses Gewebe ersetzt. Dieses Gewebe kann sich nicht wie ein Muskel zusammenziehen, und folglich pumpt das Herz als Ganzes das Blut weniger effizient.

Die Sofortmaßnahmen nach einem Herzinfarkt gelten der Verhinderung von Herzrhythmusanomalien und dem Versuch, die Blockade durch Auflösung des Blutgerinnsels zu beseitigen. Um die Blutpfropfen aufzulösen, hat man schon viele Methoden verwendet; sie beruhen alle auf der Injektion von Molekülen, welche die Proteine des Gerinnsels abbauen sollen. Als besonders effektiv hat sich der sogenannte gewebespezifische Plasminogen-Aktivator (TPA, nach dem englischen *tissue plasminogen activator*) erwiesen. TPA ist ein Enzym, das normalerweise in winzigen Mengen im Blut vorliegt. Es verhindert die Bildung unerwünschter Blutgerinnsel. Unter Verwendung von Standardmethoden der Gentechnologie haben Mitarbeiter der Firma Genentech große Mengen von menschlichem TPA hergestellt, und in mehreren klinischen Tests hat man Herzinfarktpatienten solches TPA injiziert. Es beseitigt Blutpfropfen schnell und wirkungsvoll, so daß die Blutversorgung des Herzmuskels bald wiederhergestellt ist. Versuche haben gezeigt, daß das Herz kräftiger schlägt, wenn das Gerinnsel erst einmal beseitigt ist, und somit das Blut besser durch den Körper fließt. Es ist sehr wichtig, daß die Injektion so schnell wie möglich erfolgt, denn je länger dem Herzen der Sauerstoff vorenthalten wird, desto größer ist der Schaden.

Sobald die Blutversorgung des Herzmuskels unterbrochen ist, beginnen in dem sauerstoffarmen Gewebe Zellen abzusterben. Ihre Abbauprodukte stimulieren Makrophagen – die „Freßzellen" des Körpers –, Moleküle abzugeben, die eine Entzündungsreaktion auslösen. Dies wiederum kann benachbarte gesunde Zellen schädigen und so das ursprüngliche Problem noch vergrößern. Außerdem regt auch die Wiederherstellung der Blutversorgung die Freisetzung bestimmter schädlicher Moleküle an, zu denen unter anderem das sogenannte Superoxidanion, eine bestimmte Sauerstofform, gehört. Dessen Spiegel im Blut wird normalerweise strikt durch das Enzym Superoxiddismutase (SOD) kontrolliert, welches das Anion bindet und inaktiviert. Folglich birgt die Verabreichung von SOD die Möglichkeit, Entzündungen zu mildern und den Schaden nach einem Herzinfarkt zu verringern. Man hat das SOD-Gen inzwischen kloniert und große Mengen des menschlichen Proteins in Hefezellen produziert. Eine Kombinationstherapie mit TPA und SOD scheint geeignet, die Überlebensrate nach einem Herzinfarkt deutlich zu steigern und die Funktionsfähigkeit des Herzmuskels zu verbessern.

Die Bluterkrankheit und das Aids-Problem

Wie wir in Kürze sehen werden, hat die Gentechnologie heftige Kritik aus den verschiedensten Reihen auf sich gezogen. Es ist daher vielleicht angebracht, dieses Kapitel mit einem aktuellen Beispiel zu beenden, das verdeutlicht, wie uns die Gentechnologie aus einem bösen neuen Dilemma heraushelfen – und somit breitere Zustimmung erfahren – könnte. Die Bluterkrankheit (Hämophilie) ist eine Erbkrankheit, die durch das Fehlen eines Blutgerinnungsfaktors (Faktor VIII) verursacht wird. Dieser kann durch eine Reihe von Auftrennungsschritten aus frischem menschlichen Blut gereinigt werden und ist zur Behandlung der Hämophilie allgemein erhältlich. Er hat die Überlebenschancen und die Lebensqualität Zehntausender von Menschen enorm verbessert.

Vor etwa zehn Jahren ist jedoch ein ernstes Problem aufgetaucht – die erworbene Immunschwächekrankheit Aids (*acquired immunodeficiency syndrome*). Millionen von Menschen in aller Welt sind daran erkrankt und viele bereits gestorben. Die Krankheit wird durch die Infektion mit dem Virus HIV-1 (*human immunodeficiency virus*) verursacht, das einen Teil jener weißen Blutkörperchen befällt, die an der körpereigenen Abwehr mitwirken. Infizierte Menschen sind anfälliger für Krebs und viele Mikroben, die für Gesunde harmlos sind. Das Virus wird durch Geschlechtsverkehr oder durch die Übertragung virus-infizierten Blutes weitergegeben, wobei solch geringe Mengen genügen, wie beim gemeinsamen Gebrauch einer Injektionsnadel durch Drogen-, etwa Heroinsüchtige, an der Nadel haften bleiben können. Natürlich wiesen Bluter – die regelmäßig Transfusionen oder Blutbestandteile aus Tausenden von verschiedenen Blutspenden erhalten –

ein deutlich erhöhtes Risiko auf, sich mit HIV-1 zu infizieren, zumindest so lange, wie das verwendete Blut nicht sorgfältig auf dieses Virus untersucht wurde. Tragischerweise sind vor der allgemeinen Einführung solcher Tests viele Patienten auf diese Weise angesteckt worden. Gentechnologisch hergestellte Faktor-VIII-Präparate sollten jegliches Aids-Risiko beseitigen und gleichzeitig den großen Bedarf an dieser für Bluter lebenswichtigen Substanz besser decken. Die Produktion von Faktor VIII ist allerdings eine gewaltige Aufgabe, da es sich um ein extrem großes Protein mit einer komplizierten Struktur und vielen Zuckerresten handelt. Verschiedene Forschergruppen haben es aber geschafft, Faktor VIII in Säugetierzellen zu exprimieren. In klinischen Versuchen wird inzwischen die Wirksamkeit dieses Produkts bei Blutern getestet. Die ersten Ergebnisse sind sehr ermutigend.

Die Herstellung wertvoller Proteine mit Hilfe der Gentechnologie ist einer der Motoren der DNA-Industrie. Beim Betrachten der Auswahl, die wir getroffen haben, um dieses Thema zu veranschaulichen, sind wir uns ihrer willkürlichen Natur nur allzu bewußt. Der zur Zeit überwältigende Eindruck ist der, daß die medizinische Forschung über biologische Wirkstoffe von therapeutischem Wert mit dem Aufstieg der Gentechnologie ein völlig neues Gesicht bekommen hat. Dinge, von denen wir vor einem Jahrzehnt nicht einmal zu träumen wagten, erscheinen nun fast trivial. Zum Glück teilen die Jüngeren nicht unsere alten Hemmungen! Sie treiben die Medizin voran in eine neue Ära, deren Grenzen wir heute noch nicht einmal ansatzweise erkennen.

Dieses Kapitel ist so geschrieben, als gäbe es eine deutliche Trennlinie zwischen Medikamenten und biologischen Wirkstoffen; die Revolution der Gentechnologie wird dies bald widerlegen. Sie liefert die Voraussetzung für eine sehr präzise Kenntnis der Strukturen biologischer Wirkstoffe und jener Moleküle auf der Zelloberfläche, mit denen sie in Wechselwirkung treten. Mit diesem Wissen ausgerüstet entwerfen organische Chemiker, die sich mit der Entwicklung von Medikamenten beschäftigen, neuartige Arzneimittel, deren Gestalt die räumliche Struktur des wichtigsten Teiles des biologischen Präparats imitiert und die so die gewünschte therapeutische Wirkung nachahmen könnten. Damit hat auch in der Pharmakologie eine neue Ära begonnen.

5. Gene als diagnostische Sonden

Bakterien als Fabriken für wertvolle Proteine haben so weitreichende Publizität erfahren, daß vielen Lesern einiges von dem, was wir in Kapitel 4 beschrieben haben, schon bekannt gewesen sein wird. Es ist nun an der Zeit, uns in weniger vertraute Gefilde zu begeben – ja sogar in noch weitgehend unerforschte Bereiche vorzudringen, wo die ungeheure Macht der neuen Technologie verwirrende Fragen aufwerfen wird, wie sie sich der Menschheit nie zuvor gestellt haben. Die Reise mag verdeutlichen, wie Grundlagenforschung, die zunächst nur um der Suche nach Wahrheit willen betrieben wird, letztlich vielfältige Anwendungsperspektiven eröffnen kann. Dabei ist es durchaus möglich, daß sich die nächsten vier Kapitel noch als nachgerade konservativ erweisen. Sie werden erläutern, was Wissenschaftler mit Hilfe der Gentechnologie schon heute zu tun vermögen und was sie glauben, in Zukunft vollbringen zu können. Natürlich kann eine solche Analyse völlig neuartige und unerwartete Ergebnisse nicht einbeziehen, die aber dennoch eines Tages auftauchen werden und den Verlauf der Forschung drastisch ändern könnten. Eben das ist es, was vielen Wissenschaftskritikern Angst macht. Doch bislang hat niemand eine Formel gefunden, die voraussagen könnte, welche Forschungsrichtungen „sicher“ sind. Vielleicht erweist sich das neue Wissen tatsächlich als so machtvoll, daß es eines Tages die gewohnte Ordnung der Dinge verändern und der Menschheit erschreckende neue Möglichkeiten in die Hände legen wird. Mit solchen Aspekten wollen wir uns im letzten Drittel des Buches beschäftigen.

Wie man eine Diagnose stellt

Alle Krankheiten äußern sich in einer Weise, die etwas über ihre Beschaffenheit verrät. Grippe geht mit Fieber, Kopfweh, Unwohlsein und eigenartigen Gliederschmerzen einher. Ein Herzanfall beginnt gewöhnlich mit starken Schmerzen in der Brust. Eine Blinddarmentzündung drückt sich in Bauchschmerzen und einer besonderen Empfindlichkeit im rechten Unterleib aus. Traditionell unterteilen Ärzte die Symptome in zwei Komponenten, die Krankengeschichte und die körperlichen (physischen) Anzeichen. Die Krankengeschichte ist einfach das, was der Patient (oder ein Angehöriger) dem Arzt erzählt, etwa: »Herr Doktor, ich habe starke Bauchschmerzen.« Die physischen Anzeichen findet der Arzt bei einer einfachen Untersuchung am Krankenbett: Wenn die Bauchmuskeln des Patienten stark angespannt sind und dieser praktisch aus dem Bett springt, wenn man ihm in den rechten Unterleibsbereich drückt, liegt sehr wahrscheinlich eine Blinddarmentzündung vor. Es ist erstaunlich, wie zuverlässig viele Fälle diagnostiziert werden können, indem man sorgfältig die Krankengeschichte aufnimmt und eine gründliche körperliche Untersuchung durchführt; es gibt aber auch zutiefst erschütternde Beispiele, wo eine ernste Erkrankung zu spät erkannt wurde, weil man diese zwei entscheidenden Elemente medizinischer Praxis nicht genügend beachtete. Heutzutage gelten solche *klinischen* Diagnosen in zunehmendem Maße nur als vorläufig, bis speziellere wissenschaftliche Labortests durchgeführt sind. Dies beruht nicht allein darauf, daß eine immer kenntnisreichere Öffentlichkeit nach wissenschaftlichen Beweisen verlangt. Ein zweiter Grund liegt darin, daß es für die meisten klinischen Regeln Ausnahmen gibt. Zahlreiche Herzanfälle verlaufen „still", das heißt völlig schmerzlos. Einige Menschen haben zwar Grippe, aber keine erhöhte Temperatur, und ein Blinddarm kann sich ins Becken verlagern und dann gänzlich andere Symptome und Anzeichen hervorrufen. Daher hat die medizinische Wissenschaft ein ganzes Arsenal von biochemischen, radiologischen, pathologischen, mikrobiologischen und anderen Testverfahren entwickelt, die darauf abzielen, die wahre Natur und die Schwere einer Krankheit so objektiv wie möglich festzustellen. Heute nun steuern wir auf die bisher tiefgreifendste und in gewisser Weise erschreckendste Phase der Diagnostik zu – die Feststellung der genetischen Grundlagen einer Krankheit.

Die Gene – jene kleinen DNA-Päckchen, die weitervererbt werden, wenn eine bestimmte Samenzelle eine bestimmte Eizelle trifft und mit ihr verschmilzt, um ein neues Individuum hervorzubringen – stellen immer eine Mischung mit zweierlei Herkunft dar: Die eine Hälfte stammt vom Vater, die andere Hälfte von der Mutter. Außerdem besitzt aufgrund einer speziellen, ausgesprochen wichtigen Form der Zellteilung, die man als Meiose bezeichnet, jede Samenzelle eines Mannes (oder jede Eizelle einer Frau) eine etwas andere Genausstattung als alle übrigen Geschlechtszellen desselben Menschen. Nehmen wir den Fall der Spermienbildung in den Hoden. Diese entstehen aus

Stamm- oder Vorläuferzellen, die 23 Chromosomen vom Vater und 23 von der Mutter, das heißt 46 Chromosomen insgesamt, enthalten. Während der Meiose *verdoppelt* eine solche Vorläuferzelle ihren DNA-Gehalt (wie es bei jeder Zellteilung geschieht), bildet dann aber nicht zwei, sondern vier Zellnachkommen. Jede Samenzelle besitzt daher nur 23 Chromosomen – also einen *haploiden* Satz – im Gegensatz zu den 46 Chromosomen, dem *diploiden* Satz, aller sonstigen Zellen im Körper. Noch etwas anderes, noch Eigenartigeres passiert während der Meiose. Bevor die zwei Chromosomensätze ihre getrennten Wege gehen, kommt es an verschiedenen Stellen zu einer Spaltung und Wiederverbindung, bei der die Anlagen von Mutter und Vater zu neuen Mustern zusammengestellt werden (Rekombination). Dies verläuft bei jeder einzelnen Meiose anders, so daß sich alle Samenzellen in ihrer genetischen Zusammensetzung etwas voneinander unterscheiden. Wenn schließlich eine spezielle Samenzelle eines bestimmten Vaters auf eine spezielle Eizelle einer bestimmten Mutter trifft, entsteht ein einzigartiges Individuum, das sich genetisch von allen seinen Brüdern und Schwestern unterscheidet.

Ein anderer Vorgang, der dafür sorgt, daß in der DNA verschiedener Menschen Unterschiede auftreten, ist die Mutation. Jedesmal, wenn sich eine Zelle teilt, müssen Enzyme die DNA akkurat in neue Stränge kopieren. Machen sie dabei einen Fehler, erhält einer der Tochterstränge eine falsche Base, und diese Mutation wird von allen nachfolgenden Zellen übernommen. Falls es sich bei der Zelle mit der mutierten DNA um ein Spermium handelt, das anschließend eine Eizelle befruchtet, dann wird die daraus hervorgehende Person ebenfalls diese Mutation tragen und sie zumindest an einige ihrer Kinder weitergeben.

Mutationen können an jeder beliebigen Stelle der DNA auftreten (obwohl es einige DNA-Bereiche gibt, wo sie gehäuft vorkommen). Solange die Mutationen außerhalb von Genen liegen, sind sie gewöhnlich harmlos. Sie bewirken jedoch, daß nicht alle Menschen identische DNA-Sequenzen haben. Dieser Mutationsprozeß, der schon seit Millionen von Jahren solche „stillen" Veränderungen in die DNA einführt, sorgt zusammen mit dem Phänomen der Rekombination in der Meiose dafür, daß es (abgesehen von eineiigen Zwillingen, die aus derselben befruchteten Eizelle entstehen) keine zwei Menschen gibt, die exakt dieselbe DNA-Sequenz besitzen.

Früher konnten wir solche genetischen Unterschiede nur ganz allgemein kategorisieren. Jetzt vermögen wir mit Hilfe der Gentechnologie einzelne Gene eines Menschen sehr detailliert zu untersuchen. Am besten läßt sich das an ein paar Beispielen verdeutlichen.

Die Hämoglobinopathien: Gendetektive bei der Arbeit

Im Jahre 1904 beschrieb James Herrick eine eigenartige und sehr ernste Form der Anämie, bei der die roten Blutkörperchen eine sichelförmige Gestalt annehmen; normalerweise sind es runde Scheiben. 1949 entdeckten dann der große Chemiker Linus Pauling und seine Kollegen, daß sich das sauerstofftransportierende Protein, das Hämoglobin, bei Patienten mit einer solchen Sichelzellenanämie chemisch von normalem Hämoglobin unterschied. Dies war das erste eindeutige Beispiel einer molekularen Krankheit. Spätere Untersuchungen zeigten, daß das Sichelzellenhämoglobin lediglich in einer einzigen Aminosäure von dem normalen Protein abweicht; an Stelle einer Glutaminsäure ist ein Valin in die Kette eingefügt. Diese Veränderung verringert die Löslichkeit des Hämoglobins, nachdem es seinen Sauerstoff abgegeben hat, in beträchtlichem Maße. Das Protein bildet dann einen harten Kristall innerhalb der Zelle, und dies wiederum veranlaßt das rote Blutkörperchen, die eigenartige sichelförmige Gestalt anzunehmen. Häufig kann eine solche Zelle, da ihr die normale Elastizität fehlt, nicht mehr durch die feinsten Blutgefäße gelangen und blockiert sie infolgedessen. Ein einziger Kopierfehler – eine „Punktmutation“ – in der DNA des Hämoglobingens und damit eine einzige falsch eingebaute Base genügte, um das Codon für Glutaminsäure in eines für Valin zu ändern. Und dieser kleine Irrtum verurteilte Tausende von Menschen zum Tode! Die Sichelzellenanämie ist nämlich keineswegs selten. Wie konnte das mutierte Gen überhaupt eine so große Verbreitung in der Bevölkerung erlangen? Wie sich gezeigt hat, bricht die Krankheit nur aus, wenn der Betroffene eine doppelte Dosis des Sichelzellengens besitzt – also je eines von jedem Elternteil. Mit bloß einem Sichelzellen- und einem normalen Gen ist die Person lediglich *Träger* der Anlage, aber selbst nicht beeinträchtigt.

Bei Trägern ist die eine Hälfte des Hämoglobins in den roten Blutkörperchen normal und die andere Hälfte anomal. Dies reicht nicht aus, um die Zellen gravierend zu schädigen oder Sichelform annehmen zu lassen, aber es verändert sie schon in gewisser Weise. Es hat sich nämlich herausgestellt, daß jene tückischen Parasiten, welche die schlimmste Form der Malaria verursachen, sich in solchen Zellen nicht vermehren können. Der Trägerstatus vermittelt also einen Schutz vor Malaria. Träger werden von der Krankheit verschont, vermehren sich folglich und geben somit das Gen an die nächste Generation weiter. Der Malariaparasit war und ist in manchen Regionen, zum Beispiel in Teilen Afrikas, so bedeutend, daß dort bis zu 20 Prozent der Menschen die Anlage für Sichelzellenanämie tragen! Der schreckliche Preis, der für den Malariaschutz zu zahlen ist, besteht darin, daß unter den Kindern zweier Träger im Schnitt eines von vieren den doppelten Gensatz erhält und damit an Sichelzellenanämie erkranken wird. Diese genetische Last tragen auch die nordamerikanischen Schwarzen mit sich, deren Vorfahren aus Afrika nach Amerika kamen; ihnen ist das gesundheitliche Problem geblieben, nicht aber der Vorteil, da es in den Vereinigten Staaten keine Malaria gibt.

Die Entdeckung mutierter Hämoglobine und der durch sie verursachten Erkrankungen, der Hämoglobinopathien, war auch insofern wichtig, als sie eine der großen Wahrheiten von Darwins Evolutionslehre untermauerte: daß nämlich eine Mutation je nach den Umständen sowohl vorteilhaft als auch schädlich sein kann. Jene Krankheiten vermitteln einen tiefen und direkten Einblick in den Zusammenhang zwischen einer einfachen genetischen Veränderung und einem schweren Leiden. Inzwischen hat man mehr als 100 mutierte Hämoglobine entdeckt, und bei etlichen Hämoglobinopathien liegt eine etwas komplexere Anomalie dieses Proteins vor als ein einfacher Aminosäureaustausch. In vielen Fällen ist es erst mit Hilfe der Gentechnologie gelungen, die Art der Hämoglobinabweichung genau festzustellen. Die Methoden für eine detaillierte Analyse der Aminosäuresequenzen von Proteinen sind recht arbeitsaufwendig und kompliziert. Indem man direkt auf das entsprechende Gen zurückgreift – oder auch auf die cDNA, die sich über die Boten-RNA hämoglobinsynthetisierender Zellen gewinnen läßt (siehe Kapitel 3) –, kann man häufig viel schneller zur Wurzel des Problems vordringen. Außerdem lassen sich auf diese Weise – wenn Sie genau wissen, was Sie suchen – einfache und empfindliche Diagnoseverfahren für eine bestimmte Krankheit entwikkeln. Betrachten Sie das folgende Beispiel. Sie haben eine „heiße" Sonde (siehe Kapitel 3) für ein bestimmtes Gen, etwa für das der Hämoglobinkette, die bei der Sichelzellenanämie in veränderter Form vorliegt. Sie wählen nun eine Restriktionsendonuclease, die das Gen genau dort schneidet, wo die entscheidende Glutaminsäure (die im Sichelzellenhämoglobin gegen ein Valin ausgetauscht ist) liegt. Das Gen für normales Hämoglobin wird von dieser Endonuclease gespalten, das Gen, welches das Sichelzellenhämoglobin codiert, jedoch nicht, da das Enzym die veränderte Sequenz nicht erkennt. Wenn man also DNA aus einigen Zellen einer Person mit dieser Endonuclease zerlegt und die Fragmente dann auf einem typischen Elektrophoresegel nach Größe trennt, wird es in der DNA eines gesunden Menschen zwei Stücke geben, die mit der Sonde reagieren (das heißt hybridisieren) können, in der eines Sichelzellenpatienten jedoch nur eines (Abbildung 8). Für diesen verblüffend einfachen Test benötigt man nur sehr wenig DNA, und die untersuchten Zellen müssen keine Blutzellen sein – die Mutation tritt in *jeder* Zelle auf, ob das Gen dort exprimiert wird oder nicht. Diese Art der Analyse (die man nach Ed Southern, dem Wissenschaftler, der sie entwickelte, als Southern-Hybridisierung oder Southern-Blot bezeichnet) läßt sich erheblich ausweiten, indem man zum einen unterschiedliche Enzyme verwendet, um die DNA an verschiedenen Stellen zu schneiden, zum anderen unterschiedliche heiße Sonden. In jedem Fall ermöglicht sie es dem Wissenschaftler, genau jenes DNA-Stück zu untersuchen, in dem sich ein bestimmtes Gen befindet. Das Prinzip, DNA-Verdaus mit radioaktiven Sonden zu testen, um veränderte Muster von Genfragmenten zu erkennen, ist Grundlage einer allgemeinen Methodik.

Wir wollen im folgenden einige praktische Konsequenzen dieser Technologie näher beleuchten.

Radioaktive Sonden und Diagnosen im Mutterleib

Bis vor kurzem wurde die pränatale (vorgeburtliche) Diagnose von Sichelzellenanämie, Thalassämie und verwandten Krankheiten mit Hilfe spezieller Tests an fötalem Blut durchgeführt. Da es mehr als zweihundert Millionen Träger von erblichen Hämoglobindefekten gibt und jedes Jahr etwa zwei- bis dreihunderttausend schwer betroffene Kinder geboren werden, ist die pränatale Diagnostik keineswegs nur von akademischem Interesse – zumal es für diese Krankheiten noch keine endgültige Heilung gibt. In der Praxis hat es sich als unmöglich erwiesen, Menschen, die bekanntermaßen, Anlagenträger sind, davon abzuhalten, andere Träger zu heiraten und mit ihnen Kinder zu haben. Tatsächlich empfinden die meisten Ärzte und Wissenschaftler, die auf diesem schwierigen Gebiet arbeiten, wenig Sympathie für die „schöne neue Welt", in der ein Pfarrer sagen würde: »Willst Du, John, ein Träger der Sichelzellenanlage, diese Frau, Mary, eine garantierte Nichtträgerin, zu Deinem Weib nehmen?« Es erscheint nicht nur unmöglich, die Partnerwahl durch genetische Beratung zu beeinflussen; die Erfahrung hat darüber hinaus gezeigt, daß viele Anlagenträger die Information, die sie bei der Beratung erhalten, oft falsch interpretieren und in dem Glauben heimgehen, sie selbst hätten eine ernste Krankheit. Aufgrund der bislang durchgeführten Programme zum Nachweis der Sichelzellenanlage erscheint es sinnvoller, Paaren die Möglichkeit

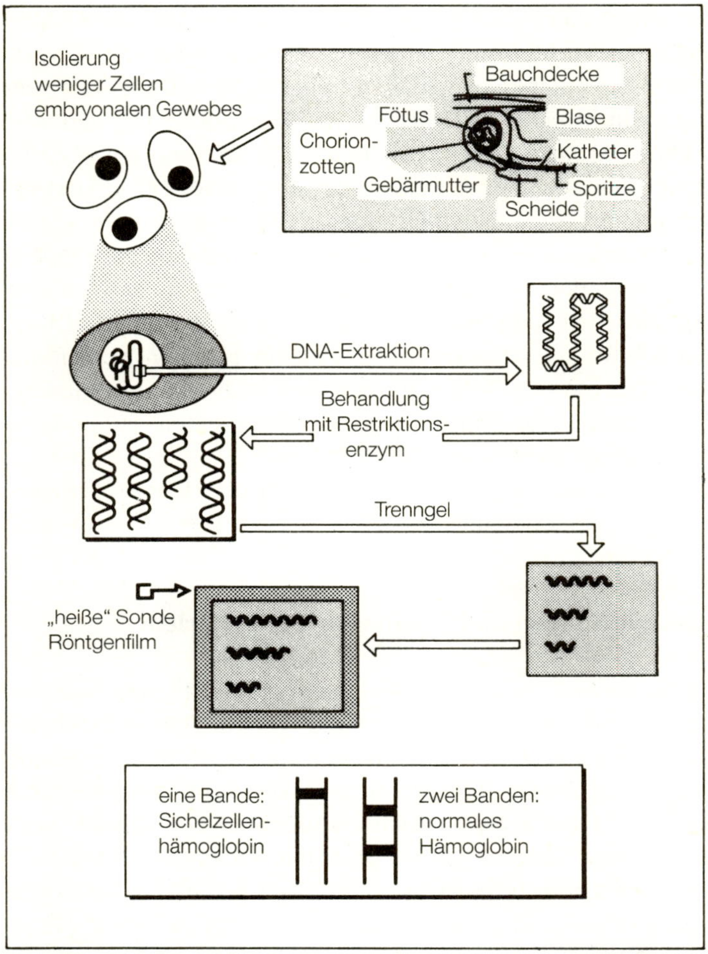

Abbildung 8: Frühe Diagnose von Sichelzellenanämie durch Restriktionskartierung des Globingens

Bei der Sichelzellenanämie ist das Gen für eine der (Globin-)Ketten des Hämoglobinmoleküls so mutiert, daß im fertigen Protein eine Glutaminsäure durch ein Valin ersetzt ist. Zur Diagnose der Krankheit bei einem ungeborenen Kind entnimmt man zunächst einige Zellen embryonalen Gewebes (bei der zum frühesten Zeitpunkt anwendbaren Technik aus den sogenannten Chorionzotten in der Gebärmutter) und extrahiert deren DNA. Diese wird dann mit einer Restriktionsendonuclease behandelt, welche gerade jene Stelle erkennt, an der die betreffende Glutaminsäure codiert ist. Den DNA-Verdau trägt man auf ein Gel auf, das die Fragmente nach ihrer Größe trennt. Schließlich setzt man eine „heiße“ (radioaktive) Sonde für das Globingen zu und läßt sie mit der (in Einzelstränge zerlegten) DNA reagieren. Am Ende legt man einen Röntgenfilm auf das Gel auf. Falls ein normales Hämoglobingen vorlag, ist es von der Endonuclease geschnitten worden. Dann enthalten zwei unterschiedliche DNA-Fragmente jeweils ein Stück des Globingens, und die Sonde hybridisiert mit jedem der beiden; auf dem entwickelten Röntgenfilm erscheinen folglich zwei dunkle Banden. Das Sichelzellengen dagegen wird von der Endonuclease nicht geschnitten, so daß am Ende nur eine dunkle Bande auf dem Film vorhanden ist; sie entspricht jenem DNA-Fragment, das die mutierte Sequenz enthält.

einer genauen pränatalen Diagnose und gegebenenfalls der vorzeitigen Beendigung der Schwangerschaft anzubieten, wenn der Fötus tatsächlich an der Krankheit leidet. Wir sind uns bewußt, daß viele Menschen eine solche Abtreibung aus medizinischen Gründen für verabscheuungswürdig halten. Das Problem für die öffentliche Gesundheit ist jedoch so groß – besonders in einigen Entwicklungsländern –, daß es wohl noch schrecklicher wäre, die Geburt Hunderttausender todkranker Kinder zuzulassen, die in den wenigen Jahren ihrer kümmerlichen Existenz einen Großteil der spärlichen Mittel für die Gesundheitsversorgung in ihren Staaten aufbrauchen würden.

Das Problem mit fötalen Blutproben besteht darin, daß man sie erst nach 16 bis 18 Schwangerschaftswochen, also wenn die Mutter schon am Ende des vierten Monats ist, zuverlässig entnehmen kann. Ähnliches gilt übrigens für die Fruchtwasseruntersuchung (Amniozentese). Dies bedeutet nicht nur eine qualvolle Wartezeit – mindestens 14 Wochen ab dem ersten Ausbleiben der Monatsblutung –, sondern auch gegebenenfalls eine schwierige Form des Abbruchs (zum Teil durch einen kaiserschnittähnlichen Eingriff), da das Kind zu der Zeit bereits recht weit entwickelt ist. Inzwischen steht eine neue, früher anwendbare Methode zur Verfügung. Wenn man weiß, was man sucht, und eine geeignete heiße Sonde besitzt, benötigt man für die Diagnose nur winzige Mengen DNA, und immerhin ist die Entnahme fötaler Gene heute bereits zwei Wochen nach dem Ausbleiben der Periode möglich – zuverlässiger allerdings erst sechs bis acht Wochen danach (also nach acht bis zehn Wochen Schwangerschaft). Die Methode wird Chorionzottenbiopsie genannt, aber der komplizierte Name sollte nicht den Blick für die grundsätzliche Einfachheit dieses Testverfahrens verstellen. Erinnern Sie sich, daß in jeder Zelle alle Gene *vorhanden* sind, selbst wenn sie dort nicht *exprimiert* werden. Die Hämoglobingene liegen also in sämtlichen Zellen des Körpers vor, doch zur Expression gelangen sie ausschließlich in den Vorläuferzellen der roten Blutkörperchen. Im Uterus (der Gebärmutter) ist der sich entwickelnde Embryo von einer Gewebeschicht umgeben, die als Chorion bezeichnet wird und die schlanke, fingerartige Auswüchse, sogenannte Zotten oder Villi, in die Uteruswand streckt. Diese Chorionzotten sind dazu bestimmt, einen Teil des fötalen Beitrags zur Placenta (dem Mutterkuchen) zu bilden, die mütterliche und kindliche Anteile aufweist. Im frühen, empfindlichen Stadium der Schwangerschaft lassen sich mittels eines langen dünnen Schlauches, den der Gynäkologe in die Scheide einführt, durch den Gebärmutterhals schiebt und unter Beobachtung auf einem Ultraschallmonitor in die richtige Lage bringt, einige wenige

Chorionzotten absaugen. Das Verfahren ist schmerzlos und weniger unangenehm als die Amniozentese, die eine Punktierung durch die Bauchdecke erfordert. Die Methode erhöht zwar das Risiko einer Fehlgeburt geringfügig, ist jedoch für die Mutter völlig harmlos. Wenn eine gravierende Erkrankung auf diese Weise sehr früh diagnostiziert wird, ist außerdem der seelische und emotionale Schock durch einen Schwangerschaftsabbruch – der dann mittels einer einfachen Kürettage (Ausschabung des Uterus) erfolgt – sicher geringer als bei einem entsprechenden chirurgischen Eingriff zu einem Zeitpunkt, zu dem sich das Baby bereits im Mutterleib bewegt hat.

Nicht jede Erbkrankheit läßt sich durch eine Kartierung mit Hilfe von Restriktionsendonucleasen, wie wir sie oben beschrieben haben, diagnostizieren. Die entsprechende Methodik entwickelt sich jedoch schnell, und die Chorionzottenbiopsie ist bereits bei der Erkennung der Niemann-Pick-Krankheit, des Tay-Sachs- und des Down-Syndroms (Mongolismus) sowie von Hämoglobinopathien eingesetzt worden. Sie wird wohl mit der Zeit die Amniozentese als Hauptmethode der pränatalen genetischen Diagnostik ersetzen.

Gekoppelte Gene: Die Öffnung der „Black Box"

Der Gendefekt, der die Sichelzellenanämie verursacht, ist wohlbekannt, aber bei zahlreichen weitverbreiteten Erbkrankheiten wissen wir sehr wenig über die genaue Ursache, jedoch nur allzuviel über ihre verheerenden Auswirkungen. Die cystische Fibrose (oder Mukoviszidose), die zu den häufigsten genetisch bedingten Erkrankungen zählt, die Chorea Huntington, eine unheilbare Geisteskrankheit bei Erwachsenen („Veitstanz"), und gewisse Muskelleiden wie die Duchenne-Muskeldystrophie (DMD) sind nur einige Beispiele für mehrere hundert solcher Erbkrankheiten. Was kann die Gentechnologie bei diesen Leiden für uns tun, wenn wir keine Ahnung haben, wo die Ursachen liegen? Tatsächlich eine ganze Menge! Man hat Methoden entwickelt, um Träger dieser Krankheiten zu erkennen, und im Falle der DMD sowie bei der cystischen Fibrose konnten Wissenschaftler inzwischen das beteiligte Gen (und dessen Proteinprodukt) identifizieren. Gelungen ist ihnen dies mit Hilfe einer Erweiterung der schon besprochenen Genkartierungsmethode.

Das als Koppelungsanalyse bekannte Verfahren verlangt von uns keine weiteren Kenntnisse über die Krankheit, als daß sie erblich ist. Am Anfang steht die Untersuchung einer Familie, in der die Krankheit auftritt. In der ersten Phase ist es sehr hilfreich, eine große Familie zu untersuchen, in der es mehrere Krankheitsfälle gibt. Wie bereits erwähnt erhält die bei der Befruchtung neu gebildete Eizelle einen Chromosomensatz vom Vater und einen von der Mutter. Beide Sätze haben zuvor einen Rekombinationsprozeß durchlaufen, der (groß)väterliche und (groß)mütterliche DNA-Stücke zu etwas anderen Kombinationen zusammengestellt hat. Wie groß ist die Wahrscheinlichkeit, daß in einer Samen- oder einer Eizelle zwei bestimmte DNA-Stücke gemeinsam weitervererbt werden? Wenn diese Abschnitte nahe beieinander auf demselben Chromosom liegen, so werden sie – wie sich gezeigt hat – nach dem Mischvorgang mit großer Wahrscheinlichkeit auch im selben Spermium zusammen auftreten. Je weiter sie voneinander entfernt sind, desto wahrscheinlicher ist es, daß sie im Zuge der Rekombination getrennt werden, und falls sie sich gar auf verschiedenen Chromosomen befinden, werden sie grundsätzlich unabhängig voneinander vererbt.

Eng benachbarte und deshalb meist gemeinsam vererbte Gene tragen den Namen Koppelungsgruppen (*linkage groups*). Falls es uns gelingt, eines dieser Gene nachzuweisen, so ist die Chance groß, daß auch die anderen Gene der entsprechenden Koppelungsgruppe anwesend sind. Mit Hilfe der bereits erwähnten Southern-Hybridisierung können wir feststellen, ob eine Person ein bestimmtes Gen besitzt. Jetzt kommt der Dreh, der diese Methode beim Aufspüren genetischer Defekte so wirkungsvoll macht. Um ein geschädigtes Gen aufzuspüren, brauchen wir nicht seine genaue Lage zu kennen. Zunächst benötigen wir lediglich ein Stück DNA aus derselben Koppelungsgruppe. Um dies zu finden, nehmen wir eine Reihe radioaktiver Sonden, von denen wir wissen, daß sie DNA-Abschnitten aus verschiedenen Teilen des Genoms entsprechen, und schauen uns deren Verteilung bei jedem Mitglied der Familie an. Denken Sie daran, daß die DNA der heißen Sonde nichts mit der Krankheit zu tun haben muß. Sie braucht nur nahe genug bei dem eigentlich verantwortlichen Gen zu liegen, um als brauchbarer Marker zu dienen. Können wir eine Sonde finden, die bei Menschen mit der Krankheit ein ganz bestimmtes anderes Fragmentmuster ergibt als bei Gesunden? Wenn man genügend Sonden testet, wird man zwangsläufig eine entdecken, die auf diese Weise mit der Krankheit gekoppelt ist. Viele Wissenschaftler haben gemeinschaftlich zu der gewaltigen Leistung beigetragen, einen solchen umfangreichen Satz zufälliger Sonden zusammenzustellen. Mittlerweile hat sich dieser Forschungszweig allerdings zu einem Bereich heftigen Wettbewerbs und unternehmerischer Aktivität entwickelt, da immer mehr Firmen versuchen, Sonden zu entwickeln, die mit wichtigen Erbkrankheiten gekoppelt sind.

Nachdem eine solche Sonde einmal gefunden ist, können die Wissenschaftler mit gentechnologischen Standardmethoden und viel harter Arbeit quasi die Chromosomen entlangkriechen, bis sie auf das krankmachende Gen selbst stoßen. Das heißt: Ohne irgend etwas über die Krankheitsursache zu wissen, haben wir das defekte Gen eingekreist und aufgespürt. Sonden für Koppelungsgruppen können diagnostisch eingesetzt werden – ganz ähnlich wie bei den Tests auf Sichelzellenanämie –, um vorherzusagen, ob ein Fötus die betreffende Krankheit geerbt hat. Anfangs sind solche Untersuchungen gewöhnlich nur innerhalb bestimmter Familien sinnvoll, da Koppelungsgruppen in genetisch unterschiedlichen Bevölkerungsteilen variieren. Je näher eine Sonde aber bei dem defekten Gen liegt, desto eher kann man sie als allgemeineres diagnostisches Werkzeug verwenden. Die Geschichte ist damit aber noch nicht zu Ende. Man kann die Analysen auf Krankheiten ausdehnen, bei denen die Vererbung nur teilweise eine Rolle spielt. Wir wissen zum Beispiel, daß viele Faktoren für Herzerkrankungen anfällig machen. Hoher Blutdruck, ein hoher Cholesterinspiegel, Rauchen und eine entsprechende familiäre Veranlagung sind allesamt Risikofaktoren für Herzinfarkte. Eine familiäre Häufung legt einen genetischen Einfluß nahe, auch wenn wir vielleicht bislang keine Ahnung haben, welche Gene beteiligt sind. Durch eine Koppelungsanalyse könnten wir den DNA-Bereich einkreisen, der für diese familiäre „Prädisposition“ verantwortlich ist. Theoretisch ließe sich dann voraussagen, ob jemand von seinem Erbgut her für die Erkrankung anfällig ist oder nicht. Es gibt zahlreiche weitere Krankheiten mit einer solchen erblichen Komponente – darunter manisch-depressive Leiden, Schizophrenie und Autoimmunerkrankungen wie die rheumatoide Arthritis –, bei denen diese Methode ebenfalls angewendet werden könnte.

Solche Tests haben etliche offensichtliche Vorteile. Sie erlauben zum Beispiel eine vernünftigere Lebensplanung. Falls Sie für eine Lungenerkrankung wie Emphysem prädisponiert sind, wäre es unklug, eine Beschäftigung in einer staubreichen Umgebung, etwa einem Bergwerk, anzunehmen. Ebenso könnte bei einer Anfälligkeit für Herzleiden ein besonders streßreicher Beruf wie Fluglotse schädlich für Ihre Gesundheit sein. Die Verfügbarkeit solch aussagekräftiger Tests mag allerdings auch Probleme verursachen. Eine Versicherungsgesellschaft könnte beschließen, Ihnen keine Kranken- oder Lebensversicherung anzubieten oder Sie mit deutlich höheren Beiträgen zu belasten, weil ihr Ihre Testergebnisse nicht gefallen. Stellen Sie ihr andererseits solche Ergebnisse nicht zur Verfügung, weigert sie sich vielleicht aus diesem Grunde, Sie zu versichern. Die Versicherungsgesellschaften könnten argumentieren, daß sie ein Anrecht auf solche Informationen haben, um angemessene Prämien verlangen und die finanziellen Interessen ihrer anderen Klienten schützen zu können. Natürlich werfen nicht nur genetische Tests solche Probleme auf; schon jetzt beobachten wir ähnliche Kämpfe in bezug auf Aids-Tests. Eine breite öffentliche Diskussion, entsprechende Richtlinien und schließlich eine vernünftige Gesetzgebung sollten aber den Umgang mit derartigen Problemen erleichtern.

Genetische Fingerabdrücke

Wie bereits beschrieben, lassen sich mit Methoden wie dem Southern-Blot Unterschiede zwischen einzelnen Menschen als Abweichungen in den DNA-Fragmentgrößen nachweisen. Falls wir die DNA einer Person mit genügend Restriktionsenzymen und heißen Sonden analysieren, könnten wir theoretisch ihr Genom in Form einer Liste von Fragmentgrößen beschreiben, die den Träger auf genetischer Ebene eindeutig charakterisieren würde. Kein anderer Mensch besäße genau dasselbe Fragmentmuster.

Dies wäre jedoch eine außergewöhnlich arbeitsaufwendige und teure Vorgehensweise. Der in England arbeitende Wissenschaftler Alec Jeffreys hat einen einfachen Weg aufgezeigt, um die DNA einer Person auf einzigartige Muster hin zu analysieren. Das Verfahren beruht auf der Existenz kurzer Sequenzen, die sich innerhalb der DNA wiederholen. Anders als Gene für Proteine, die gewöhnlich nur einmal oder wenige Male vorkommen, treten diese wiederholten Sequenzen (*repeated sequences*) Hunderte oder Tausende von Malen an verschiedenen Stellen der DNA auf. Daher erhält man mit einer heißen Sonde für eine solche Sequenz viele Banden auf einem Southern-Blot – ein Bild, das ein wenig dem Strichcode auf Supermarktprodukten ähnelt.

Die Variabilität von Lage und Länge dieser wiederholten Sequenzen ist so hoch, daß keine zwei Menschen (außer eineiigen Zwillingen) dasselbe Bandenmuster aufweisen. Da das Muster bei jedem Menschen zur Hälfte vom Vater und zur Hälfte von der Mutter ererbt ist, lassen sich außer der eindeutigen individuellen Charakterisierung auch Familienbeziehungen mit hoher Genauigkeit dokumentieren. Man kann genügend DNA für die Durchführung einer solchen Analyse aus einem Blutstropfen, 15 Haarwurzeln oder einem Samenfleck gewinnen. Die Methode ist schon vor Gericht zum Vaterschaftsnachweis, zur Identifizierung von Vergewaltigern sowie zur Lösung von Einwanderungsfragen herangezogen worden. In einem Fall wollte zum Beispiel ein indischer Einwanderer einen Jungen nach Großbritannien bringen, den er als seinen Sohn ausgab. Die Einwanderungsbehörde stellte die Identität des Jungen in Frage, aber der genetische Fingerabdruck bewies überzeugend, daß das Kind tatsächlich der Sohn des Mannes war.

Die Polymerase-Kettenreaktion: Wie man die Nadel im Heuhaufen findet

Das Gebiet der Genmanipulation lebt von der ständigen technologischen Weiterentwicklung. Neue Methoden werden bereitwillig aufgegriffen und bis an ihre Grenzen getrieben, um den Stand des Wissens zu erweitern und mögliche praktische Anwendungen zu nutzen. Die Methode der Genvervielfältigung (Amplifikation) durch die Polymerase-Kettenreaktion (PCR, nach dem englischen *polymerase chain reaction*) ist ein Beispiel dafür. Als neuentwickelte Technik von großer Eleganz und außerordentlicher Leistungsfähigkeit hat sie viele Bereiche der Molekularbiologie von der Grundlagen- bis zur angewandten Forschung revolutioniert. Mit der von Kary Mullis, Randy Saiki, Henry Erlich und ihren Mitarbeitern bei der Cetus Corporation in Kalifornien erdachten und zur Anwendungsreife gebrachten Methode kann man von einem bestimmten Gen oder DNA-Abschnitt unzählige Kopien herstellen. Anders als die Genklonierung in Bakterien erfolgt die PCR aber im Reagenzglas durch einen chemischen Prozeß. Was früher vielleicht eine Woche dauerte, läßt sich damit heute in wenigen Stunden erreichen.

Wir können uns die wesentlichen Prinzipien der PCR anhand von Abbildung 9 klar machen. Wir beginnen mit einem DNA-Gemisch, das unser gesuchtes Gen enthält. Diese DNA kann aus einer Gewebe- oder Blutprobe oder einer Chorionzottenprobe aus der Placenta stammen. Wir geben nun viele Kopien zweier kurzer synthetischer DNA-Fragmente hinzu; deren Sequenzen sind komplementär zu Abschnitten auf beziehungsweise neben dem entsprechenden Gen, die mehrere hundert Basenpaare auseinander liegen. Schließlich wird ein hitzestabiles DNA-kopierendes Enzym (eine DNA-Polymerase) zugefügt. Indem wir die Temperatur erhöhen und senken, manipulieren wir die Bedingungen im Reagenzglas so, daß die synthetischen DNA-Fragmente zunächst mit dem uns interessierenden DNA-Bereich in Kontakt

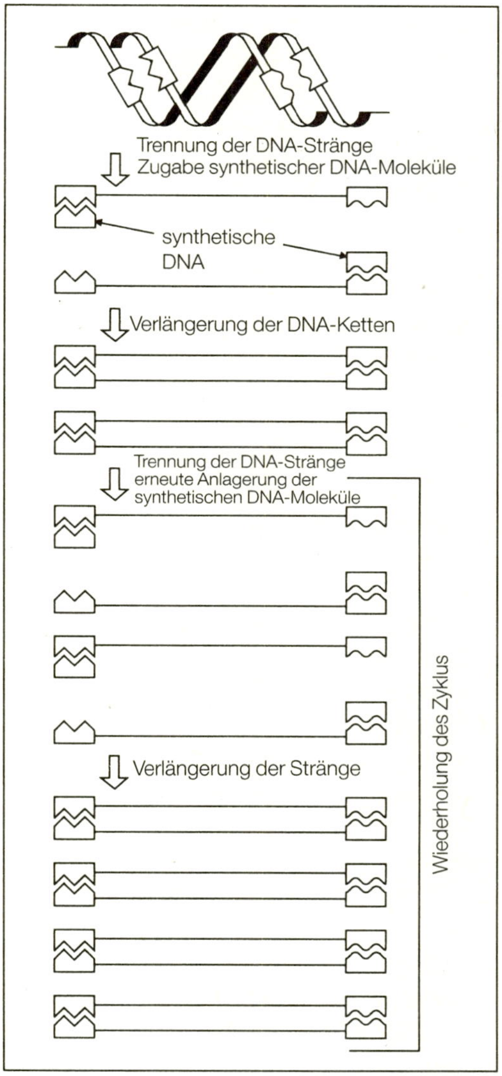

Abbildung 9: DNA-Vervielfältigung mit Hilfe der Polymerase-Kettenreaktion (PCR)
Die PCR ermöglicht es, viele Kopien eines bestimmten DNA-Stückes herzustellen. Man bringt zunächst etwas DNA – zum Beispiel das Genom einer menschlichen Zelle – in ein Reagenzglas und trennt die Doppelstränge durch Erwärmung. Dann gibt man kurze Stücke synthetischer DNA hinzu; diese passen zu Sequenzen, welche den DNA-Abschnitt, den man vervielfältigen will, flankieren. Nachdem diese „Starter" in dem DNA-Gemisch ihre Partner gefunden und sich daran gebunden haben, werden sie von einem Enzym, einer DNA-Polymerase, verlängert, um den Originalstrang zu kopieren. Indem man diesen Vorgang vielfach (gewöhnlich etwa dreißigmal) wiederholt, erhält man schließlich zahlreiche Kopien des speziellen DNA-Abschnitts, jeweils flankiert von den kurzen synthetischen Sequenzen. Das vervielfältigte DNA-Stück läßt sich als heiße Sonde für diagnostische Zwecke einsetzen oder um festzustellen, ob eine Genregion normal oder mutiert ist.

treten und dann von dem Enzym so verlängert werden, daß neue doppelsträngige Kopien entstehen. Durch Erwärmung trennen wir die DNA-Doppelstränge auf, und durch Abkühlung bringen wir die Einzelstrangabschnitte wieder zusammen, um einen weiteren Verlängerungsschritt zu erlauben. Wie die Zeichnung zeigt, verdoppelt sich die Menge unseres Zielgens bei jeder Runde. Nach zehn Zyklen liegen mehr als 1000 Kopien vor, nach 20 Zyklen mehr als eine Million und immer so weiter in exponentiellem Wachstum. Diese Möglichkeit, ein einzelnes Gen oder einen Teil davon gezielt zu vervielfältigen – also gewissermaßen die Nadel im Heuhaufen zu finden –, hat zahlreiche diagnostische Anwendungen, darunter die verbesserte Diagnose von genetischen Defekten. Wir wollen uns noch zwei weitere praktische Beispiele ansehen.

Gensonden für Autoimmunerkrankungen

Der Nobelpreis für Physiologie und Medizin wurde im Jahre 1980 einem Wissenschaftlertrio verliehen, das sich um die Erforschung einer außergewöhnlich komplexen und sehr wichtigen Gruppe von Genen verdient gemacht hatte – des sogenannten Haupt-Histokompatibilitäts-Komplexes (nach dem englischen *major histocompatibility complex* als MHC abgekürzt). Diese Gene steuern den Gewebetyp eines Menschen, das heißt, sie bestimmen zum Beispiel, wie heftig bei einer Transplantation die Abwehrreaktion ist, welche die dem Spender entnommene Haut oder Niere beim Empfänger auslöst. Sie legen außerdem die Immunreaktivität gegen viele verschiedene Fremdsubstanzen fest.

Wir haben mit Hilfe der Gentechnologie inzwischen ein weit genaueres Bild von dieser genetischen Region gewonnen, und es entwickelt sich ständig weiter. Insgesamt scheinen nicht weniger als 50 Gene beteiligt zu sein, wenngleich sich nur etwa zehn als wirklich bedeutsam herausgestellt haben. Ein aufregendes Forschungsgebiet ist die Aufklärung der genetischen Grundlagen jener wichtigen Erkrankungen, die man als Autoimmunkrankheiten bezeichnet.

Die Kontrolle des natürlichen Abwehrsystems beruht auf vielen Faktoren. Die immunregulatorischen Gene des Haupt-Histokompatibilitäts-Komplexes sind nur ein Element in einem Netzwerk wechselwirkender Kontrollschleifen. Dieses komplexe System läuft manchmal Amok, und die Abwehrzellen stellen dann Antikörper nicht allein – wie es ihre Pflicht ist – gegen eindringende Mikroben her, sondern auch gegen irgendeinen wichtigen Bestandteil des eigenen Körpers. Zu den Autoimmunerkrankungen gehören der insulinabhängige Diabetes, viele Formen von Anämie, die meisten Schilddrüsenleiden, chronische Erkrankungen der Leber, der Niere und des Nervensystems und verschiedene Formen von Arthritis – zusammen also ein großer Bereich der inneren Medizin. Menschen mit bestimmten Haupt-Histokompatibilitäts-Genen haben ein erhöhtes Risiko für gewisse Autoimmunkrankheiten. Das Konzept des „relativen Risikos" ist den meisten Menschen nicht vertraut. Es besagt nicht etwa, daß das betreffende Gen die unmittelbare Ursache der Krankheit ist; die Person wird dadurch nur anfälliger für den tatsächlichen Auslöser, worin auch immer dieser bestehen mag. Eines der Probleme dabei ist, daß man sich das *genaue* Gen, welches das erhöhte Risiko vermittelt, innerhalb der weiten genetischen Region des Haupt-Histokompatibilitäts-Komplexes bislang nicht festlegen ließ. Dank der PCR-Methode sind die Gentechnologen jetzt in der Lage, ein beliebiges Gen des Komplexes zu vervielfältigen und dessen Sequenz direkt abzulesen. Bestimmte Sequenzen stehen mit einem deutlich erhöhten Erkrankungsrisiko in Zusammenhang.

Eine wichtige praktische Folge der Existenz verschiedener Gewebetypen ist die Notwendigkeit, sie vor Organtransplantationen aufeinander abzustimmen. Als Reagentien zur Typisierung von Geweben benutzte man bis vor kurzem Seren von Menschen, die ein Transplantat empfangen oder mehrfache Bluttransfusionen erhalten hatten, oder von Frauen mit vielen Kindern. In allen drei Fällen ist das Immunsystem der Betroffenen angeregt worden, Antikörper gegen bestimmte Gewebeantigene herzustellen, nämlich gegen die des Transplantat- oder Blutspenders oder die des Vaters/der Väter der Kinder. Dieses Typisierungsverfahren funktionierte überraschend gut, wenn man die große Vielfalt der MHC-Gene bedenkt, aber mit der Zeit wird es wohl durch einen direkten DNA-Test ersetzt werden, bei dem man reine Sonden für einzelne Gene und die Vervielfältigung durch PCR verwendet.

Der Einsatz der Gentechnologie zum Nachweis verborgener Viren

Wie wir im dritten Kapitel beschrieben haben, können Viren mit überraschender Leichtigkeit in die Erbsubstanz einer Zelle hinein- und wieder aus ihr herausspringen. Dies gilt auch für menschliche Zellen. Einmal in die DNA integriert hört das Virus gewöhnlich auf, sich zu vermehren, und geht sozusagen in den Untergrund. Trotzdem können die viralen Gene immer noch auf verschiedene Weise schlimme Wirkungen auf die Zelle ausüben, etwa indem sie ihr befehlen, abnorme Proteine herzustellen. Außerdem kann das Virus bei Gelegenheit mit unveränderter krankheitsauslösender Kraft wieder aus dem Untergrund auftauchen. Eine interessante Gruppe solcher Viren sind die Herpesviren. Herpes simplex Typ 1 verursacht Lippenbläschen, Typ 2 Entzündungen im Genitalbereich. Zwischen einzelnen Attacken begibt sich das Virus in den Untergrund und bleibt latent, bis es durch ein Ereignis wie Fieber, einen emotionalen Schock oder einen Sonnenbrand wieder aktiviert wird. Der ebenfalls zu den Herpesviren zählende Erreger der Windpocken, das Varicella-Zoster-Virus, legt sich quasi in den Nervenganglien außerhalb des Rückenmarks schlafen, nur um gelegentlich Jahrzehnte später wieder zum Vorschein zu kommen und jene schmerzhafte und bisweilen ernste Krankheit auszulösen, die man Gürtelrose oder Herpes zoster nennt.

Die oben beschriebene PCR-Methode gibt uns ein wirkungsvolles und schnelles Werkzeug an die Hand, um Viren nachzuweisen, die sich in die Wirtszelle integriert haben. Mit passenden synthetischen DNA-Sequenzen können wir Zellen, die dem menschlichen Körper entnommen wurden, regelrecht ins Kreuzverhör nehmen, um festzustellen, ob ein bestimmtes Virus latent in ihnen verborgen liegt. Früher war ein solcher Test nur nach viel mühsamer und unglaublich kniffliger Arbeit an Gewebeschnitten möglich.

Beim Umgang mit der Immunschwächekrankheit Aids ist es von entscheidender Wichtigkeit, jene Menschen, die mit dem verantwortlichen Virus (HIV) infiziert sind, so früh wie möglich zu identifizieren. Antikörper gegen das Virus lassen sich aber gewöhnlich erst ein bis sechs Monate nach der Infektion im Blut nachweisen. (Der Test auf solche Antikörper wird von Blutbanken verwendet, um virusinfiziertes Blut aus ihrem Bestand auszuschließen.) Folglich gibt es einen kurzen Zeitraum, in dem Virusträger mit den vorhandenen Antikörpertests nicht als solche erkannt werden. Die PCR könnte dieses Problem lösen. Da sich mit ihr das Virus direkt nachweisen läßt und nicht erst die Antikörper, kann man eine infizierte Person viel eher identifizieren. Der mit einer Blutprobe durchgeführte Test wäre in der Lage, eine einzige virusinfizierte Zelle unter Millionen normalen Blutzellen zu entdecken.

Virusnachweise sind nicht nur für die Diagnose bei einzelnen Patienten wichtig, sondern verschaffen uns auch tiefere Einblicke in ursächliche Krankheitsmechanismen. Einiges Wichtige in bezug auf Viren und Krebs haben wir schon gelernt. Zum Beispiel ist der Auslöser des Drüsenfiebers – ein extrem weitverbreitetes Virus, das jedoch bei den meisten Menschen nur eine leichte und vorübergehende Krankheit hervorruft –, auch bei zwei Krebsarten des Menschen in latenter Form in den Zellen vorhanden, nämlich beim Burkitt-Lymphom und beim Nasopharyngeal-Karzinom. Wie und warum die meisten Menschen den Angriff des Virus überstehen, während eine winzige Minderheit diese schreckliche Komplikation entwickelt, ist natürlich Gegenstand intensivster Forschung. Ein weiteres faszinierendes Beispiel bietet das Hepatitis-B-Virus. Es verursacht eine schwere Form akuter Hepatitis, ist jedoch auch bei manchen chronischen Lebererkrankungen und bei Leberzellkrebs beteiligt. In den beiden letztgenannten Fällen werden etliche der Betroffenen zu Hepatitis-B-Trägern, während sich bei einigen wenigen lediglich die viralen Gene finden. Erneut erweist sich eine Sonde, welche die Anwesenheit des Virus nachweist, als wertvolles Werkzeug, um herauszufinden, was in den kranken Leberzellen eigentlich vor sich geht.

Wieder einmal – der aufmerksame Leser wird es sich denken können – haben wir mit diesen wenigen Beispielen wirklich nur die Oberfläche des Themas „Gene als diagnostische Sonden“ angekratzt. Offenkundig genetisch bedingte Krankheiten sind insgesamt natürlich in der Minderzahl. Ein großer Prozentsatz menschlicher Erkrankungen hat jedoch eine genetische Komponente. Das Grundproblem lag in der Vergangenheit darin, einen Zugang zu menschlichen Genen zu bekommen – sie nachzuweisen, zu klassifizieren, ihre Anordnung und ihre Wechselwirkungen zu untersuchen. Die Gentechnologie hat uns diesen Zugang eröffnet, und sie wird die Diagnostik insgesamt so verändern, daß man sie in 20 Jahren kaum wiedererkennen wird.

6. Gentherapie und Zellmanipulation

Gene können mit Hilfe der modernen DNA-Technologie sehr detailliert untersucht werden. Es ist fast schon Laborroutine, sie aus dem Erbmaterial herauszuholen, zu reinigen und in andere Zellen zu übertragen. Wie aber steht es mit genetischen Eingriffen am „lebenden Objekt"? Wird es möglich sein, die genetische Beschaffenheit eines lebendigen Menschen zu verändern? Diese Frage bedeutet nicht nur eine gewaltige methodische Herausforderung. Sie zählt zweifellos auch zu den kontroversesten sozialen und ethischen Themen unserer Zeit. Um sie im richtigen Zusammenhang zu sehen, sollte man sich zunächst klarmachen, inwieweit Gene von Natur aus umherwandern können.

Mobile genetische Elemente

Thomas S. Kuhn ist vor allem durch die Theorien berühmt geworden, die er in seinem Buch *Die Struktur wissenschaftlicher Revolutionen* vorgetragen hat. Seine Grundthese lautet im wesentlichen, daß es zwei Arten von Wissenschaft gibt – die „normale" und die „revolutionäre". Die normale Wissenschaft ist das, womit sich die große Mehrheit der Forscher beschäftigt. Sie untersuchen Tag für Tag, Monat für Monat mit aller Sorgfalt die vielfältigen Verzweigungen bereits bestehender Erkenntnisse und bauen so einen gewaltigen Fundus an Spezialwissen auf. Dabei entsteht ein Grundmuster oder allgemeiner Rahmen – ein Paradigma – für den Umgang mit und die Interpretation von bestimmten Phänomenen. Revolutionäre Wissenschaft hingegen bezeichnet die fundamentale Veränderung der Sichtweisen als Folge einer bedeutenden Entdeckung, die sich nicht einfach in die bestehenden Paradigmen einpassen läßt. Dieser Wandel in der Wahrnehmung stellt sich, wie Kuhn glaubt, dann ein, wenn die normale Wissenschaft in große Schwierigkeiten kommt, weil eine akzeptierte Regel oder Verallgemeinerung nicht mehr mit allen Beobachtungen übereinstimmt. Der Übergang von der Newtonschen Physik zu Einsteins Relativität und zur

Quantentheorie wird oft als klassisches Beispiel revolutionärer Wissenschaft zitiert, die mit einem Paradigmenwechsel einherging.

Kuhns Analyse trifft auf die biologischen Wissenschaften nicht ganz zu; diese erscheinen eher durch ein stetes Vorwärtsdrängen charakterisiert, wobei neue, tiefere Einblicke frühere Erkenntnisse nicht negieren, sondern erweitern. Trotzdem gilt es natürlich auch in der Biologie, Ausnahmen von allgemein akzeptierten Gesetzen und Regeln sehr ernst zu nehmen. Die gesamte Genetik hat sich im Grunde um die Vorstellung herum entwickelt, daß die Gene die sakrosankten Hüter aller Möglichkeiten einer Zelle oder eines ganzen Menschen sind. Diese Gene erbt man von den Eltern, und damit hat es sich zunächst einmal. Gelegentlich kommt es zu Kopierfehlern, die zu einer *Mutation* führen, und ebendieser zufällige Vorgang ist die Quelle aller Variationen, auf die dann Darwins natürliche Selektion einwirken kann. Als die Genetik bereits eine ausgewachsene Wissenschaft war, fand man heraus, daß Gene aus DNA bestehen. Also betrachtete man fortan die DNA als das stabile Erbmaterial, das von Generation zu Generation getreulich kopiert wird. Wie bereits besprochen, ist die DNA bei höheren Organismen in Form einzelner Doppelhelixstränge, die zusammen mit bestimmten anderen strukturbildenden oder regulatorischen Molekülen die *Chromosomen* bilden, im Zellkern verpackt. Bei solchen Organismen kann der komplexe Prozeß der *Meiose* mütterliche und väterliche Anlagen quasi verquirlen und so die genetische Variation – als Angriffspunkt der natürlichen Selektion – deutlich vergrößern.

Dieses lange Zeit unerschütterliche Gedankengebäude geriet vor etwa 40 Jahren durch eine überraschende Entdeckung ins Wanken. Die amerikanische Pflanzengenetikerin Barbara McClintock fand bei ihrer Arbeit mit Mais eine Mutation, welche die Farbe der Kolben verändert. Doch diese Mutation ging erstaunlich häufig wieder zurück. Ohne näher auf die faszinierenden fachlichen Details einzugehen, sei hier festgehalten, daß in dem mutierten Stamm ein *mobiles genetisches Element* in Aktion war, mit anderen Worten, ein springendes Gen. Dieses Gen konnte sich auf einem Chromosom von Ort zu Ort bewegen oder sogar auf ein anderes Chromosom hinüberwandern. Wenn man einmal zugesteht, daß Gene in der Lage sind, in dieser eigenartigen Weise umherzuspringen, ist es kein großer Schritt mehr zu der Annahme, daß sie sich auch von einer Zelle zur anderen bewegen können. Es gibt beim Mais ungefähr 30 bis 40 solcher springenden Gene. Für die Erschließung dieses Forschungsgebiets, das später für die Gentechnologie so wesentlich werden sollte, erhielt McClintock

1983 den Nobelpreis für Medizin. Sie war damit nach 22 Jahren der erste Einzelwissenschaftler, der so geehrt wurde. Springende Gene entdeckte man später auch in anderen Organismen, etwa in der Taufliege (*Drosophila*), einem Lieblingsobjekt der klassischen Genetik. Man schätzt, daß sich in dieser Art bis zu fünf oder gar zehn Prozent der DNA derartig umherbewegen können. Wie wir schon aus Kapitel 3 wissen, vermögen Gene auch von einem Bakterium in ein anderes zu gelangen, so daß wir heute ein Gesamtbild akzeptieren müssen, in dem Genen natürlicherweise eine gewisse Beweglichkeit zukommt. Die große Herausforderung besteht darin, diesen natürlichen Vorgang besser zu verstehen und ihn für unsere Zwecke einzuspannen.

Bewegliche genetische Elemente werden in vielen Forschungszentren untersucht – teils, weil es hochinteressante genetische Systeme sind, teils aber auch wegen ihrer potentiellen Verwendung als neuartiger Vektortyp in der Gentechnologie. Sie stellen jedoch keineswegs die einzige intensiv erforschte Möglichkeit dar, Gene in Zellen einzuschleusen.

Krebsviren: Wie man *schädliche* Informationen in tierische Zellen einschleust

So viel zu Bakterien, Pflanzen und Taufliegen – kann man genetisches Material denn auch in Zellen höherer Tiere, einschließlich des Menschen, einschleusen? Die Antwort lautet: Ja. Wie dies möglich ist, entdeckte man erstaunlicherweise zuerst bei Untersuchungen der furchtbaren Krankheit Krebs. Dieser Abschnitt des Buches befaßt sich daher mit einer speziellen Gruppe krebsauslösender Viren, den *Retroviren.* In derem Namen versteckt sich das Enzym *Re*verse *Tr*anskriptase, das diesen Viren gewissermaßen erst ihr schmutziges Geschäft ermöglicht. Die Geschichte stellt das aufregendste Stück molekularer Detektivarbeit und fraglos den größten konzeptionellen Durchbruch der letzten zwei Jahrzehnte auf dem Gebiet der Krebsforschung dar. Man kann ohne Übertreibung behaupten, daß er die Krebsforscher in aller Welt angestachelt und mit neuer Energie erfüllt hat, denn endlich scheinen wir einen tiefen Einblick in die Ursachen dieser gefürchtetsten aller Krankheiten zu gewinnen.

Krebs hängt vor allem mit der Kontrolle des Zellwachstums zusammen. Daß sich die Zellen des Körpers teilen, ist völlig normal, jedoch unterliegt dieser Prozeß bei einem gesunden Menschen einer strengen Kontrolle. Hautzellen zum Beispiel werden täglich abgestoßen und durch neue Zellen, die aus tieferen Hautschichten stammen, ersetzt, so daß der *Status quo* erhalten bleibt. Wenn die Haut in besonderer Weise angeregt oder belastet wird – etwa bei schwerer Arbeit mit den Händen –, beschleunigt sich das Wachstum; die Haut verdickt sich, und es bilden sich Schwielen, aber stets nur in einem Ausmaß, das streng in Einklang mit bestimmten regulatorischen Vorgaben steht. Verletzt man sich die Haut bei einem Unfall, setzt sofort eine andere Art von Zellwachstum ein, um die Lücke zu schließen. Diese Zellneubildung hört auf, sobald der Schnitt verheilt ist. Krebs ist eine extreme Form des Zusammenbruchs jener regulatorischen Prozesse, die das Wachstum begrenzen. Die Zellteilung schreitet infolgedessen ohne Hemmung und immer unkontrollierter fort, bis der Körper oder ein Organ durch wild wuchernde, bösartige Zellen zerstört wird.

Es ist seit vielen Jahren bekannt, daß bestimmte eigenartige Viren bei Labortieren Krebs verursachen können – allerdings unter Bedingungen, die häufig ausgesprochen unnatürlich sind. Vor einiger Zeit gelang es mit Hilfe solcher Viren, Krebs künstlich im Reagenzglas auszulösen. Man läßt zunächst Zellen in Glas- oder Plastikschalen normal und friedlich wachsen. Sie gedeihen in solchem Zell- oder Gewebekulturen in einer kontrollierten feucht-warmen Atmosphäre und erhalten ein Wachstumsmedium, das die meisten Bestandteile jener Flüssigkeit aufweist, die normalerweise die Gewebe umspült. Normale Zellen wachsen, bis der Boden der Schale gerade bedeckt ist. Dann stellen sie die Teilung ein – genau wie die Zellen im Bereich einer Schnittwunde, sobald die Lücke geschlossen ist. Gibt man jedoch ein Krebsvirus zu der Kultur hinzu, fahren die mit dem Virus infizierten Zellen mit dem Wachstum fort und schichten sich in recht unorganisierter Weise übereinander. Sie sind zu Krebszellen *transformiert* worden. Auch wenn es unwahrscheinlich ist, daß derartige transformierende Viren für eine größere Anzahl von Krebsarten des Menschen verantwortlich sind, so wird dieses Modellsystem doch von vielen Krebsforschern intensiv untersucht, da es uns einiges über die Grundlagen des Krebsprozesses lehren kann.

Auf welche Weise die Viren das bösartige (maligne) Wachstum auslösen, blieb geheimnisvoll, bis sich mit Hilfe der DNA-Rekombinationstechnologie etliche erstaunliche neue biochemische Antworten ergaben. So fand man zunächst heraus, daß viele jener Viren Gene besitzen, die *nicht* aus DNA, sondern aus RNA bestehen. Die Viren bringen jedoch die infizierte Zelle dazu, das Enzym Reverse Transkriptase herzustellen, das die virale RNA-Sequenz korrekt in DNA zurückübersetzt. Als nächstes zeigte man, daß diese kopierte DNA sich fest in die

Zell-DNA integrieren kann. Das Virus schmuggelt also neue Gene in das Erbmaterial der Zelle hinein! Dies wiederum führte die Forscher auf eine weitere wichtige Spur: Manche dieser Gene wirken krebsauslösend, weil sie die Produktion von Proteinen in Gang setzen, welche die Zelle ungezügelt wachsen lassen. Solche Gene bezeichnet man als Onkogene. Man hat bisher schon weit über 50 verschiedene Onkogene identifiziert, die jeweils von anderen Viren übertragen werden. Sie lassen sich mit Hilfe der Gentechnologie inzwischen in reiner Form darstellen. Wenn man sie dann künstlich in normale Zellen injiziert, transformieren sie diese – ohne Virusbeteiligung – zu Krebszellen. Onkogene erzeugen also im wahrsten Sinne des Wortes Krebs.

Auf welche Weise kann ein Gen eine Zelle außer Kontrolle geraten lassen? Wie in Kapitel 2 besprochen, enthalten Gene die verschlüsselte Information für die Synthese von Proteinen. Deshalb war es für die Forscher natürlich zunächst wichtig herauszufinden, welche Arten von Proteinen beim Anschalten eines Onkogens hergestellt werden. Die Arbeiten von Ray Erikson, damals an der University of Colorado in Denver, stellten einen bedeutenden Durchbruch dar. Wie Erikson bewies, codiert eines der am besten erforschten Onkogene ein Enzym, das man als Proteinkinase bezeichnet. In Anhang B beschreiben wir ein kleines molekulares Energiebündel mit Namen ATP. Die erwähnte Proteinkinase katalysiert eine Reaktion, die dem ATP eine Phosphatgruppe entreißt und sie in bestimmten Schlüsselproteinen an die Aminosäure Tyrosin anhängt. Man weiß inzwischen, daß diese „Phosphorylierung" von Proteinen tiefgreifende Auswirkungen hat; sie modifiziert sowohl das Wachstumsmuster einer Zelle als auch ihre Reaktion auf eine Vielzahl von äußeren Reizen. Mit anderen Worten, eine mit diesem Onkogen „infizierte" Zelle besitzt eine veränderte Biochemie und reagiert anders auf regulatorische Signale. Wie man weiter herausgefunden hat, codieren verschiedene andere Onkogene ebenfalls Proteinkinasen.

In bestimmten Fällen transportiert ein einzelnes Virus gleich zwei Krebsgene in eine Zelle. Das erste Gen veranlaßt die betroffenen Zellen, sich in der Zellkultur stärker zu teilen – ohne sie allerdings so bösartig zu machen, daß sie eine Tumorbildung bewirken, wenn man sie in Tiere zurückinjiziert. Das zweite Gen hat alleine keine Auswirkung, doch zusammen mit dem ersten vollendet es die maligne Transformation. Dies ist insofern wichtig, als wir aus klinischen Studien wissen, daß Krebs beim Menschen ein mehrphasiger Prozeß ist, in dem die Zellen Schritt für Schritt immer stärker der Kontrolle entgleiten. Abbildung 10 zeigt das Prinzip.

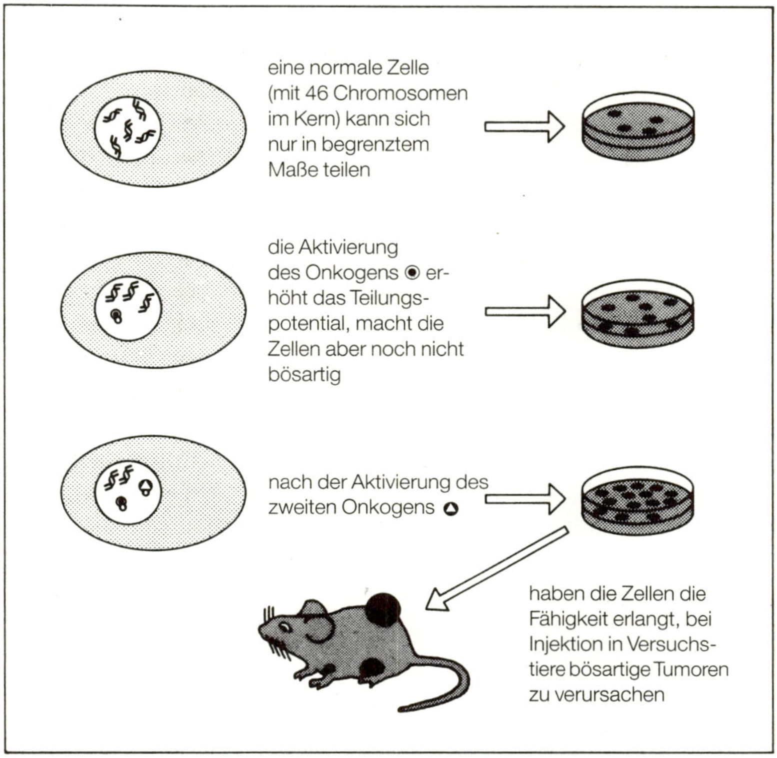

Abbildung 10: Zwei mögliche Schritte bei der Entwicklung eines bösartigen Tumors in Zusammenhang mit der Aktivierung zweier unterschiedlicher Onkogene
Die Aktivierung des ersten Onkogens verleiht der Zelle Unsterblichkeit, macht sie jedoch noch nicht bösartig (maligne). Die Aktivierung des zweiten Onkogens vollendet dann die maligne Transformation.

Die letzte Entdeckung schließlich ist die erstaunlichste von allen. Die viralen Onkogene – oder zumindest etwas, das ihnen stark ähnelt – kommen auch in vollkommen normalen Zellen vor! Und dies nicht etwa nur in jenen Versuchstieren, in denen die Krebsviren leben. Sie sind vielmehr im gesamten Tierreich einschließlich des Menschen weit verbreitet! Die meisten der heute bekannten Onkogene (beziehungsweise ihrer zellulären Gegenstücke) wurden in der Evolution über Hunderte von Millionen Jahre hinweg getreulich erhalten und unterscheiden sich bei verschiedenen Wirbeltieren kaum in ihrer Struktur. Ganz offensichtlich spielen diese Gene eine entscheidende Rolle im normalen Wachstum und bei der normalen Entwicklung, sonst hätte die Evolution sie nicht so sorgfältig konserviert. In gesunden Zellen ist ihre Aktivität jedoch sehr gering. Ihre Proteinprodukte werden daher nur in winzigen Mengen oder gar nicht hergestellt. In virustransformierten Zellen dagegen ist das Gen oft an einer ungeeigneten Stelle eingefügt und wird dort übermäßig aktiviert. Dementsprechend erhöht sich die Menge des Proteinprodukts, und die Zelle gerät außer Kontrolle. Offenbar hat irgendwann im Laufe der Evolution ein Virus einmal ein Onkogen aus der normalen DNA einer Zelle aufgenommen und dann begonnen, damit Schaden zu stiften, indem es seinen jetzt tödlichen Passagier an falsche Bestimmungsorte brachte.

Die Erkenntnis, daß normale Zellen Onkogene besitzen – man spricht hier von zellulären Onkogenen, um sie von den geringfügig unterschiedlichen viralen abzugrenzen –, wirft sofort die Frage auf, ob diese Gene bei einer wie auch immer verursachten anomal starken Aktivierung vielleicht Krebs auslösen können, wie wir ihn beim Menschen antreffen. Die Gentechnologie bot sich als willkommenes Hilfsmittel an, um zu bestimmen, in welchem Ausmaß Onkogene für verschiedene menschliche Krebsarten mitverantwortlich sind.

Tatsächlich kennt man mittlerweile mehrere Fälle von übermäßig aktivierten zellulären Onkogenen. Am Walter and Eliza Hall Institute in Melbourne haben Suzanne Cory und Jerry Adams ein faszinierendes Beispiel dafür gefunden. Sie untersuchten bösartige Veränderungen bestimmter weißer Blutkörperchen, der B-Lymphocyten, und stellten bei zwei Chromosomen der entarteten Zellen einen Bruch der DNA-Doppelhelix an zwei speziellen Stellen fest. Wenn diese Bruchstellen repariert werden, verbinden sich die Fragmente nicht korrekt miteinander. Nach der Reparatur findet sich ein bestimmtes zelluläres Onkogen, *c-myc*, nicht mehr auf seinem ursprünglichen Chromosom, sondern auf einem anderen wieder – inmitten von Genen, deren eigentliche Rolle die Regelung der Antikörperbildung ist. Dort wird das *c-myc*-Gen stark aktiviert. Cory und Adams schleusten im Anschluß an diese Beobachtungen ein aktiviertes *c-myc*-Gen in Mäuse ein, um einen neuen Stamm *transgener* Mäuse zu schaffen, die das *c-myc*-Genprodukt ihr Leben lang in hohem Maße exprimieren. Tatsächlich tritt bei diesen Mäusen Krebs der weißen Blutzellen außergewöhnlich häufig auf; letztendlich erkranken sogar alle daran. Da aber verschiedene Mäuse den Tumor in unterschiedlichem Alter entwickeln, müssen wohl zusätzliche Faktoren an der Auslösung der Krankheit beteiligt sein. Das Experiment bewies jedoch, daß die Aktivierung von *c-myc* entscheidend für den malignen Prozeß ist.

Die ungenaue Reparatur von Brüchen in der DNA ist natürlich nur eine von vielen Möglichkeiten, wie zelluläre Onkogene unangemessen aktiviert werden können. Sie mag jedoch gerade bei menschlichen

Krebsarten ein wichtiger Auslöser sein, denn die meisten krebsverursachenden Chemikalien scheinen genetische Unfälle dieser Art hervorzurufen oder zu beschleunigen. Eine andere Ursache unangemessener Onkogenaktivierung liegt vor, wenn zusätzliche Kopien eines Onkogens existieren, die alle das entsprechende Proteinprodukt herstellen – jedes zwar nur in geringem Umfang, zusammengenommen jedoch in großer Menge. Bei einer bestimmten Form von menschlichem Brustkrebs ist eine solche Situation gegeben. Dort liegt das zelluläre Analogon des *neu*-Onkogens in vielen Kopien vor. Je mehr davon in der Zelle vorhanden sind, desto aggressiver wächst der Tumor. Mittels Gewebebiopsie und Southern-Blot-Analyse kann man die Ausbreitungsgeschwindigkeit des Tumors sehr genau vorhersagen.

Zelluläre Onkogene gibt es in jeder normalen Zelle. Sie verursachen nur dann Krebs, wenn sie an einen unpassenden Ort im Genom geraten oder fälschlich angeschaltet werden. Natürlich hätte sich die Natur nicht die Mühe gemacht, solche potentiell gefährlichen Gene zu erhalten, wenn sie nicht in der gesunden Zelle eine wichtige Funktion erfüllen würden. Wie man vor einigen Jahren entdeckt hat, sind manche der Proteine, die nach Anschalten der entsprechenden Onkogene hergestellt werden, Wachstumshormone – ähnlich denen, die wir in Kapitel 4 bei der Beschreibung von Donald Metcalfs Arbeiten kennengelernt haben. Natürlich könnte die Überproduktion eines solchen Faktors Zellen übermäßig stimulieren und so den Grundstein für Krebs legen. Andere Onkogene codieren bestimmte „Antennen"-Moleküle (Rezeptoren), die – in der Zellmembran verankert – derartige Wachstumsfaktoren wahrnehmen und auf sie reagieren. Auch ein Überfluß solcher Antennen kann das Zellwachstum beschleunigen, selbst wenn die Menge an Wachstumshormon ziemlich normal ist. So klärt sich die Geschichte der Onkogene schrittweise auf, und sie lehrt uns nicht nur viel über Krebs, sondern auch über die Kontrolle des normalen Wachstums.

Retroviren nach Maß für die Gentechnologie

Retroviren haben zwei Eigenschaften, die sie zu potentiell interessanten Vektoren für die Genmanipulation bei Säugetieren einschließlich des Menschen machen. Erstens vermögen sie gewöhnlich nur in bestimmte Zelltypen einzudringen und dort zu leben; das heißt, man könnte sie als Vehikel einsetzen, um fremde Gene nicht etwa in *jede* Körperzelle zu bringen, sondern nur in gewisse, von einer Erbkrankheit betroffene Gewebe. Zweitens sollte es möglich sein, mit Hilfe ihrer Reversen Transkriptase und der damit verbundenen Kontrollmaschinerie einem einfachen linearen RNA-Polymer die Integration in die DNA der Zelle zu erlauben. Daher modifizieren Wissenschaftler Retroviren zur Zeit auf mehrere interessante Weisen. Sie schneiden den gefährlichen Teil, das retrovirale Onkogen, heraus und setzen statt dessen die gewünschte genetische Information in RNA-Form ein. Man hat mit dieser Methode bereits gewisse Erfolge bei der Genmanipulation von kultivierten menschlichen Zellen erzielt. Ein Beispiel betrifft einen ausgesprochen schweren Immundefekt – nach dem englischen *severe combined immune deficiency* als SCID abgekürzt –, der auf dem Mangel an einem bestimmten Enzym (Adenosin-Desaminase, ADA) beruht. Ein Retrovirus wurde erfolgreich so verändert, daß es das normale ADA-Gen in kultivierte menschliche Knochenmarkszellen einbaut. Diese Zellen produzierten anschließend nachweisbare Mengen des Enzyms, das ihnen zuvor gefehlt hatte. (Mittlerweile ist bei Kindern mit ADA-Mangel auch erstmals eine echte Gentherapie durchgeführt worden. Man entnahm den Patienten Lymphocyten, manipulierte diese entsprechend und injizierte sie zurück; tatsächlich erschien das benötigte Enzym daraufhin im Blut.)

DNA läßt sich noch mit anderen Methoden in Säugetierzellen einschleusen. Eine einfache Technik, die man als *Transfektion* bezeichnet, beruht darauf, daß man Zellen einfach mit der gewünschten DNA vermischt, und zwar in Anwesenheit von Calciumsalzen, welche die Zellmembran durchlässiger machen. Da mit dieser Methode allerdings nur wenige Zellen erfolgreich verändert werden, ist sie bloß dann brauchbar, wenn man jene wenigen Zellen zuverlässig entdecken und selektionieren kann. Ein technisch weit aufwendigeres Verfahren, das dafür aber eine höhere Erfolgsrate hat, besteht darin, die fremde DNA mit Hilfe einer ultradünnen Glaskanüle in das Innere der Zelle einzubringen (Mikroinjektion). Es gibt darüber hinaus zahlreiche Möglichkeiten, bakterielle Vektoren (Plasmide) in Säugetierzellen hineinzuzwingen.

Anders als in den späten siebziger Jahren, als die Gentechnologen nur mit Bakterien und Viren umgingen, verfügen wir heute über eine ganze Reihe von Methoden, um fremde genetische Information auch in tierische Zellen einzuschleusen. In einigen Fällen kommt es dabei zur Integration des neuen Gens in die zelleigene DNA; allerdings können wir noch nicht beeinflussen, wo die fremde DNA genau plaziert wird. Bei anderen Zellen bleibt das übertragene Gen außerhalb des Zellkerns und vermehrt sich dort unabhängig. Die derzeit verfügbaren Techniken sind keineswegs perfekt – man sollte sie als in der Entwicklung begriffen ansehen. Bislang bieten sie einen noch weitgehend dem Zufall überlassenen Gentransfer, eine niedrige bis mäßige Erfolgsrate und womöglich einige bislang unerkannte Gefahren. Viele Schwierigkeiten sind noch zu überwinden – so etwa das Problem, daß sich das übertragene Gen allzu häufig hartnäckig weigert, richtig zu funktionieren und die Synthese des gewünschten Proteins anzuleiten. Die Methoden erfahren jedoch eine ständige Verbesserung – oft mit atemberaubender Geschwindigkeit.

Die wirkliche Herausforderung: Der klinische Schauplatz

Nehmen wir einmal an, es wäre möglich, menschliche Zellen in Kultur zuverlässig zu manipulieren. Welche Konsequenzen könnte das für die Behandlung von Erbkrankheiten haben? Wir wollen diese Frage in zwei Schritten angehen. Zunächst werden wir ein konkretes Beispiel für eine Vorgehensweise betrachten, die man als Mischung aus Gen- und Zelltechnologie beschreiben könnte. Anschließend werden wir ein wenig über Entwicklungen spekulieren, die noch in weiterer Ferne liegen.

Wir haben bereits kurz die Gentherapie bei ADA-Mangel angesprochen, die den ersten Versuch der Heilung einer Krankheit auf diesem Wege darstellt. Im folgenden wollen wir die Methodik des Verfahrens an einem anderen Beispiel erläutern. Krankheiten wie die in Kapitel 5 besprochene Sichelzellenanämie, die auf defekte Hämoglobingene zurückzuführen sind – die sogenannten Hämoglobinopathien –, zählen zu den aussichtsreichen Kandidaten für eine Therapie mit Hilfe der Gentechnologie. Tatsächlich hat es bereits vor mehreren Jahren einen umstrittenen Versuch in dieser Richtung gegeben. Martin Cline von der University of California in Los Angeles, ein international renommierter Hämatologe mit viel Erfahrung auf dem Gebiet der Blutzellkultur, veröffentlichte 1980 eine bemerkenswerte Arbeit in der angesehenen Fachzeitschrift *Nature*. Er hatte gesunden Mäusen Knochenmarkszellen entnommen und diese im Reagenzglas mit DNA aus Zellen behandelt, die resistent gegen ein sehr toxisches Medikament waren. Die manipulierten Zellen wurden dann in lebende Mäuse transplantiert. Wie sich anschließend zeigte, hatte ein Teil der Zellen das Resistenzgen aufgenommen – sie wuchsen und gediehen in Mäusen, denen man hohe Dosen des toxischen Medikaments verabreichte. Genetisch veränderte Zellen funktionierten also in unversehrten Tieren – Cline war ein Meisterstück der Gentechnologie gelungen, und das an einem Modell, das der klinischen Wirklichkeit durchaus nahekam. Angespornt von diesem Erfolg, präparierte Cline gereinigte Gene für normales Hämoglobin und behandelte damit das Knochenmark zweier an Thalassämie, einer bis dahin unheilbaren Hämoglobinopathie, leidenden Patienten. Die Hämoglobin-DNA hatte er zuvor mit einem viralen Gen für ein Enzym gekoppelt, von dem man annahm, daß es die veränderten Zellen schneller wachsen lassen würde, die somit schließlich im Knochenmark des Patienten die Oberhand gewinnen sollten. Cline hatte den beiden Patienten sorgfältig erklärt, daß das Experiment riskant und eine sofortige Heilung recht unwahrscheinlich war. Er erhielt ihr Einverständnis für den Versuch. Cline hatte auch bei den zuständigen Komitees für ethische Fragen einen vorläufigen Behandlungsplan eingereicht. Unglücklicherweise veränderte er diesen Plan dann in einem wichtigen, durchaus sinnvollen Punkt, versäumte es jedoch, das neue Konzept noch einmal den Sachverständigen vorzulegen. Die beiden Patienten wurden tatsächlich nicht geheilt, und man kritisierte Cline heftig wegen seiner (vielleicht unbedeutenden) Überschreitung der sehr strengen Richtlinien, welche die Forschung mit rekombinierter DNA regeln. Er verlor die staatlichen Forschungsbeihilfen, durch die seine Arbeit bis dahin finanziert worden war. Diese Episode soll beispielhaft zeigen, wie wichtig es ist, auf einem so offensichtlich sensiblen Gebiet sehr behutsam und nur nach ausführlichsten Diskussionen voranzuschreiten.

Seit 1980 hat es sowohl in der Gentechnologie als auch in der Kultur von Blutzellen große Fortschritte gegeben. Wahrscheinlich wird das, was Cline versuchte, in nicht allzu ferner Zukunft gelingen. (Für andere Krankheiten laufen, wie erwähnt, bereits klinische Versuche zur Gentherapie.) Wir kennen inzwischen jene molekularen Wachstumsfaktoren, welche die Vorläuferzellen im Knochenmark zu Teilung und Reifung anregen, und haben sie in gereinigter Form verfügbar. Ein moderner Ansatz, Thalassämie durch Gen- und Zellmanipulation zu heilen, würde vermutlich Knochenmarkszellen verwenden, die nicht nur mit dem „guten“ Gen behandelt wurden, sondern die es auch wirklich aufgenommen haben und nachweislich normales Hämoglobin synthetisieren. Solche „geheilten“ Zellen ließe man dann vor der Rückinjektion in den Körper im Reagenzglas zu einer beträchtlichen Zahl anwachsen. Wie aber kann man sie dazu bringen, schneller als die kranken Zellen des Patienten zu wachsen und diese mit der Zeit zu ersetzen? Es gibt eine Methode, die zwar funktioniert, aber keineswegs ungefährlich ist. Sie besteht darin, die alten Knochenmarkszellen des

Patienten durch hochdosierte Röntgenstrahlen zu vernichten, bevor man mittels Infusion die genetisch veränderten Zellen verabreicht. Diese recht drastische Prozedur hat man bei der Behandlung von Leukämie schon erfolgreich eingesetzt. Dabei tötet man das maligne Knochenmark durch Bestrahlung ab und transplantiert passendes (das heißt immunverträgliches), gesundes Knochenmark von einem Bruder oder einer Schwester. Das Hauptproblem bei dieser Vorgehensweise besteht darin, daß die notwendigen hohen Strahlungsdosen das körpereigene Immunsystem für eine gewisse Zeit lahmlegen und der Patient daher direkt nach der Transplantation eine Weile lang für alle möglichen Infektionen äußerst anfällig ist. Natürlich ist das Beispiel Leukämie nicht unbedingt repräsentativ, denn dort muß man wirklich auch die allerletzte Leukämiezelle töten, um eine Heilung zu erreichen, und deshalb eine entsprechend große Strahlungsdosis verwenden. Im Falle der Thalassämie dagegen möchte man den genetisch manipulierten Zellen lediglich einen Freiraum verschaffen, so daß auch eine geringere Strahlungsdosis, die nur einen Teil des Knochenmarks vernichtet, ausreichen könnte. Da wir über eine schreckliche, tödliche Krankheit sprechen, sind klinische Experimente im Prinzip sicher gerechtfertigt. Man darf jedoch immer nur einen Schritt auf einmal tun; zu weit ausholende, spekulative Ansätze sind wohl kaum nützlich.

Zukunftsperspektiven

Die Gentherapie wird vielleicht nicht für alle Zeit von komplizierten Manipulationen an kultivierten Zellen abhängig sein. Wir haben bereits darauf hingewiesen, daß man Retroviren zu wirksamen Vektoren für Säugetierzellen abwandeln kann. Es ist keineswegs utopisch, von dem Tag zu träumen, an dem ein entsprechend konstruiertes Virus direkt in den Körper injiziert wird und funktionierende Gene in das kranke Zielgewebe trägt. Zugegebenermaßen zeichnet sich diese Idee im Moment erst in schattenhaften Umrissen ab. In einem Jahrzehnt könnte sie jedoch durchaus konkrete Gestalt angenommen haben.

Es mangelt nicht an Gesundheitsproblemen, denen man sich zuwenden könnte. Das Interesse der Wissenschaftler wird sich zuerst auf Krankheiten richten, die eindeutig erblicher Natur sind – Erkrankungen wie die Hämoglobinopathien, die Hämophilie (Bluterkrankheit), die Phenylketonurie und das Tay-Sachs-Syndrom, die beide das Nervensystem angreifen, und eine Vielzahl anderer biochemischer Störungen. Mit Sicherheit werden die Forscher sich auch verstärkt auf die

Herausforderungen stürzen, die sich aus der Entdeckung der Onkogene ergeben. Man wird angestrengt nach Methoden suchen, solche Gene – als neue Vorgehensweise in der Krebstherapie – abzuschalten oder ihre Produkte unschädlich zu machen. Man darf wohl, ohne die Phantasie allzu sehr überzustrapazieren, auch davon träumen, Menschen eines Tages gegen die Onkogenprodukte zu impfen und dadurch Krebs zu verhindern – obwohl man sofort an die möglichen Risiken denken sollte, denn Onkogene erfüllen eindeutig auch normale, wertvolle Funktionen in der Zelle. Es ist jedoch denkbar, daß einige davon beim erwachsenen Menschen nicht mehr notwendig sind. Wissenschaftler werden des weiteren mehr über die erbliche Komponente von Krankheiten wie Diabetes und Multipler Sklerose lernen, obwohl man bislang noch keinerlei Vorstellung hat, wie man deren Heilung in der Praxis gentechnologisch in Angriff nehmen könnte. Mit anderen Vorgehensweisen wird man versuchen, Gene für jene Proteinprodukte in den Körper einzubringen, die er selbst nicht mehr herstellen kann, weil ein spezialisiertes Gewebe durch eine Krankheit zerstört wurde. Nimmt man Diabetes als Beispiel, so ist die Vorstellung nicht abwegig, Insulingene in eine andere Zelle als eine Pankreaszelle einzuschleusen und dort anzuschalten. Ein Problem bestände allerdings darin, ein entsprechendes Kontrollsystem zu entwerfen, welches gewährleistet, daß zu jedem Zeitpunkt die korrekte Insulinmenge abgegeben wird – eine extrem schwierige Aufgabe. Wir erwähnen diese Beispiele, die ein wenig wie Science-fiction anmuten mögen, nur, um darauf hinzuweisen, daß die potentiellen Anwendungsmöglichkeiten der Gentechnologie für die medizinische Therapeutik schier unbegrenzt sind.

Könnte man 50 oder 100 Jahre in die Zukunft schauen – in eine Zeit, in der viele Erbkrankheiten bei Kindern und Erwachsenen heilbar sein sollten –, so wären Bedenken über die Konsequenzen dieser Entwicklung für den Genvorrat der Spezies Mensch wohl legitim. Gegenwärtig führen die schlimmsten dieser Erbkrankheiten zum Tod der Betroffenen, ehe diese ein zeugungsfähiges Alter erreichen. Falls man nun die Krankheit durch Manipulation eines bestimmten Gewebes, etwa des Knochenmarks, heilen könnte, würde die betreffende Person überleben und vielleicht Kinder haben. Da jedoch die Eizellen und Spermien bei einer solchen Therapie unverändert bleiben, wird das „schlechte" Gen an die nächste Generation weitergegeben. Ein Blick durch unsere Science-fiction-Brillen zeigt uns aber auch einen Ausweg aus diesem Dilemma. In solchen Fällen wäre die befruchtete Eizelle ein geeigneter Angriffspunkt für die Gentechnologen. Man müßte die betreffenden

Patienten überreden, Kinder nur mittels der sogenannten *in vitro*-Befruchtung zu bekommen. Die im Reagenzglas befruchtete und genetisch geheilte Eizelle würde anschließend im Mutterleib zu einem gesunden Menschen heranwachsen, dessen Samen- oder Eizellen dann ebenfalls genetisch normal wären. So könnte man die stetige Weitergabe schlechter Gene an zukünftige Generationen unterbrechen. Vermutlich wird eine Gesellschaft, die weit genug entwickelt und wohlhabend genug ist, um Erbkrankheiten überhaupt zu heilen, auch in der Lage sein, diesen weiteren Schritt zu tun.

Es sei hier betont, daß die Gentechnologie sich *nicht* mit jenen komplizierten Eigenschaften beschäftigen will, die in komplexen vielzelligen Organismen jeweils durch eine Vielzahl von Genen festgelegt werden. Der Gedanke, irgendein verrückter Diktator könne diese Technologie benutzen, um Übermenschen von großer Kraft und Intelligenz (oder ähnlichem) zu erschaffen, ist indiskutabel. Wir wissen herzlich wenig über die genetischen Grundlagen dieser so geschätzten menschlichen Eigenschaften. Jedenfalls sollten wir unsere recht präzisen Vorstellungen davon, was erreichbar ist, nicht von Phantastereien und Ängsten vernebeln lassen. Die Sorge allerdings, die Gentechnologie könnte zur Konstruktion gefährlicher Mikroorganismen zum Zwecke der biologischen Kriegsführung eingesetzt werden, sollte man nicht leichtfertig abtun, denn dies liegt – bei entsprechenden Bemühungen – durchaus im Bereich des Möglichen. Wenn die Supermächte eine Beschäftigung mit solcher Forschung leugnen, mag das insofern glaubhaft erscheinen, als heute schon deutlich wirksamere Massenvernichtungsmittel existieren. Trotzdem ist es wichtig, die Vorbehalte der Öffentlichkeit ernst zu nehmen. In den letzten drei Kapiteln werden wir auf diese Themen zurückkommen.

Eine letzte Frage, die wir hier ansprechen sollten, ist die finanzielle. Im Moment sind die Kosten einiger sehr komplizierter Behandlungen, die medizinische Wissenschaftler Patienten angedeihen lassen, schwindelerregend hoch. Eine Herzverpflanzung mit aller Vor- und Nachsorge kostet ungefähr 200 000 DM. Für eine Ganzkörperbestrahlung und die Transplantation von genetisch geheiltem Knochenmark sind noch höhere Kosten zu veranschlagen. Sollten wir uns angesichts solcher Summen nicht lieber gleich entscheiden, diese Forschungsrichtung aufzugeben? Die Antwort auf diese Frage ist ein eindeutiges Nein. Zwar mögen wir uns anfangs an arg komplizierten Lösungen versuchen, weil wir einfach noch zuwenig wissen; doch im Laufe des Lernprozesses werden wir diese frühen Bemühungen als nur unvollkommene Kompromißlösungen erkennen. Wir werden kühnere, elegantere und zugleich billigere Vorgehensweisen finden. Wenn es uns etwa gelänge, ein Virus zu schaffen, das gezielt die Vorläuferzellen der roten Blutkörperchen ansteuert und deren defekte Hämoglobingene kuriert, dann hätten wir – die Amortisierung der Forschungskosten einmal außer acht gelassen – eine Heilbehandlung, die nicht mehr kosten würde als eine einfache Impfung! Auf die Dauer sollte daher die Kostenfrage kein Hinderungsgrund für die Gentherapie sein. Kurzfristig wird man allerdings einige schwierige Entscheidungen darüber fällen müssen, bei welchen Patienten die Ärzte beginnen sollen, die Träume der Laborwissenschaftler in konkrete klinische Wirklichkeit umzusetzen.

7. Impfstoffe der Zukunft

Impfstoffe sind weltweit die kosteneffizientesten Instrumente des Gesundheitswesens. Wir betrachten Impfprogramme für Kinder heutzutage als selbstverständlich und erinnern uns kaum noch, daß Epidemien und Seuchen einmal der Stoff waren, aus dem Geschichte gemacht wurde: Sie bestimmten über Einzelschicksale, den Ausgang von Kriegen und den Erfolg oder Mißerfolg von Völkerwanderungen. Unserem Gedächtnis wurde 1980 ein wenig nachgeholfen, als die Weltgesundheitsorganisation (WHO) offiziell den Erfolg ihrer Kampagne zur Ausrottung der Pocken bekanntgab – ein langjähriges weltweites Impfprogramm hatte diese furchtbare Geißel der Menschheit endlich besiegt. Zum allerersten Mal war eine Krankheit vollständig und für alle Zeit ausgemerzt worden. Aber in einer Welt, die den Wandel gewöhnt ist, werden die dramatischen Errungenschaften von gestern erschreckend schnell zu Alltäglichkeiten von heute. Es mag daher manchen überraschen, daß wir auf dem Gebiet der Impfstoffe derzeit kurz vor einem Sprung nach vorn stehen, der mindestens so bedeutsam ist wie die Einführung der Poliomyelitis-(Kinderlähmungs-)Impfung in den fünfziger Jahren. Die Impfstoffe der Zukunft werden Produkte moderner Biotechnologie sein.

Die Grundprinzipien erfolgreicher Immunisierung

Das Immunsystem ist die Methode der Natur, Wirbeltiere vor Infektionskrankheiten zu schützen. Tragische Beispiele für die Folgen eines Versagens dieses Systems sind diverse ernste Krankheiten wie bestimmte angeborene Immundefekte oder die erworbene Immunschwäche Aids (*acquired immunodeficiency syndrome*). An deren Ende steht fast immer der Tod durch überhandnehmende Infektionen. Bei gesunden Menschen wird das Immunsystem zur Bildung von *Antikörpern* angeregt, sobald fremde Organismen in den Körper eindringen und sich dort vermehren. Manchmal erfolgt diese Abwehrreaktion allerdings zu spät oder bleibt ganz aus, und der Patient stirbt. Zudem haben bestimmte Organismen im Laufe der Evolution clevere Tricks entwickelt, um die Verteidigung des Wirtes zu unterlaufen; trotz der Produktion von Antikörpern kommt es dann zu einer chronischen Erkrankung wie etwa Tuberkulose oder Bilharziose. Meistens jedoch bekämpfen die Antikörper die erste Infektion mit Erfolg und machen den Patienten für eine beträchtliche Zeit oder sogar ein Leben lang immun gegen die jeweilige Krankheit.

Bei jeder aktiven Immunisierung besteht das entscheidende Prinzip darin, ein Impfverfahren zu entwickeln, das die Bildung spezifischer Antikörper (und andere zelluläre Vorgänge, die an der Immunabwehr beteiligt sind) auslöst, ohne daß das geimpfte Individuum die gesamten Symptome der echten Infektion durchlaufen muß. Im Idealfall entwickelt sich eine Immunität, die genauso ausgeprägt ist wie bei jemandem, der die Krankheit durchgemacht und sich von ihr erholt hat. Bei einigen Impfstoffen ist der Schutz weniger vollkommen, aber immer noch so stark, daß sich nicht nur das Risiko einer Erkrankung erheblich reduziert, sondern daß diese – sollte sie doch auftreten – weniger schlimm verläuft. Hinter dem Erfolg von Impfungen steht, daß die als Lymphocyten bezeichneten weißen Blutkörperchen, welche die schützenden Antikörper herstellen, nicht unbedingt mit lebenden, virulenten (krankheitsauslösenden) Mikroorganismen zu reagieren brauchen. Ihre Fähigkeit, die passenden Antikörper zu bilden, wird durch die Begegnung mit bestimmten Molekülen aktiviert, die von dem Eindringling stammen oder die er mit sich trägt. Diese Moleküle nennt man *Antigene*. Jede aktive Immunisierung beruht also auf dem weitgehend risikofreien Einbringen von Antigenen in den Körper. Diese erreichen schnell die Lymphknoten und die Milz und lösen dort die Teilung entsprechender Lymphocyten aus, die dann innerhalb weniger Tage mit der Bildung von Antikörpern beginnen.

Im allgemeinen kann eine Immunisierung mit drei Arten von Impfstoffen erfolgen. Die erste Methode, über die 1796 der praktische Arzt Edward Jenner aus Gloucestershire gewissermaßen stolperte, wurde im späten 19. Jahrhundert von Louis Pasteur erheblich weiter entwickelt. Sie besteht darin, irgendwo in der Natur einen harmlosen Verwandten des jeweiligen Krankheitserregers zu finden oder letzteren gezielt abzuschwächen, indem man ihn über längere Zeit außerhalb des Körpers in Kultur hält oder wiederholt durch verschiedene Wirtstiere passieren läßt; so erhält man am Ende einen mutierten, unschädlichen (avirulenten) Stamm des Mikroorganismus, der sich in dieser Form ohne die üblichen bösen Folgen im Körper vermehren darf und dadurch eine Antikörperproduktion hervorruft. Der Erfolg solcher abgeschwächten

Lebendimpfstoffe beruht darauf, daß der virulente Organismus und sein harmloser Verwandter ein oder mehrere Antigene gemeinsam haben. Daher können die Antikörper gegen den abgeschwächten Organismus auch den eigentlichen Erreger angreifen, falls dieser im Körper erscheint.

Bei der zweiten Methode tötet man den Krankheitserreger ab, zum Beispiel mit Formalin, und injiziert ihn so in den Körper. Die Antigenmoleküle solcher abgetöteten Organismen sind in überraschend niedriger Dosis wirksam, wie der glänzende Erfolg des Salkschen Polioimpfstoffes bewies. Man verabreicht sie normalerweise jedoch in zwei oder mehr zeitlich versetzten Durchgängen, um sicherzustellen, daß der Stimulus für das Immunsystem wirklich stark genug ist.

Die dritte Methode stützt sich auf die Tatsache, daß man nicht gegen *jedes* Antigen eines Mikroorganismus immun zu sein braucht, damit ein ausreichender Schutz besteht. Man kann deshalb anstelle des kompletten lebenden oder toten Erregers eine *Komponente* oder *Untereinheit* desselben zur Immunisierung verwenden. Die heutigen extrem erfolgreichen Diphtherie- und Tetanusimpfstoffe funktionieren nach diesem Prinzip. Das wirksame Antigen ist bei ihnen eine modifizierte Version eines Toxins, das die betreffenden Bakterien produzieren. In anderen Fällen kann als Antigen auch ein Molekül in Aktion treten, das in der äußeren Wand des Bakteriums sitzt. Je reiner solche molekularen Impfstoffe sind, desto weniger störende oder gefährliche Nebenwirkungen sollten sie entfalten.

Prinzipien der Impfstoffherstellung

Bis vor kurzem mußte man zur Herstellung von Impfstoffen große Mengen des verantwortlichen Mikroorganismus oder seiner harmlosen Verwandten unter kontrollierten Laborbedingungen züchten. Bei bakteriellen Erregern, wie denen für Keuchhusten, Tetanus oder Diphtherie, ist dies relativ unkompliziert, weil Bakterien meist problemlos in Nährlösungen wachsen, die gehaltvollen Fleischsuppen ähneln. Für Viren dagegen braucht man aufwendigere Verfahren. Diese kleineren, primitiveren Organismen können sich nur in einer lebenden Zelle vermehren. Folglich muß man den Impfstoff entweder in lebenden Tieren herstellen (beim Pockenimpfstoff etwa in der Haut von Kälbern, bei dem gegen Gelbfieber in den inneren Schichten eines Hühnerembryos) oder – was üblicher ist – in Säugetierzellen, die unter künstlichen Bedingungen in Zellkulturen wachsen.

Für die konventionelle Impfstoffherstellung im Labor ist einiges an Technologie erforderlich. So darf das verwendete Wachstumsmedium natürlich nicht mit irgendeinem fremden Mikroorganismus verunreinigt sein; folglich braucht man anspruchsvolle sterile Verfahren. Außerdem müssen die Beschäftigten sorgfältig vor gefährlichen Bakterien oder Viren geschützt werden. Bei Totimpfstoffen muß auch der letzte Mikroorganismus abgetötet sein. Die abgeschwächten Erreger für Lebendimpfstoffe benötigen ein Medium, das ihr kontinuierliches Überleben gewährleistet; häufig ist hier eine Aufbewahrung in der Kälte erforderlich. Für einen molekularen Impfstoff muß man das richtige Antigen penibel von allem unwichtigen Material säubern. Bei der Qualitätskontrolle ist jede einzelne Impfstoffcharge streng auf Sicherheit und Wirksamkeit zu überprüfen. Das alles treibt natürlich die Kosten in die Höhe.

Das Potential der Biotechnologie bei der Herstellung von Impfstoffen

Fortschritte in der modernen Biotechnologie haben den entscheidenden Engpaß bei der Impfstoffherstellung beseitigt – nämlich die Notwendigkeit, riesige Mengen reiner virulenter Organismen zu züchten. Häufig sind deren Wachstumsansprüche nur schwer zu befriedigen, wie etwa im Fall der Tuberkulose- oder Lepraerreger. Andere Krankheitserreger, zum Beispiel der Malariaparasit, benötigen erhebliche Mengen menschliches Blut für ihr Wachstum. Dies macht eine Massenproduktion unmöglich. Zwei verschiedene biotechnologische Verfahren können diese Beschränkungen umgehen. Sie gelten vielfach sogar als miteinander konkurrierend. Das eine Verfahren ist die chemische Synthese des Antigens; bei dem anderen bringt man harmlose, leicht zu züchtende Bakterien oder Hefezellen mit Hilfe der Gentechnologie dazu, die gewünschten Antigene herzustellen (Abbildung 11).

Bei der synthetischen Methode setzt man das jeweilige Antigen im Reagenzglas aus einfachen chemischen Bausteinen zusammen. Viele Antigene sind Proteine – also Ketten aus kleineren Molekülen, den Aminosäuren (siehe Kapitel 2), die in einer bestimmten Reihenfolge aneinanderhängen. Die Zelle bewerkstelligt deren Verknüpfung sehr schnell und effizient. Auch der organische Chemiker kann ein Protein Schritt für Schritt aufbauen, indem er die richtigen Aminosäuren zusammenfügt – wenngleich mit erhöhtem Aufwand. In vielen Fällen ist es aber gar nicht erforderlich, bei der Impfung vollständige Antigen-

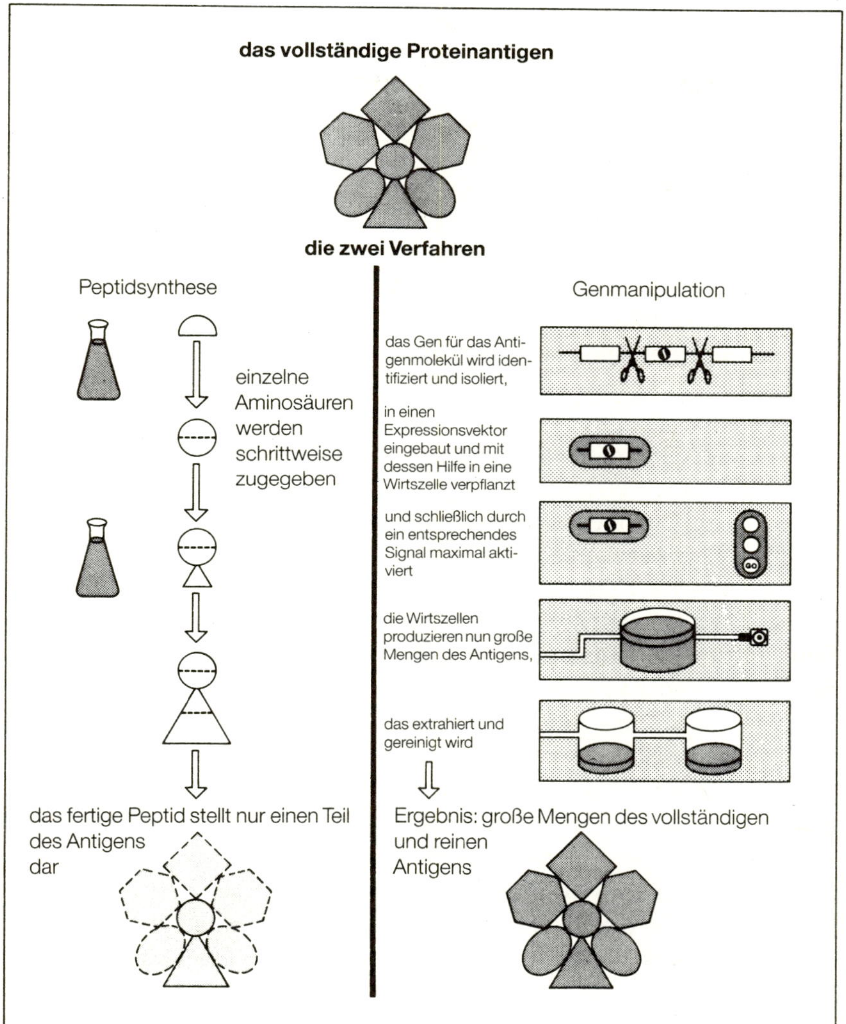

Abbildung 11: Zwei biotechnologische Verfahren zur Impfstoffherstellung: Peptidsynthese und Genmanipulation
Bei der Peptidsynthese verknüpft man im Reagenzglas einzelne Aminosäuren in geordneter Reihenfolge zu einem Molekül (einem Peptid), das oft nur einen Teil des natürlichen Proteinantigens ausmacht. Bei dem gentechnologischen Verfahren verpflanzt man das Gen für das entsprechende Antigen in eine geeignete Wirtszelle und läßt diese das vollständige Protein (oder ebenfalls nur einen Teil davon) produzieren. Der zweite Prozeß ist in den Kapiteln 3 und 4 näher beschrieben.

moleküle zu injizieren, um eine gute Immunantwort auszulösen. Ein kleiner Ausschnitt des Proteins – von etwa zehn Aminosäuren – kann dafür schon ausreichen; man muß allerdings, wie wir noch sehen werden, einige Tricks anwenden, damit dies funktioniert. Man kann zwar auch komplette Proteine synthetisch aus Aminosäuren herstellen, aber mit wachsender Molekülgröße steigt das Risiko, einen Fehler in die Sequenz einzubauen, und die Prozedur wird immer mühsamer. Aufgrund dieser Schwierigkeiten sind in der Praxis synthetische Proteine selten größer als 50 Aminosäuren. Bei großen Antigenen von medizinischer Bedeutung bemüht man sich daher intensiv, sogenannte „immundominante“ Bereiche zu bestimmen – kleine Proteinabschnitte, die auch alleine eine entsprechende Immunreaktion auslösen und die gewöhnlich nur acht bis 20 Aminosäuren lang sind (Peptide).

Die Gentechnologie als alternative Strategie macht lebende Organismen auf eine Weise nutzbar, daß sie quasi auf Befehl massenhaft Antigene produzieren (siehe Kapitel 4). Das zu diesem Zweck verpflanzte Gen kann groß oder klein sein und das hergestellte Protein dementsprechend fast jede gewünschte Größe haben. Natürlich ist es immer noch erforderlich, so entstandene Proteine von all den anderen Molekülen des Wirtsorganismus (etwa *E. coli*) zu reinigen. Kürzlich hat aber ein weiterer dramatischer Durchbruch in der Biotechnologie auch für dieses Problem eine elegante Lösung geliefert. Antikörper sind nicht nur Schutzfaktoren, sondern auch chemische Einheiten von außerordentlicher Spezifität. Bestimmte Bereiche ihrer Oberfläche hat die Natur mit einem jeweils spezifischen Muster ausgestattet, das hochempfindliche Erkennungsaufgaben durchführen kann. So lassen sich zwei einander sehr ähnliche Moleküle mit einem Antikörper, der gegen eines von beiden erzeugt wurde, immer noch unterscheiden. Die raffiniertesten Antikörper werden inzwischen im Reagenzglas hergestellt, indem man eine einzelne antikörperbildende Zelle einer Maus nimmt und sie künstlich mit einer Krebszelle verschmilzt. Die entstehende Hybridzelle ist unsterblich und kann sich endlos teilen – vorausgesetzt, die entsprechenden Nährstoffe sind vorhanden. Sie stellt außerdem weiterhin den ursprünglichen Antikörper her, den man nun als monoklonal bezeichnet, um seine Abstammung von einer einzigen Zelle und ihren Nachkommen (einen Klon) zu beschreiben. Mit einem monoklonalen Antikörper gegen ein bestimmtes Protein kann der Wissenschaftler dieses viel leichter und billiger reinigen als mit den traditionellen Methoden. Der Antikörper wird an eine feste Trägersubstanz gebunden, zum Beispiel an winzige Perlen, die man anschließend in einem langen, dünnen Glasrohr übereinanderschichtet. Man gießt nun die ungereinigte Lösung, die das Protein und eine ganze Menge anderer Moleküle aus *E. coli* enthält, auf diese vertikale Säule. Der Antikörper auf den Perlen bindet ausschließlich das entsprechende Protein und hält es fest. Indem der Wissenschaftler die Säule dann mit viel Flüssigkeit durchspült, wäscht er alle nichtgebundenen Moleküle aus. Schließlich gibt er eine saure Lösung hinzu, welche die Bindung zwischen Antikörper und Antigen löst, und das gewünschte Protein tropft als reine Lösung aus der Säule.

Vor- und Nachteile der zwei am häufigsten verwendeten biotechnologischen Verfahren zur Impfstoffentwicklung und -produktion

Sowohl der Peptidsynthese- als auch der gentechnologische Ansatz haben ihre glühenden Verfechter. In vielen Diskussionen wird dabei verschwiegen, daß die beiden Technologien stark miteinander in Wechselwirkung stehen: Oft kann man nur mit Hilfe der Gentechnologie die Sequenz des kleinen Proteinstückes herausfinden, das man chemisch herstellen möchte; und indem man zunächst die Immunantwort auf kleine synthetische Antigene testet, kann man vielleicht eher die Bedeutung eines bestimmten großen Antigens als mögliches Impfstoffmolekül bewerten, das man anschließend auf gentechnologischem Wege produziert. In der Praxis setzen viele Forschungslaboratorien auf der Suche nach neuen Impfstoffen beide Verfahren parallel ein. Trotzdem hat jede Vorgehensweise ihre eigenen, speziellen Vor- und Nachteile.

Wie bereits erwähnt, ist der synthetische Ansatz praktisch auf Proteine von 50 oder weniger Aminosäuren beschränkt, und für den größten Teil der entsprechenden Untersuchungen sind Peptide aus lediglich acht bis 20 Bausteinen verwendet worden. Vollständige Proteinantigene sind dagegen gewöhnlich 100 bis 2000 Aminosäuren lang. Unter natürlichen Bedingungen faltet sich jede dieser langen Proteinketten in sehr charakteristischer und voraussagbarer Weise zu einer hochkomplexen, in sich verwundenen dreidimensionalen Struktur auf. In diesem Zustand können Aminosäuren, die in der linearen Sequenz weit voneinander getrennt sind, tatsächlich recht nah beieinander liegen. Man hat daher vorausgesagt, daß die meisten als Antigen wirksamen Molekülbereiche (die sogenannten antigenen Determinanten) sich erst im vollständig gefalteten Protein offenbaren. Kurze Peptide, die man in ein Versuchstier injiziert – besonders solche, die Teilen der Proteinoberfläche entsprechen –, können dementsprechend die Produktion von Antikörpern auslösen, die auch mit dem ganzen, intakten Molekül reagieren. So gelang es beispielsweise mit einem chemisch synthetisierten, 20 Aminosäuren langen Peptid aus der immunologisch wichtigsten Region des Maul-und-Klauenseuche-Virus, Meerschweinchen vor dem kompletten Krankheitserreger zu schützen. Bezogen auf seine Größe war dieses Peptid sogar wirksamer als das vollständige ursprüngliche Protein von 213 Aminosäuren. Genauso lösen kurze Stükke von Antigenen der Influenza- und Hepatitisviren eine exzellente Antikörperbildung aus. Obwohl noch viel zu tun bleibt, um herauszufinden, inwieweit man solche Befunde verallgemeinern kann, sehen kürzlich entwickelte Ansätze für die *Voraussage* der immunologisch wichtigsten Teile eines Antigens durch eine gründliche Untersuchung seiner Form sehr vielversprechend aus. Im ganzen hat jedoch die Peptidmethode nicht so große Fortschritte gemacht, wie man noch hoffte, als 1984 die erste Auflage dieses Buches in Vorbereitung war. Ein Grund mag darin liegen, daß die kurzen Peptide die sogenannten „Helfer"-T-Zellen des Immunsystems nicht genügend aktivieren. Außerdem gibt es eine biologische Beschränkung, die allzu häufig vergessen wird: Mikroorganismen verfügen über eine große Fähigkeit, sich ständig zu verändern und weiterzuentwickeln. Wenn ein Impfstoff nur gegen einen winzigen Bereich eines antigenen Moleküls gerichtet ist, kann es gut passieren, daß der betreffende Mikroorganismus so mutiert, daß gerade diese Komponente seiner Struktur in veränderter Form erscheint. Dadurch entsteht ein „impfresistenter" Stamm, welcher der Immunantwort des Wirtes entkommen kann – ähnlich wie der weitverbreitete Einsatz von Antibiotika die Entwicklung antibiotikaresistenter Stämme begünstigt. Um dieser Gefahr entgegenzuwirken, sollten synthetische Impfstoffe wohl am besten Cocktails aus mehreren verschiedenen Peptiden sein, so daß für eine Immunresistenz mehrfache Mutationen erforderlich wären.

Ein zweiter Nachteil der synthetischen Impfstoffe bezieht sich auf ihre Stärke als Antigene. Lebende oder abgetötete Mikroorganismen präsentieren dem Immunsystem Antigene meist als Anordnungen von Hunderten oder Tausenden dicht gepackter Moleküle, die zusammengedrängt auf der Oberfläche des Mikroorganismus erscheinen. Dies erhöht – aus Gründen, mit denen wir uns hier nicht aufzuhalten brauchen – die Intensität der Immunantwort. Außerdem macht der Partikelcharakter der Mikroorganismen sie verlockend für die Freßzellen des Körpers, und ein mit diesen Zellen gekoppeltes (beziehungsweise von ihnen dargebotenes) Antigen ist ein weitaus wirksamerer Reiz für das

Immunsystem als ein frei umherschwimmendes. Bei Experimenten umgeht man diese Nachteile durch den Einsatz hochwirksamer Immunstimulantien, sogenannter *Adjuvantien*, die zusammen mit dem synthetischen Impfstoff verabreicht werden. Die meisten sind allerdings wegen ihrer Toxizität und Nebenwirkungen für den Gebrauch beim Menschen ungeeignet. Darum ist eine Gruppe synthetischer molekularer Adjuvantien interessant, die Wissenschaftler am Institut Pasteur in Paris entwickelt haben: die Muramyldipeptide und ihre Analoga. Aber auch diese sind nicht vollkommen ungiftig. In anderen Ansätzen greift man zum Teil auf eher altmodische Methoden zurück, etwa die Adsorption des synthetischen Impfstoffes an Aluminiumhydroxidpartikel („Alaunpräzipitation"), um die jeweils benötigte molekulare Anordnung sowie eine verlangsamte Freisetzung zu erreichen. Eine neuere Technik ist die Koppelung des synthetischen Peptids an ein „Träger"-Molekül, das selbst ein starkes Antigen ist. Allgemein sollte man Forschung, die darauf abzielt, die Immunantwort zu stärken, unbedingt fördern, da sie *allen* synthetischen Impfstoffen nützt – und den gentechnologisch hergestellten auch.

Ein dritter Nachteil der synthetischen Peptide könnten ihre Kosten sein, die derzeit diejenigen der gentechnologisch erzeugten Proteine bei weitem übertreffen. Wahrscheinlich werden sie jedoch mit verbesserten Produktionstechnologien schnell sinken. Der größte Vorteil der synthetischen Impfstoffe liegt in ihrer Exaktheit als chemische Einheiten. So sind erstens nur minimale Unterschiede zwischen verschiedenen Präparationen zu erwarten, und zweitens dürfte es wenig unerwünschte Nebenwirkungen durch Moleküle geben, die nichts mit der beabsichtigten Immunantwort zu tun haben.

Mit dem gentechnologischen Ansatz lassen sich Proteine jeder beliebigen Größe herstellen, wenngleich die meisten, die bisher mit Erfolg angefertigt wurden, weniger als 1000 Aminosäuren lang sind. Man umgeht mit dieser Methode die theoretische Schwierigkeit, die jeweils wichtigste *Komponente* eines Antigenmoleküls zu identifizieren; trotzdem ist es immer noch klug, einen Cocktail verschiedener Moleküle zu verwenden, um dem Immunresistenzproblem Rechnung zu tragen. Gentechnologisch konstruierte Impfstoffe müssen sich nicht auf ein einzelnes Protein beschränken – man kann gleich mehrere Gene in ein *E. coli*-Bakterium einschleusen, so daß die Mikroben zu Fabriken gebrauchsfertiger Antigencocktails werden. Auf diesem Prinzip beruht etwa ein Impfstoff gegen eine toxische Schweinediarrhöe, den die Cetus Corporation auf den Markt gebracht hat. Die Forscher der Firma Genentech haben einen wirksamen Impfstoff gegen die Maul- und

Klauenseuche bei Rindern produziert, indem sie das virale Protein VP1 gentechnologisch herstellten.

Ein weiterer Vorteil der Genmanipulation ist noch ein wenig avantgardistisch: Die DNA, welche die relevanten Antigene codiert, könnte in einen lebenden Mikroorganismus eingebaut werden, der in dem zu impfenden Wirt selbst gedeiht; man hätte dann einen genetisch veränderten abgeschwächten Lebendimpfstoff mit allen zugehörigen Vorteilen bezüglich Dosierung und Dauer der antigenen Stimulierung. Bernard Moss von den National Institutes of Health der USA hat zum Beispiel das Kuhpockenvirus – mit dessen Hilfe man letztlich die Pocken weltweit ausrottete – erfolgreich so manipuliert, daß es als Träger für mehrere völlig verschiedene Antigene dient. Wie wir noch sehen werden, können auch harmlose Mikroorganismen des Darmes so verändert werden, daß sie ungiftige Antigene von pathogenen Darmbakterien wie den Cholera- oder Typhuserregern tragen. Dies ist ein sehr aktives und aufregendes Feld der heutigen Forschung. Da die veränderten Organismen leicht zu vermehren sind, werden gentechnologisch erzeugte Impfstoffe wahrscheinlich relativ preiswert sein, obwohl sich natürlich wie immer zunächst die Forschungs- und Entwicklungskosten amortisieren müssen.

Die Hauptnachteile des gentechnologischen Ansatzes betreffen nicht die Impfstoffe, die auf genmanipulierten lebenden Mikroorganismen beruhen, sondern jene, die aus reinen Antigenmolekülen bestehen. Sowohl die Reinigung des Antigens von allen anderen Produkten, die der veränderte Organismus herstellt, als auch die Frage der Antigenwirksamkeit bleiben Probleme, die noch einige Anstrengung erfordern.

Bislang hat sich die Diskussion vornehmlich auf *E. coli* als Fabrik für reine Proteinantigene und auf harmlose lebende Mikroorganismen als Genempfänger konzentriert. Doch es gibt viele Variationen auf diese Themen. So verwendet man zum Beispiel in der Gentechnologie häufig Hefen als Wirtszellen; sie lassen sich nicht nur gut züchten, sondern stehen außerdem entwicklungsgeschichtlich den Wirbeltieren näher als *E. coli* und besitzen daher die Fähigkeit, an manche gentechnologisch erzeugten Antigene auch noch die zugehörigen Zuckermoleküle anzufügen. Kurz gesagt, Hefen synthetisieren und verarbeiten Proteine auf eine Art, die näher an das Geschehen in menschlichen Zellen herankommt.

Auch tierische Zellen kann man mittlerweile mit Erfolg manipulieren. Obwohl sie in ihren Wachstumsanforderungen viel anspruchsvoller sind, wäre jede Beschreibung des jetzigen Standes der Technologie unvollständig, wenn man sie als mögliche Fabriken der Zukunft nicht einbezöge. Aufgrund der weit höheren Kosten der Tierzellkultur werden sie jedoch wahrscheinlich zumindest für das nächste Jahrzehnt noch von der praktischen Impfstoffherstellung ausgeschlossen sein.

Zukünftige Impfstoffe: Herausforderungen und Grenzen

In Anbetracht der oben erwähnten sprunghaften Entwicklung der Technologie ist es kein Wunder, daß Wissenschaftler in aller Welt über jeden neuartigen Impfstoff und jede Verbesserung bei den alten Herstellungsverfahren in Begeisterung geraten. In zum Teil noch kühnen Träumen dehnen sie das Konzept der aktiven Immunisierung von Viren und Bakterien auf ein- oder vielzellige Parasiten und sogar auf nichtansteckende Krankheiten wie Krebs und Multiple Sklerose aus. Auch ein Impfstoff zur Empfängnisverhütung ist Gegenstand aktiver Forschung. Es scheint nach oben keine Grenzen zu geben.

So groß jedoch der Bedarf und die Möglichkeiten zweifellos sind – viele Wissenschaftler unterschätzen die Beschränkungen, denen die Impfstoffentwicklung unterliegt und aufgrund derer neue Impfstoffe für den menschlichen Gebrauch nur allmählich auf den Markt kommen werden. Die erste Schwierigkeit ist die Finanzierung. Hohe Forschungs- und Entwicklungskosten machen die Beschäftigung mit Impfstoffen teuer und riskant. Gleichzeitig sind die Profite meist niedrig, weil Regierungen als direkte oder indirekte Hauptabnehmer natürlich Meister im Aushandeln von Minimalpreisen sind. Außerdem werden Medikamente oft täglich über lange Zeiträume hinweg eingenommen – eine Person dagegen, die einmal geimpft ist, benötigt Auffrischungsimpfungen nur in großen Zeitabständen, so daß zwangsläufig das Verkaufsvolumen deutlich niedriger ausfällt als bei Medikamenten. Impfstoffe für Menschen – besonders die in Entwicklungsländern benötigten – sind also für die Industrie eine weniger gewinnträchtige Investition als Medikamente.

Die zweite Beschränkung hängt mit den sich wandelnden Vorschriften der zuständigen Behörden zusammen. Pasteurs Tollwutimpfstoff oder Jenners Pockenimpfstoff bekämen bei den gegenwärtigen regulatorischen Standards große Probleme. Sogar die ersten provisorischen klinischen Versuche hätten es schwer, heute die Zustimmung der zuständigen Ethikkommissionen zu erhalten! Irgendwie haben sich die Waagschalen allzu weit in Richtung der Sicherheitsanforderungen geneigt – das (unternehmerische) Risiko, letztlich *keine* potentiell wirksamen Agentien zu entwickeln, geht selten in die Gleichung mit ein.

Selbst wenn man diese Frage für reine molekulare Impfstoffe angeht und klärt, warten schon die nächsten Probleme im Hinblick auf geeignete Adjuvantien und generell auf lebende, gentechnologisch veränderte Organismen als Träger von Antigenen.

Die dritte Beschränkung steht im Zusammenhang mit dem Knowhow bei der Impfstoffentwicklung. Obwohl es im akademischen Umfeld an Ideen zu neuen Impfstoffen wahrlich nicht mangelt, sind die Wissenschaftler berüchtigt für ihre begrenzte Fähigkeit, einen Durchbruch in der Forschung in ein vermarktbares Produkt umzusetzen. Es wird schwierig sein, auf diesem traditionell wenig gewinnträchtigen Gebiet Partnerschaften mit der Industrie aufzubauen. Werden Wissenschaftler genug Geduld haben, einem Impfstoff durch die Entwicklungsphase zu helfen und die notwendigen umfangreichen klinischen Versuche durchzuführen? Diese Arbeit ist intellektuell viel weniger befriedigend als die ursprüngliche Genmanipulation, aber ebenso unerläßlich.

Es ist nun an der Zeit, einige Beispiele für bereits entwickelte beziehungsweise bald realisierbar erscheinende Impfstoffe zu betrachten.

Der Hepatitis-B-Impfstoff: Der erste Antikrebsimpfstoff der Geschichte?

Hepatitis, eine Krankheit, bei der sich die Leber entzündet, hat viele verschiedene Ursachen; die häufigste ist die Infektion mit einem Virus, das die Leberzellen angreift. Das Hepatitis-B-Virus wird durch Kontakt mit infiziertem Blut übertragen. Infektionen sind besonders in Entwicklungsländern weit verbreitet. Ein kleiner Teil der Betroffenen wird aus bislang ungeklärten Gründen zu chronischen Trägern des Virus und weist dann große Mengen des Antigens HBsAg im Blut auf. In einem Milliliter Blutplasma finden sich bis zu 10^{13} (zehn Millionen Millionen) Partikel. Es ist möglich, bei einer Blutspende den flüssigen Blutanteil (das Plasma) weitgehend abzutrennen, die weißen und roten Blutkörperchen jedoch zurückzuführen. Aus dem Plasma kann man das HBsAg dann im nächsten Schritt isolieren und sterilisieren. 1980 zeigte ein klinischer Versuch, daß dieses aus Menschen gewonnene HBsAg ein wirkungsvoller Impfstoff gegen Hepatitis-B-Infektionen ist. 1982 brachten zwei Unternehmen, Merck in den USA und das Institut Pasteur in Paris, unabhängig voneinander recht ähnliche derartige Impfstoffe auf den Markt. Bis heute hat man allen Grund zu der Annahme, daß diese Mittel ihren primären Zweck erfüllen, nämlich bestimmte Risikogruppen vor Hepatitis B zu schützen. Dazu gehören Menschen, die häufig mit Blut oder Blutprodukten in Kontakt kommen, wie etwa Ärzte, Krankenschwestern, Mitarbeiter von Blutbanken, Laborpersonal und Zahnärzte, außerdem auch Homosexuelle und Drogenabhängige. Am Horizont zeichnet sich jedoch eine weit größere Herausforderung ab.

Das in Europa und Amerika recht seltene primäre Leberkarzinom zählt in Asien und Afrika zu den häufigsten tödlichen Krebsarten. Es gibt ernstzunehmende Hinweise, nach denen das Hepatitis-B-Virus zumindest als Mitverursacher dieser Krankheit gelten kann. Das *relative Risiko*, an Leberkrebs zu erkranken, liegt – im Vergleich zwischen chronischen Trägern und Nichtträgern des Virus – sogar höher als das relative Risiko für Lungenkrebs im Vergleich von starken Zigarettenrauchern gegenüber Nichtrauchern. In Taiwan zum Beispiel beträgt es 100:1. Man kann recht leicht eine bestimmte Abfolge pathologischer Ereignisse identifizieren: Auf eine virale Zerstörung von Lebergewebe folgt der Versuch der Leberzellen, sich schneller zu teilen, um den Schaden zu kompensieren, und schließlich entsteht das eigentliche Leberkarzinom. Aus epidemiologischen Studien weiß man, daß dieser Prozeß mehrere Jahre dauert. Obwohl noch nicht ganz klar ist, wie das Virus im einzelnen Krebs auslöst, gibt es schon einen wichtigen Anhaltspunkt: Die Gene des Hepatitis-B-Virus integrieren sich in die DNA der Leberzelle. Während die weitere Aufklärung des Mechanismus eine große Herausforderung für die Forschung darstellt, ist die praktische Bedeutung dieses Vorhabens schon jetzt offensichtlich. Indem man eine Infektion mit dem Hepatitis-B-Virus verhindert, könnte man gleichzeitig einer späteren Entwicklung von Leberkrebs vorbeugen. Ein Problem liegt in der Tatsache, daß sich der Hepatitis-B-Trägerstatus häufig schon sehr früh im Leben einstellt – bei Kindern chronischer Träger etwa durch einen Kontakt mit mütterlichem Blut und/oder Stuhl während der Geburt. Folglich muß man den Impfstoff sehr frühzeitig verabreichen oder die Säuglinge bei der Geburt durch eine Injektion von Gammaglobulin vorläufig schützen und einige Monate später dann impfen. Versuchsreihen, bei denen sehr kleine Kinder geimpft werden, laufen zwar schon, aber es wird zweifellos noch viele Jahre dauern, ehe wir wissen, ob dieser erste Impfstoff gegen Krebs tatsächlich wirkt.

Das Plasma von Blutspendern ist als Antigenquelle nicht ideal. Der heutige Impfstoff ist teuer (etwa 200 DM für die empfohlenen drei Dosen), und jede Charge muß sorgfältigst verarbeitet und intensiv getestet werden, um eine Verunreinigung mit infektiösen Bestandteilen auszuschließen. Mehr als zwei Millionen Impfungen mit aus Plasma gewonnenem Antigen sind bereits verabreicht worden, aber die Vorstellung, jedes Neugeborene auf der Welt mit solchem Material versorgen zu können, ist unrealistisch. Ein gentechnologisch erzeugter Impfstoff wäre daher wünschenswert, sowohl aus Sicherheitserwägungen als auch, um die Herstellung großer Mengen zu ermöglichen. Wenn man das Gen für HBsAg in Hefezellen einschleust, produzieren diese Zellen Partikel, welche denen im Serum menschlicher Träger sehr ähnlich sind. Das beweist, daß eine Hefezelle in dieser Hinsicht in etwa dasselbe leistet wie eine menschliche Leberzelle. Tatsächlich haben die aus Hefe gewonnenen Partikel inzwischen die alten aus Blutplasma isolierten Impfstoffe ersetzt und sich als ebenso wirksam erwiesen.

Impfstoffe gegen Durchfallerkrankungen

Insgesamt sind Durchfallerkrankungen weltweit genauso bedeutend wie durch Parasiten verursachte Krankheiten. Die wohl stärkste Beachtung in der Öffentlichkeit findet dabei die Cholera, sowohl wegen der häufig dramatischen Symptome als auch wegen der oft epidemisch um sich greifenden Erkrankungswellen (man denke nur an die jüngsten Ausbrüche in Südamerika). Andere Erreger sind jedoch von noch größerer Wichtigkeit für die öffentliche Gesundheit. Die *Salmonella*-Infektionen Typhus und Paratyphus sind hier ebenso zu nennen wie *Shigella*-Infektionen (Bakterienruhr), der Befall mit Amöben (Amöbenruhr) und eine Vielzahl von viralen Darmerkrankungen. Diarrhöen stehen oft in einer fatalen Wechselbeziehung mit Mangelernährung, so daß eine Infektion, die in Industrienationen möglicherweise leicht zu kontrollieren wäre, sich unter den Hygiene- und Ernährungsbedingungen in manchen Entwicklungsländern nicht selten als tödlich erweist. Eine unglaublich einfache, aber extrem wirkungsvolle Maßnahme zur Bekämpfung vieler Durchfallerkrankungen ist die ausreichende Flüssigkeits- und Salzzufuhr (orale Rehydrierung). Es wird jedoch noch viele Jahrzehnte dauern, bis Umwelt- und persönliche Hygienemaßnahmen in einigen tropischen Ländern einen angemessenen Standard erreichen. Daher bietet der Impfstoffansatz – mit seiner Eigenschaft, vorzubeugen statt zu heilen – auch auf diesem Gebiet ungeheure Möglichkeiten.

Die gebräuchlichen Impfstoffe gegen die wichtigsten Darmkrankheiten, etwa gegen Cholera und Typhus, lassen allerdings zu wünschen übrig. Die injizierbaren Typhusimpfstoffe aus abgetöteten Erregern sind im wesentlichen seit 80 Jahren unverändert geblieben. Sie haben schädliche Nebenwirkungen und vermitteln nur einen 50- bis 70prozentigen Schutz. Auch die Choleraimpfung hat eine niedrige Effizienz (ebenfalls 50 bis 70 Prozent), und ihre Wirkung ist nur von kurzer Dauer (sechs Monate oder weniger). Glücklicherweise bringt die Forschung zur Zeit beschleunigt Alternativen hervor.

An der Typhusfront ist vor allem ein oral verabreichbarer abgeschwächter Lebendimpfstoff, der in der Schweiz entwickelt wurde, sehr vielversprechend. Dieser Impfstoff mit dem Kürzel Ty21a verwendet eine stabile Doppelmutante des Typhusbazillus, die einige der für die Virulenz erforderlichen Enzyme nicht mehr herstellen kann. Seine Sicherheit und Wirksamkeit waren Gegenstand eines dreijährigen Feldversuchs in Ägypten, an dem mehr als 32 000 Kinder beteiligt waren. Man fand keine schädlichen Nebenwirkungen. Selbst unbedeutende nachteilige Reaktionen lagen kaum über dem Niveau der Placebokontrollen. In einem Zeitraum von drei Jahren gab es unter 16 486 immunisierten Kindern lediglich einen Fall von Typhus, dagegen 22 bei den 15 902 Placebokontrollen und 39 in einer weiteren Gruppe von 25 628 gar nicht geimpften Kindern. Diese 96prozentige Effizienz ist ausgesprochen eindrucksvoll. Der Impfstoff wird inzwischen in vielen Ländern weithin verwendet und stellt einen bedeutenden Fortschritt in bezug auf Sicherheit, Einfachheit der Anwendung und Wirksamkeit dar. Er erinnert uns überdies daran, daß manchmal die konventionelle Genetik ebenso wirkungsvoll sein kann wie die Gentechnologie.

Im Fall der Cholera unternimmt man zur Zeit große Anstrengungen, auf biotechnologischem Wege einen verbesserten Impfstoff zu produzieren. Eine oral zu verabreichende Substanz, die auf abgetöteten Cholerabakterien beruht, wurde schon getestet und für wirksam befunden. Ein Nachteil besteht darin, daß mindestens drei Impfungen nötig sind – ein logistisches Problem, das in Entwicklungsländern nicht immer lösbar ist. Lebendimpfstoffe bieten hier einen Vorteil, da bei ihnen oft eine einzige Dosis genügt. Es gab daher mehrere Versuche, einen solchen Impfstoff auch gegen die Cholera zu entwickeln. Vor einiger Zeit hat man einen lebenden, abgeschwächten Cholerastamm, der den malerischen Namen „Texas Star" trägt, an gesunden Versuchspersonen ausprobiert. Die Impfung bot bei einem anschließenden Kontakt mit virulenten Cholerabakterien ausreichenden Schutz. Den „Texas Star"-Bakterien fehlt das Gen für einen Teil des Choleratoxins, und sie können daher keine Erkrankung verursachen. Der einzige Nachteil des Impfstoffes bestand darin, daß er bei 24 Prozent der Versuchspersonen eine milde bis mittelstarke vorübergehende Diarrhöe auslöste, was eine Massenanwendung natürlich zweifelhaft machte. In der Folgezeit entwickelten andere Forscher einen zweiten Cholerastamm, dem die Toxingene fehlen. Er scheint frei von Nebenwirkungen zu sein und wird zur Zeit weiter untersucht. In einem anderen Forschungsansatz versucht man, mit Hilfe der Gentechnologie Gene des Choleraerregers in harmlose Darmbakterien einzubauen. Eine Variante auf diesem Weg zu einem oralen Impfstoff zielt darauf ab, solche Gene in den Typhusstamm Ty21a einzuschleusen; damit hätte man sozusagen zwei Fliegen mit einer Klappe geschlagen – einen kombinierten Cholera-Typhus-Impfstoff! Dieses Konzept steckt allerdings erst im Anfangsstadium und muß noch bei Affen und Menschen getestet werden.

Listen, die erschöpfende Auskunft geben, sind oft auch ermüdend. Daher wollen wir davon Abstand nehmen, die vielen aufregenden Arbeiten auf anderen Gebieten zusammenzufassen. Die Feststellung, daß die vorangegangene Darstellung nur Beispiele gezeigt hat, mag genügen. Die Impfstofforschung macht an vielen Fronten Fortschritte: bei bakteriellen Infektionen wie Tuberkulose und Lepra, Protozoenkrankheiten wie Malaria, Geschlechtskrankheiten wie Syphilis und Gonorrhöe, Viruserkrankungen wie Dengue-Fieber, Grippe, viralen Diarrhöen und Hepatitis A sowie bei einer Vielzahl spezieller Komplikationen, die eher für die Industrienationen relevant sind – ein Beispiel ist die Entwicklung eines Impfstoffes gegen gramnegative Bakterien, die bei chirurgischen Wunden Infektionen verursachen. Wir sind dabei nicht einmal auf die zahlreichen Projekte eingegangen, in denen veterinärmedizinische Impfstoffe erforscht werden, die wirtschaftlich bedeutsame Tiere vor Krankheiten schützen sollen. Je größer die Möglichkeiten werden, Mikroben und Antigene auf gentechnologischem Wege zu manipulieren, desto schneller werden solche Anstrengungen Früchte tragen.

Ein Plan für die Zukunft

„Gesundheit für alle bis zum Jahr 2000“, das erklärte Ziel der Weltgesundheitsorganisation, wird man nicht allein mit den sechs heute üblichen Kinderimpfaktionen erreichen. Sie stellen zwar zweifellos eine solide Grundlage für ein globales Impfprogramm dar, aber weltweit sollte man gleichzeitig auch die Potentiale neuer Impfstoffe erwägen. Als Anregung könnte dienen, was zwei finanziell relativ bescheidene Initiativen – nämlich das WHO/UNDP/World Bank Special Programme for Research and Training in Tropical Diseases und das Rockefeller Foundation Great Neglected Diseases Program – bei der Erforschung von Parasitenimpfstoffen bewirkt haben. Aufgrund einer hervorragenden Planung, der gezielten Auswahl besonders erfolgversprechender Ansätze und fähiger Wissenschaftler sowie dem bewußten Bemühen, weltweit führende Forscher als aktive Unterstützer zu gewinnen, haben diese Initiativen eine Lawine ausgelöst, die praktisch nicht mehr aufzuhalten ist. Der anfängliche Finanzierungsrahmen ist mit zunehmendem Druck auf nationale und internationale Organisationen, sich an dem Kampf zu beteiligen, um ein Vielfaches gewachsen. Die Welt zeigt sich bereit, sich von einem solchen Anliegen aufrütteln zu lassen. Viele der neuen Impfstoffe haben schon allzu lange hinter den Kulissen gewartet – vornehmlich als Träume kleiner Wissenschaftlergruppen mit begrenzter finanzieller und moralischer Rückendeckung. Doch das Klima ändert sich: Man braucht nurmehr einen Kristallisationskeim in der übersättigten Lösung. Wir schließen dieses Kapitel mit einer Wiederholung seiner Anfangsworte – Impfstoffe sind die kosteneffizientesten Instrumente in der Geschichte des Gesundheitswesens. Es ist an der Zeit, daß die Welt in eben diesem Bewußtsein handelt.

8. Gene als Helfer in Landwirtschaft und Industrie

Die Auswirkungen der Gentechnologie auf die medizinische Forschung und Praxis haben nicht nur in den Medien, sondern auch innerhalb der wissenschaftlichen Gemeinschaft beträchtliche Aufmerksamkeit erfahren. Doch so groß die Herausforderungen im medizinischen Bereich auch sein mögen – nach Ansicht vieler Forscher könnten sie mit der Zeit von den Anwendungsmöglichkeiten genetisch veränderter Organismen auf allen Ebenen von Industrie und Landwirtschaft noch in den Schatten gestellt werden. Gene sind auf dem Weg, unsere allgegenwärtigen technischen Sklaven zu werden. Man darf geradezu die kühnsten Träume hegen: Alles von enorm gesteigerten Ernteerträgen bis hin zu sich selbst vermehrenden Biochips (als revolutionärem neuen Ansatz zur Herstellung integrierter Schaltkreise) ist bereits zum Gegenstand von Spekulationen geworden. Mit einigen dieser Themen werden wir uns im vorliegenden Kapitel befassen. Wir sollten dabei bedenken, daß trotz einer weltweiten Begeisterung für diese erstaunliche Technologie der Weg vom Labor zur Massenvermarktung dornig und verschlungen ist, besonders dort, wo gerechtfertigte Umwelt- und Sicherheitsbedenken ins Blickfeld treten.

Gentechnologie in der Landwirtschaft

Die genetische Veränderung von Feldfrüchten ist so alt wie die Zivilisation; sie bildet die Grundlage des Ackerbaus, seit dieser sich von Mesopotamien her ausbreitete. Jede gezielte Auswahl bestimmter Saatzusammensetzungen ist im Prinzip ein genetisches Experiment. Bis in unser Jahrhundert hinein bestimmte fast allein die Erfahrung der Anwender eine solche Auswahl. Seit dem Zweiten Weltkrieg jedoch hat sich auf diesem Gebiet die Pflanzengenetik zu einer wegweisenden Disziplin entwickelt, die regelmäßig Triumphe verkündet. Die „Grüne Revolution“, dank der die weltweite Nahrungsproduktion mit dem Bevölkerungswachstum Schritt halten konnte, beruht auf sorgfältig geplanter, institutionalisierter und sich ständig weiterentwickelnder Forschung. Die Consultative Group for International Agricultural Research – ein Konsortium, das von internationalen Hilfsorganisationen, Einrichtungen der Vereinten Nationen und privaten Stiftungen getragen wird – unterhält zum Beispiel eine Reihe von Forschungsinstituten, die sich ganz der Steigerung der Nahrungsproduktion widmen. Ihr Jahresbudget beträgt ungefähr 300 Millionen Mark. Bei Pflanzen können sich derartige Bemühungen in vielerlei Weise niederschlagen: Die neue Art oder Kulturform kann resistenter gegen Schädlinge sein, schneller wachsen, mehr Protein enthalten, ökonomischer im Anbau sein, weniger Wasser benötigen oder ähnliches. Kritiker der Agrargenetik bemängeln unter anderem, daß viele der neuen Getreidevarietäten eine intensivere Düngung erfordern, deren Kosten im letzten Jahrzehnt drastisch gestiegen sind.

Die Grüne Revolution beruht auf Methoden der konventionellen Genetik, das heißt auf Kreuzungsversuchen und der wiederholten Selektion gewünschter Eigenschaften. Hinzu kommt ein hochentwickeltes pflanzenphysiologisches Wissen – Kenntnisse über die Struktur und Funktion von Pflanzen –, das die Auswahlprinzipien mitbestimmt. Zusätzlich zu selektiven Kreuzungen hilft den Pflanzenzüchtern die kluge Nutzung von Mutationen. Diese zufälligen Fehler beim Kopieren der DNA bringen gelegentlich eine Pflanze hervor, die besser an eine bestimmte Umgebung angepaßt ist. Genau dies könnte jetzt die Gentechnologie schneller und besser vollbringen und somit die Züchtung zuvor unvorstellbarer Hybride oder mutierter Arten mit besonders wünschenswerten Eigenschaften erlauben.

Springende Gene: Werkzeuge der Zukunft für Gentechnologen?

In Kapitel 3 haben wir gesehen, daß die genetische Manipulation von Bakterien meist mit Hilfe bestimmter Vehikel erfolgt, sogenannter Vektoren, welche die Fähigkeit besitzen, DNA-Stücke in Zellen hinein und wieder heraus zu schaffen („Genfähren"). Nun hatte die amerikanische Pflanzengenetikerin Barbara McClintock schon lange vor dem Aufstieg der Gentechnologie entdeckt, daß es in Pflanzen bewegliche (mobile) genetische Elemente, „springende Gene", gibt (siehe Kapitel 6). Ihre Arbeit wurde seinerzeit zwar respektiert, aber wenig beachtet, bis man später auch bei der Taufliege *Drosophila* derartige Elemente fand, die man hier als Transposons bezeichnete. Bei diesem Insekt haben die Gentechnologen inzwischen Methoden erarbeitet, um die Genbeweglichkeit zum Transport und Einbau neuer Erbinformation zu nutzen. So ist zum Beispiel ein etwa 3000 Nucleotidpaare langes springendes Gen, das sogenannte P-Element, erfolgreich als Vektor eingesetzt worden. Man hofft, daß mobile genetische Elemente auch im Pflanzenreich weit verbreitet sind und sich als nützliche DNA-Vehikel in ökonomisch wichtigen Nutzpflanzen einsetzen lassen. Beim Mais wächst derweil unser Wissen über springende Gene und deren Kontrollmechanismen zusehends. Das Problem ist, daß wir insgesamt über die genetische Struktur und Organisation von Getreidepflanzen weitaus weniger wissen als über die der einfacheren Bakterien und Viren.

Eine der Forschergruppen, die bei der Genmanipulation von Pflanzen rasche Fortschritte machen, ist die von W. J. Peacock an der australischen Commonwealth Scientific and Industrial Research Organization (CSIRO). Peacock arbeitet vorwiegend mit Mais, kümmert sich aber inzwischen auch verstärkt um noch wichtigere Kulturpflanzen wie Weizen und Baumwolle. Seine gesamte Forschung zielt langfristig darauf ab, springende Gene als eine neue und schnelle Methode einzusetzen, um wünschenswerte Eigenschaften zu übertragen – etwa eine Resistenz gegen bestimmte Schädlinge oder die Fähigkeit, Dürreperioden zu überstehen. Einige faszinierende Entdeckungen zu der Frage, wie und warum Gene springen, sind bereits gelungen. Peacock verhehlt allerdings nicht, daß praktische Resultate seiner Ansicht nach allerfrühestens in fünf Jahren zu erwarten sind und daß noch eine beträchtliche Forschungs- und Entwicklungsarbeit bevorsteht. Trotzdem sind die Fortschritte bei der Enträtselung potentieller Vektorsysteme für Nutzpflanzen sehr ermutigend. Die wachsende Fähigkeit der Wissenschaftler, einzelne Gene und damit einzelne Proteine zu identifizieren, die für pflanzliche Eigenschaften wie Widerstandskraft gegenüber Krankheiten verantwortlich sind, katapultiert die landwirtschaftliche Forschung in eine völlig neue Ära.

Einige Pflanzen haben für den Gentechnologen im Vergleich mit Tieren einen außergewöhnlichen Vorteil. Die sogenannten Zweikeimblättrigen (Dicotyledonen) können nämlich aus einer einzelnen, isolierten Zelle heranwachsen. Der Wissenschaftler braucht also im Prinzip nur das gewünschte Gen in diese eine Zelle einzuschleusen, um eine genetisch veränderte Pflanze heranzuzüchten. Diese Vorgehensweise wurde allerdings erst durch technische Verbesserungen bei der Gewebekultur von Pflanzen möglich. Unglücklicherweise gehören die meisten wirtschaftlich bedeutsamen Pflanzen zu den Monocotyledonen (den Einkeimblättrigen), die nicht so ohne weiteres aus einer einzelnen Zelle heranwachsen. Sie lassen sich aber aus einem kleinen Pflanzenembryo von etwa 50 Zellen hochziehen, der als Zielobjekt für eine

Genmanipulation verwendet werden kann. So hat man es in den letzten Jahren geschafft, auch in diese Pflanzen Gene einzuschleusen – entsprechende Erfolgsmeldungen gibt es etwa von Mais, Reis und Tomaten. Was ist mit dem Einbau neuer Gene in Pflanzen überhaupt erreichbar? Wir werden in den nächsten Absätzen einige spektakuläre Möglichkeiten aufführen.

Gentechnologie und Stickstoffixierung

Proteine – die vom Ernährungsstandpunkt aus wichtigsten Bestandteile der Nahrung – bestehen hauptsächlich aus Kohlenstoff, Wasserstoff, Sauerstoff und Stickstoff. Die Verfügbarkeit von Stickstoff im Boden ist ein wichtiger limitierender (begrenzender) Faktor für die Produktivität von Ackerflächen. Heutzutage werden in großem Umfang chemische Dünger ausgebracht, die dieses Nährelement etwa in Form von Nitrat oder Ammoniak enthalten. Weshalb gibt es überhaupt einen solchen Versorgungsengpaß, wo doch Stickstoff in der Luft, die wir atmen, in beträchtlicher Menge vorhanden ist? Um für Pflanzen und Tiere verwertbar zu sein, muß das Element in einer Form vorliegen, die von Zellen leicht aufgenommen und in Proteine eingebaut werden kann. Die lebensnotwendige Überführung von atmosphärischem, gasförmigem Stickstoff in potentielle organische Bausteine bezeichnet man als biologische Stickstoffixierung. Nur bestimmte niedere Organismen, nämlich Blaualgen (Cyanobakterien) und einige andere Bakteriengruppen, beherrschen den ungewöhnlichen Kunstgriff, elementaren Stickstoff in Ammoniumionen umzuwandeln. Allerdings haben gewisse grüne Pflanzen etwas ebenso Schlaues erreicht: Sie sind eine Art Symbiosevertrag mit stickstoffixierenden Bakterien eingegangen, die sich der Pflanze regelrecht als kleine Fabriken für Ammoniakdünger zur Verfügung stellen. Hülsenfrüchtler (Leguminosen) wie Sojabohnen, Klee oder Luzerne verwenden diese Methode. Untersuchen Sie bei Gelegenheit einmal die Wurzeln einer solchen Pflanze: Sie werden dort kleine, runde Knöllchen entdecken – das Zuhause der stickstoffixierenden Bakterien und die Produktionszentren des pflanzeneigenen Düngervorrats. Wichtigen Getreidesorten wie Weizen und Mais fehlen leider solche Fabriken.

Die bakterielle Herstellung stickstoffhaltiger Düngestoffe unterliegt der Kontrolle durch einen Satz von Genen, die mit dem Kürzel *nif* (nach dem englischen *nitrogen fixation*) bezeichnet werden. Zahlreiche Forschungen zielen auf ein besseres Verständnis und eine eventuelle

Nutzung dieser Gene ab. Man hofft, zum einen die Effizienz der bereits vorhandenen Stickstoffixierungsmechanismen zu erhöhen und zum anderen Wege zu entwickeln, die es Pflanzen wie Weizen erlauben, selbst Stickstoff zu fixieren. Es ist schon gelungen, Stämme von *Klebsiella*-Bakterien mit einer Mutation zu züchten, die sie veranlaßt, selbst dann noch Ammoniumionen zu produzieren, wenn deren Konzentration in der Umgebung bereits sehr hoch ist. Bei dem mutierten Stamm ist also der normale Rückkoppelungsmechanismus ausgeschaltet. Versuche mit diesen Organismen haben gezeigt, daß die biologische Stickstoffixierung extrem viel Energie verbraucht. Man sucht zur Zeit nach Arten, die Sonnenenergie besonders effektiv zur Düngerherstellung einsetzen. In einem neuartigen Forschungsprojekt bemüht man sich, eine altbekannte Symbiose dreier Organismen zu optimieren. Blaualgen helfen dem winzigen Wasserfarn *Azolla*, der in Reisfeldern wächst, Luftstickstoff zu binden. Wenn die *Azolla*-Individuen zerfallen, wird der fixierte Stickstoff für die Reispflanzen verfügbar. Mit Hilfe der Gentechnologie versucht man nun, das *Azolla*-Algen-System anzuregen, größere Mengen gebundenen Stickstoffs abzugeben, um somit letztendlich den Reisertrag zu erhöhen.

Superpflanzen, die unter allen Bedingungen gedeihen

Es gibt noch andere Eigenschaften, die für Pflanzen der nächsten Generation erstrebenswert sein könnten. In vielen Ländern sind Bodenerosion und der Verlust von Ackerland ein bedeutendes Problem. In den Vereinigten Staaten und Australien zum Beispiel verwandeln sich wichtige Landwirtschaftsgebiete durch die zunehmende Bodenversalzung in Salzwüsten. Pflanzen unterscheiden sich stark in ihrer Fähigkeit, erhöhte Salzkonzentrationen zu tolerieren. Während etwa Tange und an der Meeresküste wachsende Pflanzen naturgemäß eine hohe Widerstandsfähigkeit besitzen, sind Weizen und Zitrusfrüchte sehr empfindlich. Die Salztoleranz wird genetisch kontrolliert, und man arbeitet zur Zeit daran, die verantwortlichen Gene zu identifizieren, um sie schließlich in wichtige Feldpflanzen einbauen zu können.

Ein anderes bedeutendes Problem im Agrarbereich ist die Beeinträchtigung oder Vernichtung von Pflanzen durch Schadinsekten. Die weitverbreitete Anwendung von Insektiziden stellt ein zwar viel kritisiertes, häufig jedoch unumgängliches Mittel dar, die Raubzüge solcher Insekten zu verhindern. Es gibt aber noch weitere Möglichkeiten. Pflanzen, die sich im Laufe der Evolution an eine insektenreiche Umwelt angepaßt haben, besitzen ihre eigenen Mittel zur Insektenbekämpfung. Und so erstaunlich es vielleicht erscheinen mag – manche der von Pflanzen hergestellten Substanzen vermögen Insekten zu töten, sind jedoch für den Menschen völlig ungefährlich. Eines der Proteine mit Insektizideigenschaften ist der Trypsininhibitor. Dieses Protein hemmt, wie der Name sagt, die Wirkung des Verdauungsenzyms Trypsin, das viele pflanzenfressende Insekten produzieren und ausscheiden. Das Insektentrypsin greift die Pflanzenzellen an und zerlegt manche ihrer Bestandteile in Bausteine, die das Insekt aufnehmen kann. Diese zerstörerische Aktivität hinterläßt Löcher in den Blättern oder Stengeln der Pflanzen. Der Trypsininhibitor verhindert solche Abbauprozesse, und das seiner Nahrung beraubte Insekt verhungert schließlich. Wissenschaftler haben das Trypsininhibitor-Gen von Kuhbohnen bereits erfolgreich in Tabakpflanzen eingesetzt. Als man anschließend bestimmte Tabakschädlinge wie Heerwürmer auf diese *transgenen* Pflanzen setzte, wuchsen die Insekten nicht und starben schließlich. Im menschlichen Verdauungstrakt wird der Trypsininhibitor einfach abgebaut; er ist daher für den Menschen ungefährlich. Man weiß, daß etliche bedeutende Pflanzenschädlinge – darunter die Larven von Eulenfalter und Baumwollkapselkäfer – gegen den Trypsininhibitor empfindlich sind. Der Einbau des entsprechenden Gens in Pflanzen wie Reis, Mais und Baumwolle könnte die Erträge dieser wirtschaftlich so wichtigen Kulturpflanzen deutlich steigern.

So gescheit solche Konzepte auch sind – noch kann man nicht vorhersagen, welche der Manipulationen tatsächlich verbesserte Feldfrüchte hervorbringen werden. Eine intelligente Agrarforschungspolitik sollte deshalb der Grundlagenforschung in den nächsten Jahren viel Spielraum lassen, damit zunächst die allgemeine Struktur und Organisation von Pflanzengenen untersucht werden kann. Wie in allen Bereichen von Forschung und Entwicklung wird ein detailliertes Basiswissen von selbst neue Vorgehensweisen für die Praxis nahelegen. Wir wünschten bloß, daß auch unsere Politiker diese wichtige Einsicht beherzigten!

Die kommerziellen Möglichkeiten der Genmanipulation von Pflanzen

Obwohl die Gentechnologie bei Pflanzen noch in den Anfängen steckt, scheint die Ansicht weit verbreitet, sie könne – gemeinsam mit neuen Gewebekulturtechniken – einen Quantensprung in der Nahrungs- und

Faserproduktion herbeiführen. Das amerikanische Beratungsunternehmen L. William Teweles and Co. aus Milwaukee hat kürzlich einen Bericht vorgelegt, in dem den neuen Methoden zur Erzeugung verbesserter Getreidesorten ein Geldwert zugeordnet wird. Der Studie zufolge dürfte sich der Zeitrahmen für die Selektion und das Testen einer neuen kommerziellen Pflanzensorte – heutzutage dauert dies sechs bis zwölf Jahre – in Zukunft dramatisch verkürzen. Außerdem könnte das Verkaufsvolumen von Saatgut in den Vereinigten Staaten, das derzeit bei acht Millionen Dollar pro Jahr liegt, bis zum Jahr 2000 auf fast sieben Milliarden Dollar ansteigen, weil bis dahin wahrscheinlich fast alle wichtigen Getreide, Gemüse und Ölsaaten in gentechnologisch optimierter Form vorliegen und zum Einsatz kommen werden. Solche Spekulationen ließen sich leicht als unangebrachter Optimismus abtun, wäre da nicht die Tatsache, daß einige sehr große und erfolgreiche multinationale Konzerne in das Saatgeschäft eingestiegen sind, das bislang eher eine Sache kleiner Familienunternehmen war.

Umweltschützer und andere Gruppen haben in den letzten Jahren schwere Vorbehalte dagegen angemeldet, daß genetisch veränderte Pflanzen das Labor oder Gewächshaus verlassen und auf das freie Feld gebracht werden. Diese Bedenken und die potentiellen Risiken werden die kommerzielle Entwicklung sicherlich einschränken. Vermutlich muß man Richtlinien erarbeiten, mit denen jede neue Feldfruchtkategorie von Fall zu Fall bewertet wird.

Genmanipulation bei Tieren

Genau wie die Züchtung und Auslese von Pflanzen betreibt der Mensch auch die Zucht von Tieren schon seit prähistorischen Zeiten. Während der letzten Jahrhunderte ist diese Einflußnahme systematischer geworden, indem man besonders leistungs- oder widerstandsfähige, oftmals preisgekrönte Tiere untereinander kreuzte, um den Stammbaum zu verbessern. Die Grenzen solch einer Vorgehensweise liegen, wie bei der Pflanzenzüchtung, seit jeher darin, daß auch sie letztlich dem Zufall unterworfen ist. Vielleicht strebte man nur eine schnellere Gewichtszunahme an, bekam jedoch gleichzeitig eine unerwünschte Eigenschaft mitgeliefert, etwa eine übermäßige Fettablagerung. Außerdem gibt es bei Kreuzungsversuchen Artgrenzen, die man nicht überschreiten kann. Gene jedoch lassen sich wie bei Pflanzen nach Wunsch zusammenfügen und in Schweine, Schafe oder Rinder einfügen. Solche Tiere nennt man *transgen*.

Es gibt mehrere Möglichkeiten, transgene Tiere zu erzeugen, und eine Methode werden wir im folgenden beschreiben. Man bringt zunächst eine befruchtete Eizelle auf den Objektträger eines Mikroskops. (Die Befruchtung findet gewöhnlich im Reagenzglas durch Zusammengeben von Eizellen und Spermien statt.) Mit Hilfe einer speziellen Führungsvorrichtung sticht man unter dem Mikroskop eine sehr dünne Injektionskanüle in das Ei ein und injiziert Hunderte von Kopien des betreffenden Gens. Nur etwa ein Prozent der Eizellen überlebt diese Behandlung. Sie beginnen, sich zu teilen und zu vermehren, und geben damit das „Transgen" letztlich an jede Zelle des Tieres weiter – einschließlich der Fortpflanzungszellen, so daß das neue Gen auch an kommende Generationen vererbt wird. Genau wie bei der Gentherapie, die wir in Kapitel 6 besprochen haben, besteht ein wichtiges Problem darin, daß das jeweilige Gen zwar oftmals erfolgreich in die Zelle eingeschleust wird, aber dort nicht funktioniert. Wie in Kapitel 2 erwähnt, kontrollieren gewöhnlich regulatorische Sequenzen in der Nachbarschaft eines Gens dessen Expression. Man muß diese Sequenzen sorgfältig so auswählen, daß das Gen sinnvoll aktiviert werden kann – zur richtigen Zeit und nur in den richtigen Geweben.

Die ersten transgenen Tiere der Welt wurden von Ralph Brinster und Richard Palmiter in den Vereinigten Staaten erzeugt. Die Forscher koppelten das Gen für das normalerweise im Gehirn (in der Hirnanhangsdrüse) hergestellte Wachstumshormon an eine regulatorische DNA-Sequenz, die ein in der Leber aktives Gen für ein schwermetallbindendes Protein kontrolliert. Indem sie auf solche Weise genmanipulierte Mäuse mit Zink fütterten, schalteten sie das verpflanzte (Wachstumshormon-)Gen in der Leber an und erhielten schließlich Tiere, die doppelt so groß waren wie normale Mäuse. Anwendungsperspektiven wie die Steigerung der Fleischausbeute bei Masttieren liegen auf der Hand. Schon hat man transgene Schweine konstruiert, die das Gen für das menschliche Wachstumshormon tragen. Unglücklicherweise zeigen diese Schweine – die nicht einmal schneller wachsen – etliche krankhafte Veränderungen wie Arthritis und verminderte Fruchtbarkeit. Man arbeitet derzeit daran, die übertragenen Genelemente neu zu gestalten, um solche Probleme zu vermeiden.

Einen interessanten Ansatz verfolgen einige Wissenschaftler in England. Sie beschäftigen sich mit der Möglichkeit, für den Menschen wichtige, therapeutisch nutzbare Substanzen wie den Faktor VIII, den man zur Behandlung von Blutern verwendet, in der Milch transgener Tiere zu produzieren. Wie wir in Kapitel 4 erwähnt haben, ist es besser, solche Stoffe in Säugetierzellen herzustellen, damit die zugehörigen Zuckermoleküle korrekt angefügt werden. Die Forscher koppelten das Gen für das Blutgerinnungsprotein an eine regulatorische Sequenz, die normalerweise die Milchproduktion kontrolliert. Solch ein Genkonstrukt wird also nur aktiviert, wenn das Tier Milch produziert. Da das Protein in die Milch abgegeben wird, kann man es durch einfaches Melken auffangen und anschließend durch Abtrennung der anderen Milchbestandteile reinigen. Derartige Tiere gibt es inzwischen, und obwohl die Ausbeute des gewünschten Proteins noch niedrig ist, hat doch die Methode prinzipiell funktioniert. Kevin Ward und seine Kollegen von der CSIRO beschäftigen sich mit Möglichkeiten, die Wollproduktion bei Schafen zu erhöhen. Oft schränkt bei diesen Tieren ein Mangel der Aminosäure Cystein die Menge der gebildeten Wolle ein. Sie können diese Aminosäure nicht selbst synthetisieren, sondern müssen sie mit der Nahrung aufnehmen. Andere Organismen wie etwa Bakterien sind dagegen in der Lage, Cystein mit Hilfe bestimmter Enzyme aus einer anderen, im Körper verfügbaren Aminosäure herzustellen. Die Gene, die diese cysteinerzeugenden Proteine codieren, hat man mittlerweile kloniert, und sie werden zur Zeit in Schafe übertragen.

Als ob Zuchtvieh ihnen nicht genügte, haben die Molekularbiologen ihre Aufmerksamkeit inzwischen auch den Fischen zugewandt. Diese Tiere besitzen einige Eigenschaften, welche die Arbeit mit ihnen sehr vereinfachen: Die Befruchtung der Eizellen erfolgt außerhalb des Körpers, und die Gewinnung großer Mengen von Ei- und Samenzellen ist leicht. Die Eizellen sind außerdem recht groß, so daß man sie einfach manipulieren kann (etwa durch Mikroinjektion von DNA); die Behandlung nach der Befruchtung ist ebenfalls unproblematisch, da die gesamte Entwicklung im Wasser, außerhalb des Körpers des Fisches, stattfindet. Natürlich bleiben die üblichen Probleme, das jeweilige Gen erfolgreich in den Zellkern einzuschleusen und es zur angemessenen Zeit in der richtigen Menge zur Expression zu bringen, bestehen. Fremde Gene sind bereits mit Erfolg in Regenbogenforellen, Goldfische und verschiedene Karpfenarten verpflanzt worden. Zu den naheliegenden Anwendungen gehört die Einführung von Genen, welche die Fische schneller wachsen und größer werden lassen, widerstandsfähiger gegenüber Krankheiten machen oder sie befähigen, neue Futterarten wie etwa landwirtschaftliche Abfallprodukte zu nutzen. Solche transgenen Fische könnten für die Ernährung der Menschheit von immensem Nutzen sein. Wahrscheinlich würde man diese Tiere allerdings in speziellen Fischfarmen halten und nicht in natürliche Ökosysteme entlassen.

Gentechnologie und die Herstellung natürlich vorkommender mikrobieller Produkte

Wenn man über Anwendungsperspektiven der Gentechnologie spricht, vergißt man leicht, daß Mikroorganismen bereits seit geraumer Zeit eine Fülle von Produkten erzeugen, die für die Industrie von großem Wert sind. Da wir gerade über die Landwirtschaft gesprochen haben, sei hier an einige Anwendungen in der Nahrungsmittelindustrie erinnert. Vitamine wie Vitamin C, Vitamin D, Vitamin E und Nicotinsäure (Niacin) werden allesamt auf klassischem biotechnologischen Wege hergestellt; obschon die Menschen ihren Vitaminverbrauch wahrscheinlich nicht sonderlich steigern werden, könnten diese Substanzen in der Viehhaltung eine weitaus größere Rolle übernehmen, wenn sie entsprechend billig wären. Auch Aminosäuren sind wirtschaftlich bedeutsam – ihr Umsatzvolumen liegt bei über drei Milliarden Mark pro Jahr –, da sie weithin als Nahrungszusätze und Geschmacksstoffe Anwendung finden. Japan nimmt in diesem Industriezweig eine herausragende Stellung ein und verfügt über fortgeschrittene biotechnologische Forschungsmöglichkeiten auf dem Gebiet. Trotzdem sind die Verfahren für die Herstellung essentieller Aminosäuren in großem Maßstab immer noch zu kostspielig, als daß man diese Substanzen routinemäßig dem Viehfutter zusetzen könnte. Gegenwärtig liegen die jährlichen Umsätze für zwei von ihnen, Lysin und Methionin, bei etwa 800 Millionen Mark. Wie eine Untersuchung von Trends des letzten Jahrzehnts eindeutig gezeigt hat, könnte das Verkaufsvolumen beträchtlich zunehmen, wenn die Kosten pro Einheit sänken. Enzyme sind ebenfalls von großer Bedeutung in der Nahrungsmittelindustrie, denn sie werden in buchstäblich Dutzenden von Verfahren eingesetzt, von der Käseherstellung bis zum Zartmachen von Fleisch.

Diese drei natürlichen bakteriellen Produkte – Vitamine, Aminosäuren und Enzyme – stehen stellvertretend für viele andere, deren Herstellung man durch eine überlegte genetische Veränderung der jeweiligen Organismen schrittweise schneller, effizienter und schließlich billiger machen könnte. Auch hier sagen Industrieexperten voraus, daß sich das Bild innerhalb der nächsten fünf bis zehn Jahre völlig wandeln wird. Man könnte an dieser Stelle einwerfen, daß auch die konventionelle Genetik für solche Zwecke nutzbar wäre, aber irgendwie haben die Möglichkeiten und die Attraktivität der neuen Technologie völlig neue Kräfte zur Entfaltung gebracht. So gibt es überall auf der Welt ein enormes Interesse an industrieller Mikrobiologie, das sich heutzutage keineswegs mehr auf wissenschaftliche

Kreise beschränkt und das unweigerlich auch die Produktionstechnologie beeinflussen wird – in welchem Umfang, ist allerdings schwer vorhersagbar.

Gentechnologie für die Massenproduktion von Industrierohstoffen

Pharmazeutische und biologische Wirkstoffe, die in der Medizin von Nutzen sind, stellen hochwertige Spezialprodukte dar, die in relativ kleinen Mengen erzeugt werden. Aminosäuren und Enzyme sind Erzeugnisse von mittlerem Produktionsvolumen und mittlerem Wert. Daneben gibt es einige Substanzen, die in erheblichen Mengen benötigt werden, aber nur einen geringen Wert pro Mengeneinheit haben und die als Objekte fortgeschrittener Gentechnologie beträchtliche Aufmerksamkeit erfahren haben. Die interessanteste ist vielleicht der Alkohol.

Gewöhnlicher Alkohol (Ethylalkohol oder Ethanol) bietet große Möglichkeiten als Treibstoff. Ein Gemisch mit Benzin im Verhältnis 1:10 wird von normalen Automotoren problemlos vertragen. Schon geringfügige Veränderungen am Motor würden sogar einen erheblich höheren Ethanolanteil erlauben. Darüber hinaus verbraucht die Welt jedes Jahr mehrere Milliarden Liter Industriealkohol als Lösungsmittel und für viele andere Zwecke. Diesen Alkohol gewinnt man durch Gärung und anschließende Destillation. Derzeit werden vor allem drei Ansätze zur Kostenreduzierung intensiv erforscht. Zum einen versucht man, leistungsfähigere Organismen für die Gärung zu entwickeln. Stellen Sie sich das Potential eines Hefestammes vor, der den Alkoholgehalt einer vergorenen Flüssigkeit von bislang maximal 13 bis 14 Prozent auf 20 Prozent oder mehr erhöhen könnte. Das allein wäre spannend genug; aber wie erfreulich wäre es erst, wenn die Hefe die verschiedenen chemischen Reaktionen nicht nur bei Raum- oder Körpertemperatur, sondern beispielsweise bei 60 Grad Celsius durchführen könnte. Ziele dieser Art haben sich die Gentechnologen gesetzt. Der zweite Ansatz besteht in der Suche nach billigerem Rohmaterial für die Gärung; in Frage kommen hier Holzabfälle, Getreiderückstände wie zum Beispiel Weizenstroh oder Abfälle der Zuckerrohrverarbeitung. Wieder wären neuartige Organismen erforderlich, die zu komplexen und ungewöhnlichen biologischen Umsetzungen fähig sind. Drittens schließlich gilt es, Ideen für billigere Destillationsverfahren zu entwickeln.

Natürlich gibt es in der Gleichung zu viele Unbekannte, als daß irgend jemand verläßliche ökonomische Voraussagen machen könnte. Häufig zu hören ist die Annahme, daß Ethanol oder Methanol bei einem Anstieg des Ölpreises auf 50 Dollar pro Barrel zu einer wirtschaftlich nutzbaren alternativen Treibstoffquelle werden könnten. Bei solchen Ölpreisen gewännen allerdings auch Ölschiefer und Kohleverflüssigung an Attraktivität – überdies erscheint es unter den bestehenden Verhältnissen unwahrscheinlich, daß sich Rohöl überhaupt derart verteuert. Aber größere Krisen oder Umwälzungen im Nahen Osten – wie auch bedeutsame neue Forschungsentdeckungen in der Biotechnologie – könnten die Situation grundlegend ändern.

Die Liste von Produkten dieser allgemeinen Kategorie ließe sich beliebig verlängern. Ethylenglykol und Ethylenoxid haben zusammen ein Marktvolumen von fast 20 Milliarden Mark pro Jahr. Gegenwärtig stellt man sie noch chemisch her. Eine Erzeugung durch Gärung wäre jedoch denkbar; das gleiche gilt für Propylen. Aus Abfällen gewonnenes Methangas ließe sich als Energiequelle nutzen, und natürlich könnte sich umgekehrt die Abfallvergärung als großer Segen für die Müllentsorgung erweisen. Zahlreiche Biotechnologiefirmen sind bereits auf dem Gebiet der Abfallbeseitigung aktiv. Als eine weitere Energiequelle ist Wasserstoff im Gespräch, den man durch den Einsatz geeigneter Mikroorganismen aus industriellen Rückständen erschließen könnte.

So attraktiv die oben genannten Beispiele vom Forschungsstandpunkt aus auch erscheinen mögen – in der Praxis sind die meisten von ihnen von einer Vermarktung noch weit entfernt. Wir werden in den kommenden Jahren mit Sicherheit keine überwältigende Lawine neuer Verfahrenstechnologien erleben, sondern eher ein schrittweises Einsikkern der neuartigen Denkweisen in den industriellen Bereich. Einige der glänzenden Belohnungen, die dabei in Zukunft winken, rechtfertigen zweifellos eine Fortführung der Forschung.

Gentechnologie und die Bergbauindustrie

Es ist verblüffend, wie sich in den letzten Jahrzehnten die Ansichten über den Bergbau und den Abbau von Bodenschätzen allgemein verändert haben. Vor 20 Jahren galt dieser Industriezweig in vielen Exportländern noch als die Wachstumsbranche schlechthin, als willkommener Passierschein zu steigendem Wohlstand. Dann nahmen auf einmal Umwelterwägungen breiten Raum ein – nicht zuletzt aufgrund der

Erkenntnis, daß die Vorräte der Erde begrenzt sind, wie es sich in Veröffentlichungen wie *Die Grenzen des Wachstums* des Club of Rome widerspiegelte. Technische Weiterentwicklungen bei der Lagerstättenerkundung und Fortschritte in Geophysik und Geochemie führten schnell zur nächsten Phase, nämlich der Entdeckung riesiger neuer Erzlager von häufig geringer Qualität, aber dafür ungeheurer Ausdehnung. Dies wiederum weckte ein Interesse an kosteneffizienten Gewinnungsmethoden, wobei sowohl offensichtliche Fragen der Größenordnung als auch bedeutende Verbesserungen der Technologie ein Rolle spielten. Bei den meisten Bodenschätzen scheinen die Vorräte wohl doch noch für lange Zeit auszureichen, besonders wenn ihre Erschließung zunehmend effizienter wird.

Verbesserte Gewinnungsmethoden sind nicht nur für neuentdeckte Erzlagerstätten, sondern auch für bereits existierende und sogar aufgegebene Bergwerke von Bedeutung. Im konventionellen Bergbau analysiert man durch Sprengung gewonnene Gesteinsproben auf ihren Erz- oder Metallgehalt. Technische und wirtschaftliche Erwägungen bestimmen, bei welchem Metallanteil eine Weiterverarbeitung noch gerechtfertigt ist. Fällt für eine bestimmte Abbauzone das Ergebnis unter diesen berechneten Grenzwert, so behandelt man die entsprechende Gesteinspartie als Abraum. Hieran könnte sich noch ein Konzentrationsschritt anschließen, bei dem man das fein zerkleinerte Gestein in metallreiche und metallarme Stücke sortiert. Abraum wie Rückstände enthalten aber auch dann noch deutlich mehr Metall als eine beliebige Gesteinsprobe.

Sowohl bei Lagerstätten von geringer Qualität als auch bei den Abfällen stellt sich die Frage, ob man die eingeschlossenen Erze nicht doch auf eine ökonomisch sinnvolle Weise gewinnen könnte. Hier sehen manche eine glänzende Zukunft für genetisch veränderte Mikroorganismen. Bakterien können zum Teil unter den erstaunlichsten Bedingungen wachsen und gedeihen. Der Aphorismus „Die Natur verabscheut das Vakuum" gilt für die Biologie genauso wie für die Physik. In Umgebungen, die den allermeisten Lebensformen als unwirtlich erscheinen, findet man häufig Organismen mit seltsamen Eigenschaften – Ergebnisse des langen Darwinschen Existenzkampfes. So gibt es Mikroorganismen, die metallhaltige Erze geradezu lieben und das Metall im Rahmen ihrer normalen Stoffwechselprozesse auch noch aus dem Gestein laugen, in dem es eingeschlossen ist. Die biotechnologische Uran- und Kupfergewinnung durch den Einsatz von Bakterien ist bereits Wirklichkeit. Oft überführen die Mikroorganismen das Metall dabei sogar in eine lösliche Form. Unlösliche Metallsulfide werden zum Beispiel in Sulfate umgewandelt. Prinzipiell könnte man diese Verfahren bei Lagerstätten von geringer Qualität und bei Bergbaurückständen gleichermaßen anwenden.

Einige der bakteriellen Reaktionen zur Metallfreisetzung sind auf eine externe Energiequelle angewiesen. Hier denkt man über die Möglichkeit nach, zwei Mikroorganismen zusammenarbeiten zu lassen – einen, der durch den Prozeß der Photosynthese Sonnenenergie einfängt, und einen, der über die enzymatische Maschinerie für die Biolaugung verfügt.

Vorausgesetzt, wir wenden genügend Zeit und Energie auf, um die chemischen und biologischen Grundlagen dieser Vorgänge zu untersuchen, werden die Gentechnologen wahrscheinlich Organismen nach Maß anfertigen können, die solche ungewöhnlichen Aufgaben besser erfüllen als die in der Natur vorkommenden Bakterien. Tatsächlich sieht die neuere Forschung an Bakterien, die Nickel aus Lateriterzen laugen, sehr vielversprechend aus. Mehrere Überlegungen deuten allerdings darauf hin, daß eine praktische Anwendung erst in der weiteren Zukunft liegt. Die meisten Metalle sind zur Zeit im Überfluß verfügbar und lassen sich mit Hilfe der heutigen Techniken kostengünstig gewinnen. Zudem gilt es, sich mit gerechtfertigten Umweltschutzbedenken gegen die Freisetzung von Mikroorganismen in großem Maßstab auseinanderzusetzen; die Entwicklung wird wahrscheinlich phasenweise erfolgen müssen. Die Bergbauindustrie als ganzes ist ohnehin eher auf physikalische und chemische Verfahren eingestimmt als auf Biotechnologie. Keiner dieser Gründe sollte jedoch die fortgesetzte langfristige Forschung hemmen.

Helfer für jeden Bedarf?

Einige aktuelle Forschungsgebiete haben wir in diesem Kapitel kaum berücksichtigt. So sind im Bereich der Nahrungsmittelverarbeitung viele Fortschritte gemacht worden, zum Beispiel bei der Käseherstellung, im Brauereiwesen, bei der Backwarenproduktion sowie in der Weinindustrie. Hier und auf dem verwandten Feld der Duft- und Geschmacksstoffe wird die Biotechnologie bereits intensiv genutzt, auch wenn die Verfahren zweifellos noch verbesserungsfähig sind. Die chemische Industrie hat als Hauptverschmutzer großer Flüsse erhebliche Probleme. Die „Biodegradation" (die gezielte Nutzung mikrobieller Abbauprozesse) könnte giftige Substanzen schon vor der Einleitung aus dem Abwasser entfernen; sie sollte sich auch in anderen Bereichen der Müllbeseitigung als hilfreich erweisen. Die chemische Industrie ist darüber hinaus immer auf der Suche nach effizienteren Methoden für ihre chemischen Umwandlungen; in diesem Zusammenhang kommen spezielle Enzyme als wirkungsvolle Katalysatoren in Betracht. Die petrochemische Industrie interessiert sich für Organismen, die mit Ölverschmutzungen fertig werden oder bei der Ölwiedergewinnung helfen können. Die biologische Kontrolle von Landwirtschaftsschädlingen ist ein riesiges Arbeitsfeld, auf dem bereits enorme Fortschritte erzielt worden sind. Die Angebotsliste wächst monatlich, nicht aufgrund eher trivialer oder abwegiger Ergänzungen, sondern durch das Vordringen von neuen Ideen und Konzepten in alle nur denkbaren Bereiche. Nach einer Prognose von Leslie Glick von der Genex Corporation wird das Gesamtumsatzvolumen von gentechnologisch hergestellten Produkten zur Jahrtausendwende bei jährlich 40 Milliarden Dollar liegen, wobei 60 Prozent dieser Summe auf den petrochemischen Sektor entfallen. Und das Jahr 2000 ist nun wahrhaftig nicht mehr weit weg!

Kritiker der Gentechnologie äußern oft die Furcht, daß die Freisetzung transgener Pflanzen und Tiere eine Umweltkatastrophe verursachen könnte. Vielleicht sollten wir dieses Kapitel beschließen, indem wir das Potential der Gentechnologie für die Wiederherstellung stark geschädigter Umweltgebiete betrachten. Einer der beunruhigendsten Aspekte der Großindustrie ist die Erzeugung beträchtlicher Mengen giftiger Abfallprodukte. In der Kunststoffindustrie kommen beispielsweise bestimmte Chemikalien zum Einsatz, die es den Grundbausteinen (Monomeren) erlauben, sich zu den verschiedenartigen Polymeren zu verbinden. Diese Substanzen sind synthetisch, kommen also in der Natur nicht vor, und bestehen aus ungewöhnlichen Atomkombinationen. Polychlorierte Biphenyle (PCBs) etwa setzen sich aus Ringen von Kohlenstoffatomen zusammen, an denen Chloratome angebracht sind. Diese Art der Verknüpfung ist in lebenden Organismen sehr unüblich, und folglich haben Mikroorganismen keine Techniken entwickelt, um solche Stoffe abzubauen. Deshalb sind PCBs und verwandte Substanzen wie Dioxine (zu denen etwa das im Vietnamkrieg eingesetzte Entlaubungsmittel „Agent Orange" gehört), chlorierte Phenole und Benzole nicht biologisch abbaubar (das heißt nicht von Organismen wie Bakterien, Pilzen oder Algen verdau- oder zersetzbar) und verbleiben lange Zeit in der Umwelt. Zusätzlich zu ihrer Langlebigkeit sind sie auch noch giftig, da sie normale Lebensprozesse stören. Manche Dioxine hat man gerade wegen dieser toxischen Eigenschaften als Unkrautvernichtungsmittel eingesetzt.

Riesige Mengen solcher Gifte lagern in allen industrialisierten Ländern in Metalltonnen auf Giftmülldeponien. Infolge von Rostschäden, durch falsche Handhabung oder durch wilde Müllablagerung sind sie jedoch auch in die Umwelt gelangt. Von Zeit zu Zeit machen Meldungen über verseuchte Siedlungsstandorte oder neuentdeckte Altlasten die Öffentlichkeit auf dieses andauernde Problem aufmerksam. Im Zuge intensiver Untersuchungen natürlich vorkommender Bakterien hat man kürzlich mehrere Arten identifiziert, die solche Umweltgifte abbauen können. Es gibt zum Beispiel ein Bakterium, welches Chloratome aus PCBs entfernt – ein wichtiger Schritt beim Abbau dieser Stoffe. Andere Organismen zersetzen Substanzen wie Trichloressigsäure und Trichlorethen, mit denen in manchen Gebieten der Vereinigten Staaten das Grundwasser stark verunreinigt ist. Wissenschaftler konstruieren hilfreiche Bakterien im Labor, indem sie mutierte Gene auswählen, deren Produkte den Abbau von Giftstoffen bewerkstelligen, oder indem sie neuartige Stoffwechselwege entwerfen. Die meisten dieser genmanipulierten Organismen erledigen ihre Arbeit allerdings nur langsam und beseitigen die Giftstoffe nicht vollständig. Ein von Ananda Chakrabarty in den Vereinigten Staaten durchgeführtes Experiment ist in diesem Zusammenhang besonders interessant. Der Wissenschaftler hatte Bakterien mit der Fähigkeit gefunden, einen chlorierten Kohlenwasserstoff abzubauen. Er züchtete diese Mikroorganismen unter Bedingungen, die eine solche Fähigkeit noch verstärkten. Es gelang ihm, mit der Zeit einen Stamm zu entwickeln, der derartige Substanzen regelrecht als Nahrung verwendete. Er gab diese Bakterien zu Erdproben, die mit Dioxin verseucht waren. Innerhalb einer Woche nahm der Dioxingehalt von 1000 ppm (*parts per million*, Anteilen pro Million) auf sieben ppm ab. Pflanzensamen, die in diese Erde gesät wurden, konnten jetzt wachsen. Wie zahlreiche Beispiele aus der Biotechnologie belegen, kann die Feinjustierung rasch voranschreiten, wenn das Grundprinzip einmal gefunden ist. Eine wichtige Frage dabei lautet, ob man solche Organismen (seien sie konstruiert oder natürlich ausgewählte Mutanten) in großer Menge in die Umwelt entlassen darf. Wir werden in Kapitel 11 darauf zurückkommen.

Die Gen- und Biotechnologie bewegt sich zwischen zwei Polen: den Möglichkeiten der Wissenschaft und den wirtschaftlichen Notwendigkeiten und Realitäten. Dazwischen steht eine oft verwirrte und erschreckte Öffentlichkeit. Wir werden uns nun jenen Themen zuwenden, die diese unbequeme Konstellation mit sich bringt.

9. Die DNA-Industrie

Eine Zwangspartnerschaft verbindet Wissenschaft und Technik mit Industrie und Handel. Diese Bindung entstand mit der Industriellen Revolution und erreichte nach dem Zweiten Weltkrieg eine neue, intensive Phase. Sie hat das Gesicht der Gesellschaft mit atemberaubender Geschwindigkeit verändert und auf mannigfache Weise die Tagesordnung der Menschheit für dieses Jahrhundert und darüber hinaus bestimmt. So zählt die Frage, wie man sich dem rapiden technischen Wandel auf angemessene Weise anzupassen habe und wie einer Zukunft zu begegnen sei, in der zunehmend Mikrochips statt Menschen die Arbeit erledigen werden, heute in vielen Industriestaaten zu den meistdiskutierten innenpolitischen Themen. Ein Jahrzehnt hat genügt, um die kreativen und innovatorischen Ideen aus dem Silicon Valley (dem „Geburtsort" der modernen Computertechnologie) weltweit zu einem Angelpunkt der Zukunftsdiskussion zu machen.

Im System des freien Unternehmertums kommen neue Technologien durch die Aktivitäten von Firmen und Gesellschaften auf den Markt – häufig mit Unterstützung durch verschiedenartige staatliche Initiativen. Der Weg von der Idee zum verkäuflichen Produkt kann eine Vielzahl von Formen annehmen. Im Fall von Großunternehmen in innovationsintensiven Branchen sind oft die betriebseigenen Forschungs- und Entwicklungsabteilungen so groß und kompetent, daß der gesamte Prozeß innerhalb derselben Firma abläuft. Häufiger jedoch spielt beim Entwurf neuartiger technologischer Konzepte der akademische Bereich – das heißt Universitäten und Forschungsinstitute – die dominierende Rolle; für die praktische Entwicklung geht dann gewissermaßen der „Staffelstab" an die Industrie über. In anderen Fällen treiben einzelne Erfinder oder kleine Firmen eine Entdeckung ein Stück weit voran, ehe sie für die Weiterentwicklung die Hilfe eines größeren Unternehmens suchen. Was nun die DNA-Industrie angeht, so scheint hier eine neue Form der Aktivität entstanden zu sein, die sich scharf von den traditionellen Mustern abhebt und deren *Modus operandi* ein aufregender, wenn auch unerprobter Vorbote künftiger Entwicklungen ist.

Drei Dinge sind für die DNA-Industrie kennzeichnend: Kreativität und Ideenreichtum stellen den Hauptaktivposten dar; die wichtigsten Produkte sind Forschungsergebnisse in Form genetisch veränderter Organismen, und die Hauptfinanzierungsmethode ist eine spekulative Form der Kapitalbeschaffung, die Wagnis- oder Risikofinanzierung (im Fachjargon spricht man meist von Venture-Kapital). Im vorliegenden Kapitel wollen wir die Geschichte dieses jungen Industriezweiges betrachten und dabei sowohl seine Vorzüge als auch seine Probleme untersuchen.

Die Geburt der DNA-Industrie

Die vierziger Jahre unseres Jahrhunderts waren Zeugen eines großen Aufschwungs in der Erforschung der Struktur, Funktion und genetischen Organisation von Mikroorganismen. Seit Pasteurs Entdeckung, daß die Gärung von Bier und Wein auf der Tätigkeit von Bakterien beruht, waren Mikroben als nützliche chemische Fabriken bekannt; doch bis in die vierziger Jahre hinein steuerten eher Kunstfertigkeit und handwerkliches Können als wissenschaftliche Erkenntnisse die entsprechende Verfahrenstechnik. Die Arbeiten von Ernst Chain und Howard Florey an dem von Alexander Fleming entdeckten Penicillin änderten dies grundlegend. Sie ließen den aus *Penicillium*-Pilzen isolierten Wirkstoff als wahres Wundermittel für die Behandlung bakterieller Infektionen erkennen. Doch die niedrigen Ausbeuten der *Penicillium*-Kulturen schlossen eine Produktion in größerem Maßstab aus. Die ersten Nährlösungen, in denen die Forscher den Pilz züchteten, lieferten gerade 1 ppm (*part per million*, ein Teil auf eine Million Teile) der therapeutisch wertvollen Substanz. Die Gründe dafür sind leicht ersichtlich: Mikroorganismen stellen normalerweise nur soviel eines bestimmten Stoffes her, wie nützlich für sie ist. Sie besitzen hochentwickelte Stoffwechselkontrollsysteme, die eine verschwenderische oder übermäßige Ausschüttung des jeweiligen Produkts verhindern. Diese Kontrollschleifen sind von genetischen Schaltkreisen abhängig. Nachdem Florey in den frühen vierziger Jahren seine Pilzkulturen in die Vereinigten Staaten gebracht hatte, suchte er dort die Hilfe der pharmazeutischen Industrie bei der Optimierung der Produktion. Die Wissenschaftler begannen, *Penicillium* mit Röntgenstrahlen zu behandeln. Eine solche Bestrahlung verursacht eine Schädigung der DNA-Doppelhelix, und bei der folgenden Reparatur treten gelegentlich Fehler auf. Die auf diese Weise leicht veränderte DNA kann sich in einem mutierten Organismus niederschlagen. Wenn man eine ausreichende Anzahl von Pilzen bestrahlt und über geeignete Selektionsverfahren verfügt, wird man früher oder später eine Mutante finden, welche die Kontrollschleife zur Beschränkung der Penicillinproduktion verloren hat. Ein derartiger ertragreicherer Organismus kann dann als Ausgangspunkt für weitere genetische Veränderungen dienen. Mit dieser im Grunde simplen Strategie gelang es, die Penicillinerzeugung mehr als tausendfach zu steigern – bei einer entsprechenden Kostensenkung – und somit eine Massenproduktion zu ermöglichen.

Der Erfolg ermunterte die Industriemikrobiologen, ihre Aufmerksamkeit verstärkt den immer komplizierteren Methoden zu widmen, welche die Forscher im akademischen Bereich für die Aufklärung von Stoffwechselwegen und die Entdeckung von Mutanten entwickelten. Die japanische Industrie nahm dabei eine herausragende Stellung ein und erzielte vor allem bei der Produktion essentieller Aminosäuren beachtliche Fortschritte. Tatsächlich setzten die Wissenschaftler in der Industrie die auf Mutationen beruhende Erbgutmanipulation so erfolgreich ein, daß sie bald die Grenzen dessen erreichten, was die konventionelle Genetik für sie tun konnte. Die so verbesserten Bakterienstämme vermochten vieles, aber längst nicht alles zu vollbringen. Für den nächsten Quantensprung benötigte man völlig neue Stämme mit maßgeschneiderten Eigenschaften.

Das erste Unternehmen, das diesen Bedarf erkannte und klar formulierte, war eine kleine kalifornische Firma, die Cetus Corporation. Man darf sie wohl als Gründer jenes neuen Eliteclubs bezeichnen, den die DNA-Industrie darstellt. Cetus wurde 1971 im kalifornischen Berkeley ins Leben gerufen – mit dem Ziel, biologische und ingenieurtechnische Fähigkeiten auf neue Art zu kombinieren. Der Nobelpreisträger Donald Glaser von der University of California in Berkeley hatte eine Maschine entwickelt – in Glasers Labor etwas respektlos *Dumbwaiter* („stummer Diener“) genannt –, deren moderne elektronische Kontrollsysteme die gleichzeitige Handhabung von bis zu 100 Millionen mikrobiellen Kulturen sowie eine automatische Überwachung und Selektion erlaubten. Dadurch wurde die Suche nach mutierten Mikroorganismen erheblich schneller und einfacher. Glaser und Ronald Cape (ein promovierter Biochemiker, der anschließend an der Harvard University den Titel eines Master of Business Administration erworben hatte) gründeten Cetus, mit Cape als Präsidenten. Anfangs ging es ihnen lediglich um Aufträge von der pharmazeutischen Industrie zur Herstellung bestimmter Mikroorganismen, mit denen sich die Ausbeute an Antibiotika erhöhen ließ. Aber 1973 kam der entscheidende Umbruch. Den Arbeitsgruppen um Stanley Cohen an der Stanford University und Herbert Boyer an der University of California in San Francisco gelang es, biologisch funktionsfähige DNA-Moleküle zu konstruieren, die genetische Information zweier unterschiedlicher Quellen in sich vereinten. Die Gentechnologie war geboren. Cetus war geradezu prädestiniert, an dieser Revolution teilzuhaben, da Cohen wie auch der Nobelpreisträger Joshua Lederberg von der Stanford University, einer der Wegbereiter der Bakteriengenetik, zu ihren Beratern gehörten. Der Bericht der Cetus Corporation aus dem Jahre 1975 ist hochinteressanter Lesestoff. Er erklärt unter anderem:

»Wir beabsichtigen, eine völlig neue Industrie zu schaffen, mit dem ehrgeizigen Ziel, durch den Einsatz industrieller Mikroorganismen ein breites und bedeutendes Spektrum vollkommen neuer, nichtmikrobieller Produkte herzustellen. ... Wir schlagen daher vor, in einem Projekt die Gene für menschliches Interferon und in einem anderen die für menschliche Antikörper auf industrielle Mikroorganismen zu übertragen und dann große Mengen dieser Substanzen durch industrielle Fermentation zu produzieren. Soweit wir wissen, werden derartige Projekte zur Zeit nirgendwo auf der Welt durchgeführt. ... Die Möglichkeiten spotten jeder angemessenen Beschreibung.«

Fürwahr prophetische Worte aus dem Jahre 1975!

Die DNA-Industrie blüht auf

Cape und seine Kollegen standen mit ihrer Auffassung, daß hier ein neuer Industriezweig entstand, nicht allein. 1976 wurde in San Francisco die Firma Genentech gegründet, um die von Herbert Boyer begonnene Hormonforschung kommerziell zu verwerten. Von einer winzigen Ausgangsbasis aus gelangen ihr große Triumphe. Schon 1977 gab sie die Produktion des ersten gentechnologisch erzeugten Hormons, des Somatostatins, bekannt. Boyer hatte wie viele seiner Kollegen damals noch sein Hauptstandbein an der Universität, was einige Probleme mit sich brachte. Später übernahm er eine volle Stelle bei Genentech. Mittlerweile hat diese fähige Gruppe menschliches Wachstumshormon, Insulin, Interferon und zahlreiche weitere Proteine auf gentechnologischem Wege hergestellt.

Eine andere Firma, die frühzeitig auf dem neuen Gebiet aktiv wurde, war Biogen, die man vor allem mit den Namen Charles Weissman von der Universität Zürich und Walter Gilbert von der Harvard University verbindet. Sie leisteten insbesondere auf dem Feld der Interferone ausgezeichnete Arbeit. Zudem bauten sie ein maßgeschneidertes Vertriebssystem für ihre Produkte auf. 1979 verkauften die Firmengründer 16 Prozent der Geschäftsanteile für etwa acht Millionen Dollar an ein großes pharmazeutisches Unternehmen, Schering-Plough, und schufen so die erste enge Verbindung dieser Art zwischen einer DNA-Firma und einem multinationalen Pharmakonzern.

Bis 1980 kam die Welle der Neugründungen von Gentechnologiefirmen in den USA fast einem Goldrausch gleich. Obwohl hauptsächlich vier Gruppen – Cetus, Genentech, Biogen und Genex – die Schlagzeilen der Wirtschaftsbeilagen beanspruchten, entstanden noch zahlreiche weitere Unternehmen mit ebenso untadeligen akademischen Verbindungen. Zwei führende Wissenschaftler von der Harvard University, Mark Ptashne und Tom Maniatis, gründeten das Genetics Institute. Die Firma Collaborative Research in Waltham (Massachusetts) wurde unter anderem von dem Nobelpreisträger David Baltimore und dem Stanforder Genetiker Ronald Davis beraten. Die Bethesda Research Laboratories nahmen ihre Arbeit in strategisch günstiger Nähe zu den riesigen National Institutes of Health der USA auf und werden von vielen dort arbeitenden Wissenschaftlern hoch geschätzt. Donald Comb von der Harvard University gründete das Unternehmen New England Biolabs. Im Jahre 1983 gab es in den Vereinigten Staaten 150 kleine Firmen, deren Arbeit auf Gentechnologie und anderen fortschrittlichen Biotechnologien beruhte. Darüber hinaus stehen die meisten führenden Molekularbiologen dieses Landes heute in irgendeiner Verbindung mit einer solchen Firma, angefangen von Beraterverträgen bis hin zu größeren Beteiligungen und Direktorenstellen. Bei wissenschaftlichen Tagungen in den USA ist es zu einem beliebten Zeitvertreib geworden, zu raten, welcher Wissenschaftler welche neue Firma gegründet hat und wer sich zum Beitritt verlocken lassen wird.

Obwohl der Unternehmergeist in anderen Staaten schwächer ausgeprägt war, investieren nahezu alle größeren OECD-Nationen auf diesem Gebiet. In vielen Ländern beteiligen sich die Regierungen unmittelbar und durch Fördermaßnahmen an dieser Entwicklung. Der Ausbau der Biotechnologie-Industrie ist zum Beispiel in der Bundesrepublik Deutschland und in Frankreich erklärte Regierungspolitik. Kanada, Großbritannien, die Schweiz, die Niederlande und Belgien nehmen ebenfalls führende Rollen ein. Das britische Flaggschiff ist die Firma Celltech, die einfallsreiche Vereinbarungen mit den Grundlagenforschern an den Universitäten getroffen hat. Die meisten Anteile an Celltech hält das National Enterprise Board (die staatliche britische Unternehmenskommission), aber auch der private Sektor ist mit Banken und Versicherungsgesellschaften als Aktionären stark vertreten. Die Firma hat eine Art Vorkaufsrecht auf alle wissenschaftlichen Arbeiten, die vom British Medical Research Council finanziert werden – und damit auf den Löwenanteil der medizinischen Grundlagenforschung des gesamten Landes. Inzwischen funktioniert sie im Prinzip wie ein völlig selbständiges Wirtschaftsunternehmen. Auch andernorts denkt man sich interessante Spezialarrangements zwischen Industrie und Wissenschaft aus. Einer der größten multinationalen Konzerne der Welt, die deutsche Firma Hoechst, hat zum Beispiel ein bedeutendes Forschungsprojekt am Massachusetts General Hospital in den USA eingerichtet; sie finanziert die Arbeiten und erhält im Gegenzug das Recht, die Ergebnisse der Forschung exklusiv zu nutzen.

Die Interessen der Entwicklungsländer sind keineswegs vergessen worden. Die United Nations Industrial Development Organization (UNIDO) hat viel Mühe auf die Einrichtung des International Centre for Genetic Engineering and Biotechnology (ICGEB) verwandt. Dessen Aufgabe ist die Beschleunigung des Technologietransfers auf diesen Gebieten sowie die Förderung weltweiter Zusammenarbeit und das Aufgreifen von Problemen, die für Entwicklungsländer von besonderer Relevanz sind. Das UNIDO-Zentrum hat zwei Standorte: einen in Indien, wo zahlreiche erstklassige Wissenschaftler zusammenarbeiten, und einen in Italien. Man bezweifelt zwar in gewissen Kreisen, ob Entwicklungsländer überhaupt schon in der Lage sind, zur Gentechnologierevolution beizutragen oder von ihr zu profitieren; die grundsätzliche Idee ist jedoch allemal der Mühe wert, weil ein solches Zentrum nicht nur den Entwicklungsländern helfen könnte, sondern auch kleinen Industriestaaten, die es gegenwärtig schwer haben, auf diesem umkämpften Feld Fuß zu fassen. Wie wir in Kapitel 7 gesehen haben, wird die Gentechnologie darüber hinaus auch für die Lösung einiger Gesundheitsprobleme der Dritten Welt von großer Bedeutung sein.

Australien unternahm einen späten und etwas mühsamen Versuch, eine eigene Biotechnologie-Industrie aufzubauen. Etwa 20 Firmen sind mittlerweile in diesem Bereich tätig. Die meisten sind klein, wenngleich einige von ihnen Tochtergesellschaften größerer Unternehmen darstellen. Die in Sydney angesiedelte Firma Biotechnology Australia ist die größte und hat einen ganzen Katalog von vielversprechenden Forschungsprojekten. Regierungsinitiativen, die zu Beginn und Mitte der achtziger Jahre gestartet wurden, um die biotechnologische Forschung zu fördern, Risikokapital anzuziehen und Zugang zu Managementwissen zu eröffnen, haben Wirkung gezeigt. Das bedeutsamste Ergebnis dieser Initiativen war die Gründung der Australian Medical Research and Development Corporation (AMRAD) durch die Regierung des Bundesstaates Victoria. Mehrere der wichtigsten Melbourner Forschungsinstitute, die am „Parkville Strip“ angesiedelt sind – einschließlich des Walter and Eliza Hall Institute –, besitzen Anteile an AMRAD, die vermutlich viele der vor Ort gewonnenen Forschungsergebnisse vermarkten wird. Australien hat eine durchaus hochkarätige Vergangenheit in der biologischen Grundlagenforschung, und es wäre bedauerlich für dieses Land, wenn all die klugen Ideen nur in Übersee weiterentwickelt würden. Ein attraktives Merkmal der DNA-Industrie besteht darin, daß das benötigte Startkapital nicht sonderlich hoch ist. Was zählt, sind Verstand und originelle Ideen. Die Sicherheits- und Wirksamkeitstests für Produkte, die für die Anwendung beim Menschen gedacht sind, bringen allerdings hohe Kosten mit sich. Aus diesem Grund hat AMRAD mit dem Unternehmen Merck Sharp and Dohme ein Abkommen über ein gemeinsames Marketing geschlossen und sich damit – als AMRAD Pharmaceuticals – den Zugang zu Know-how und Finanzkraft eines der größten Pharmakonzerne der Welt gesichert. Ähnliche Bindungen werden wahrscheinlich auch andere Firmen eingehen.

Zu früh zuviel Begeisterung?

Zweifellos sind die Möglichkeiten der DNA-Industrie häufig völlig überzogen dargestellt worden. Kehren wir zu den Pionieren dieser Branche in den Vereinigten Staaten zurück, um zu sehen, wie sie die Entwicklungsforschung, für die sie berühmt wurden, finanziert haben. Das bekannteste Beispiel ist die Firma Genentech. Sie brachte das erste bedeutende Verkaufsprodukt der DNA-Industrie auf den Markt – den Antigerinnungsfaktor TPA (*tissue plasminogen activator*). Wie bekam Genentech das Startkapital? Das Unternehmen beschäftigt derzeit 350 Angestellte, darunter 70 promovierte Mitarbeiter, und seine jährlichen Forschungsausgaben belaufen sich auf mehr als 20 Millionen Dollar. Woher kommt dieses Geld? Im Jahre 1977 hatte Robert Swanson, der Präsident von Genentech, aus Quellen wie International Nickel Co. und der Risikokapitalagentur Kleiner and Perkins knapp eine Million Dollar beschafft. Zu jener Zeit war das eine gewaltige Summe! Drei Jahre später war die Firma so groß geworden, daß man auf den offenen Aktienmarkt gehen konnte. Eine Million Anteile zu je 35 Dollar wurden angeboten – doch mit diesen insgesamt 35 Millionen Dollar hielten die Aktionäre schließlich nicht mehr als 13 Prozent der Firma! Dennoch schoß der Kurs der Aktien am ersten Verkaufstag (vorübergehend) auf 89 Dollar empor! Zwischenzeitlich hatte das Unternehmen an der Wall Street einen Nennwert von mehr als einer halben Milliarde Dollar, und Herbert Boyers ursprüngliche Investition von wenigen hundert Dollar besaß auf dem Papier einen Gegenwert von 80 Millionen Dollar. Zum Vergleich: Für die Upjohn Company, eine der führenden, wohletablierten Pharmafirmen, lag der (durch Kapitalisierung ermittelte) Marktwert bei einer Milliarde Dollar. Diese überzogene Begeisterung hielt jedoch nicht lange an, und die Genentech-Aktien fielen schließlich wieder auf ihren Ausgabewert zurück. Als im Jahre 1979 Schering Plough 16 Prozent von Biogen erwarb, stieg der Wert der Firma auf dem Papier auf 50 Millionen Dollar, und 1980 suchte Biogen weiteres Kapital auf der Grundlage eines selbstgeschätzten Wertes von 100 Millionen Dollar. Zu diesem Zeitpunkt beschäftigte das Unternehmen in seinem Labor in Genf gerade einmal 16 Wissenschaftler und hatte noch keinerlei Verkaufseinnahmen erzielt!

Die Cetus Corporation ging erst 1981 an die Börse und bot Aktien zu 23 Dollar pro Anteil an. Die Kapitalbeschaffung in Höhe von 120 Millionen Dollar stellte einen Rekord für eine Gründung dieser Art dar. Als Folge der rasanten Entwicklung hat Cetus heute mehr als 700 Beschäftigte und ein jährliches Betriebskostenbudget von 75 Millionen Dollar. Anfangs erbrachten Produktverkäufe und forschungsgekoppelte Einkünfte zusammen mit den Zinsen auf das beschaffte Kapital in etwa einen Ausgleich zwischen Aufwendungen und Erträgen. Noch für die erste Hälfte der achtziger Jahre strebte Cetus an, einen kleinen Profit zu erwirtschaften. Nach der endgültigen Markteinführung der neuen Produkte auf den Sektoren Gesundheitsversorgung, Landwirtschaft, Veterinärmedizin und Industrie sollte das Unternehmen dann der Planung zufolge seinem Marktwert nach konventionellen Kriterien voll entsprechen. Der Weg zur Rentabilität scheint aber beschwerlicher zu sein als erwartet. Die Anwendungsmöglichkeiten der PCR-Technologie (siehe Kapitel 5) scheinen der Firma die besten Aussichten auf wirtschaftlichen Erfolg zu bieten. Sie hofft außerdem, daß in naher Zukunft Interleukin 2 zu einem ihrer wichtigsten Produkte wird.

Gegen Ende der achtziger Jahre war es endlich so weit, daß die ersten Gentechnologiefirmen in üblicher Manier Produkte herstellten, vertrieben und Einnahmen erzielten. Genentech verkaufte 1988 rekombiniertes menschliches Wachstumshormon im Wert von insgesamt 110 Millionen Dollar und TPA im Wert von 150 Millionen (siehe Kapitel 4 für eine nähere Erklärung zu diesen Produkten). Dies ermöglichte es der Firma, zum ersten Mal seit ihrer Gründung einen Gewinn auf der Basis tatsächlicher Produktverkäufe anzumelden.

Vielleicht sind das eben beschriebene Ausmaß des Zugangs zu Risikokapital wie auch der Grad der Aktienvermehrung, den spätere Investoren offenbar hinzunehmen bereit waren, spezifisch amerikanische Charakteristika. Trotzdem hat es auch in anderen Ländern beträchtliche Investitionen von Privatkapital gegeben. Einige DNA-Firmen sind inzwischen schon bankrott gegangen, und wahrscheinlich wird es noch vielen ähnlich ergehen. Eine solche Abfolge von Ereignissen ist bei jeder Art von wirtschaftlichem „Goldrausch" zu verzeichnen. Die entscheidende Frage lautet, ob die von den letztlich erfolgreichen Unternehmen für ihre Anteilseigner erwirtschafteten Gewinne in einem angemessenen Verhältnis zu den eingegangenen Risiken stehen. Zwar ist das weltweite Marktpotential für die betreffenden Produkte potentiell riesig, aber die neuen, hochspezialisierten Firmen sehen sich mehreren ernsten Problemen gegenüber. Erstens gibt es laufend Fortschritte in den Verfahren zur Genklonierung, und diese neuen Erkenntnisse sind großenteils frei zugänglich. Das ermöglicht es Konkurrenten, schnell aufzuholen. Zweitens werden Patente auf diesem Feld wohl nur schwer zu verteidigen sein. Ein Beispiel ist die erfolgreiche Anfechtung des europäischen Patents von Genentech auf TPA durch Wellcome Biotechnology. Drittens – und das mag am wichtigsten sein – verfügen viele der neuen Firmen weder über die Erfahrung größerer, älterer Unternehmen im Bereich der Produktionstechnologie sowie der Produktherstellung in großem Maßstab noch über deren erprobte Marketingkapazitäten. Die meisten werden daher kaum umhin können, bestimmte Bindungen mit etablierten, größere Unternehmen einzugehen. Mit beträchtlich weniger Aufwand haben viele der führenden Medikamentenhersteller wie etwa Eli Lilly oder Hoffmann-La Roche gentechnologisches Know-how ihren hauseigenen Forschungskenntnissen hinzugefügt. Zudem verschafft ihnen ihre längere Erfahrung mit den vom Gesetzgeber auferlegten regulatorischen Abläufen, die dem Verkauf eines Produkts vorangehen, einen bedeutenden Vorteil. Die besten risikokapitalfinanzierten Firmen werden jedoch Erfolg haben und sich als wichtige und nützliche Unternehmungen erweisen.

Der Börsenkrach von 1987 bedeutete für viele Firmen mit Risikokapitalgrundlage einen spürbaren Rückschlag. Es ist heute beträchtlich schwieriger geworden, neu ins Geschäft zu kommen. Das erhöht den Druck auf die bestehenden Unternehmen, kurz- und mittelfristig Gewinne zu erzielen.

Der Einfluß der DNA-Industrie auf die traditionelle Biologie

Die wirkliche Leistung von Firmen wie Cetus und Genentech besteht darin, daß sie eine neue Allianz zwischen Industrie und Universitäten geschmiedet haben. In bestimmten Zweigen der Medizin hat es natürlich schon länger recht enge Beziehungen zwischen diesen beiden Sphären gegeben. Die pharmakologischen Abteilungen der medizinischen Hochschulen und Fakultäten arbeiten vielerorts mit Produzenten wichtiger und nützlicher Pharmazeutika zusammen. Insgesamt jedoch kennzeichnet eher eine unterschwellige und nicht ganz angemessene Spannung diese Beziehung. Zumindest in der Vergangenheit landeten die besten medizinischen Wissenschaftler häufig an Universitäten und Forschungsinstituten und blickten dann in gewisser Weise auf diejenigen ihrer Kollegen herab, die in die Industrie gegangen waren. Einige der Akademiker gingen gar so weit, in Arzneimittelfirmen wenig mehr als Milchkühe zu sehen – nützlich, um Forschungsgelder bereitzustellen, aber ansonsten von geringem Wert. In den Fachbereichen Biochemie, Genetik, Mikrobiologie oder Immunologie war das Wissen über die Industrie dagegen minimal, und Kontakte beschränkten sich auf wenige besondere Gelegenheiten. Die neuen DNA-Firmen haben entscheidend dazu beigetragen, eine frische und weitaus freiere Atmosphäre in die industriellen Forschungslabors zu bringen. Die Wissenschaftler in solchen Wirtschaftsunternehmen fühlen sich nach eigenem Bekunden in keiner Weise eingeschränkt; die ständigen Diskussionen und die eher lockere Verwaltungskontrolle ähneln sehr der Stimmung an einer Universität. Dies hat offensichtlich viele gute, junge Köpfe angezogen.

Die Starqualitäten einiger der neuen Unternehmer taten ein übriges. Wenn ein Donald Glaser, ein Herbert Boyer oder ein Walter Gilbert für solche Wagnisprojekte eintraten, mußte die Sache dann nicht aufregend und lohnend sein? Auch die wissenschaftlichen Beratergremien trugen ihren Teil bei – tatsächlich waren sie in einigen Fällen brillanter als die entsprechenden Kommissionen der exzellentesten Eliteforschungsinstitute! Teilhaber der besseren Firmen schickten einige ihrer *besten* promovierten Mitarbeiter in die DNA-Industrie – und nicht, wie es in der Vergangenheit der Fall gewesen war, die schwächeren, die es wohl in der akademischen Umgebung nicht ganz „schaffen“ würden. So entwickelte sich ein außergewöhnlich hohes wissenschaftliches Niveau zur Norm, und wie in den Universitäten ist es ein sich selbsterhaltendes Element. Wissenschaftler erkannten langsam, daß sie berühmt *und* reich sein konnten – ein völlig neuer und fremder Gedanke. Es sei hier ergänzt, daß angesichts der in letzter Zeit knapper werdenden universitären Mittel auch die traditionelle Pharmaindustrie zunehmend renommierte „Stars“ der Forschungsszene anlockt.

Derart grundlegende Einstellungsänderungen laufen nicht ohne Trauma ab. Als Folge der Entstehung der DNA-Industrie haben sich in den Universitäten zum Teil Aufregung und Unbehagen ausgebreitet, und manche Sorgen sind durchaus begründet. Die wichtigsten beziehen sich auf Fragen des Interessenkonflikts und der Geheimhaltung. In aller Welt finanzieren Akademiker ihre Forschung hauptsächlich durch staatliche Zuschüsse, mit anderen Worten, aus Steuergeldern. Daher sollte ihre Arbeit letztlich auch der Allgemeinheit zugute kommen. Bei einem wissenschaftlichen Durchbruch von potentiellem Interesse für die Industrie ist jedoch die Versuchung groß, einen gewissen persönlichen Gewinn oder Nutzen daraus zu ziehen. Verschiedene Institutionen gehen dieses Problem unterschiedlich an. In Australien war es zum Beispiel üblich, daß alle patentierbaren Entdeckungen dem jeweiligen Arbeitgeber gehörten, der gewöhnlich auch das Patent anmeldete und somit letztlich den finanziellen Vorteil davontrug. Man betrachtete dies als fair, weil das Institut die Kosten getragen und das Forschungsrisiko auf sich genommen hatte. Häufig mußte es seine Rechte allerdings mit einer staatlichen Finanzierungseinrichtung teilen. Für den Erfinder oder Entdecker selbst ergab sich durch gesteigertes Prestige, Beförderung und möglicherweise eine größere Arbeitsplatzsicherheit ein indirekter Gewinn. Inzwischen verfolgen viele Institutionen eine Politik, nach der der Forscher auch am wirtschaftlichen Gewinn beteiligt wird – normalerweise bis zu einer Höhe von mehreren zehntausend Dollar pro Jahr. Einige der bekannteren Wissenschaftler erhöhen ihr Einkommen noch durch Beratertätigkeiten. Trotzdem sind die Einkünfte eines Forschers – verglichen mit begabten und kompetenten Personen auf anderen Gebieten – sehr niedrig, und eine stärker kommerzielle Sichtweise wird gewiß zunehmen.

In den Vereinigten Staaten, wo die unternehmerischere Einstellung ausgeprägter ist, erlauben viele Universitäten den Wissenschaftlern, einen Teil der Patentrechte ihrer Entdeckungen für sich zu behalten. Normalerweise ist dieser Anteil relativ bescheiden und liegt bei etwa 15 bis 33 Prozent; man will einzelnen Wissenschaftlern damit aber einen stärkeren Anreiz bieten, über eventuelle Nutzungsmöglichkeiten ihrer Arbeiten nachzudenken. Eine sehr strenge Haltung nehmen die Hochschulen allerdings gegenüber Wissenschaftlern ein, die als Universitätsangestellte mit Hilfe eines Stipendiums ein Produkt oder eine Technik entwickeln und dann prompt ihre Entdeckung, etwa einen gentechnologisch erzeugten Zellklon, mitnehmen und einer Risikokapitalfirma beitreten. Dies war in den Vereinigten Staaten bereits Gegenstand von Prozessen. Es ist jedoch sehr schwierig, solche Praktiken zu kontrollieren, und zweifellos gibt es viele Grenzfälle, bei denen ein Teil der Entdeckung in einem Universitätslabor erfolgte und ein Teil erst nach dem Wechsel in die Industrie.

Große Uneinigkeit herrscht in der Frage, ob ein Professor gleichzeitig an einer Universität und direkt (also nicht nur als Berater) in einer Risikokapitalfirma tätig sein darf. Einige Hochschulen halten dies für absolut akzeptabel, sofern sie über das Abkommen informiert wurden und ihm zugestimmt haben. Andere verbieten diese Praxis in der Überzeugung, daß der Interessenkonflikt zu groß ist – der Forscher wäre gezwungen, zwischen seinen alten Loyalitäten in der Gemeinschaft der Wissenschaftler und den neuen potentiellen Gewinnen zu wählen. Natürlich gibt es in dieser Situation kein eindeutiges richtig oder falsch. Zuviel hängt von den kulturellen Normen der betreffenden Gesellschaft und der persönlichen Integrität des einzelnen ab.

Es gibt noch weitere Bereiche kollidierender Interessen, die etwas verstecktere, aber gleichwohl wichtige Bedenken umschließen. Während des gesamten 20. Jahrhunderts konnten Universitätswissenschaftler im Prinzip jeden beliebigen Aspekt ihres Fachgebiets erforschen. Man wählte einfach nach grundlegender Wichtigkeit des Themas und nach persönlichem Interesse. Diese Konzentration auf die „reine" Grundlagenforschung legte das Fundament, auf dem die heutige Revolution in der Molekularbiologie aufbaut. Entdeckungen wie die Isolierung von Restriktionsenzymen oder Plasmiden hätten nie aus einer industriellen Forschungs- und Entwicklungsabteilung kommen können, weil eine praktische Anwendung nicht direkt ersichtlich war. Wenn die Industrie Forschungsgelder an Universitäten vergibt, so geschieht dies oft für mittel- oder kurzfristige Projekte, die von ihrer Natur her zielorientiert sind und auf die Herstellung von Produkten abzielen. Es zeichnet sich daher eine allgemeine Tendenz ab, Forschungsanstrengungen in andere Bahnen zu lenken. Warum um Geld für die Untersuchung von Schleimpilzen kämpfen, wenn es für die Klonierung eines Blutgerinnungsfaktors viel einfacher zu erhalten ist? Eine gut finanzierte Abteilung wird durch ihre moderne Ausstattung und verbesserte Arbeitsbedingungen zu einem attraktiven Arbeitsplatz – und zieht folglich kompetente Wissenschaftler und fähige Studenten von vielleicht prinzipiell wichtigeren, aber nicht kommerziell ausgerichteten Forschungsbereichen ab. So bildet sich eine „verarmte Unterklasse" von Wissenschaftlern heraus, die auf Gebieten arbeiten, welche gegenwärtig nicht als wirtschaftlich „interessant" gelten. Die Wissenschaft selbst bekommt eine neue Richtung. Glücklicherweise scheinen sich viele Firmen davor zu hüten, „das Huhn, das die goldenen Eier legt, zu schlachten", und unterstützen die Forschungsaktivitäten einer Abteilung, ohne eine bestimmte Richtung vorzugeben; allerdings behalten sie sich das Anrecht auf etwaige kommerziell nutzbare Ergebnisse vor. Die Frage bleibt offen, wie bereitwillig sie ihr Engagement erneuern werden, wenn nach fünfjähriger Finanzierungszeit keinerlei verwertbare Produkte entstanden sind.

Ein anderer Interessenkonflikt betrifft die Rolle des Wissenschaftlers als unparteiischer Ratgeber für staatliche Verwaltungs- und Kontrollinstanzen. Als Gesellschaft werden wir uns in naher Zukunft mit einigen sehr gewichtigen Fragen auseinandersetzen müssen. Die Freisetzung transgener Pflanzen, Tiere und Mikroorganismen in die Umwelt, Eingriffe in die Genausstattung des Menschen mit dem Ziel, Erbkrankheiten zu heilen, und der weitverbreitete Einsatz genetischer Tests zur Vorhersage von Erkrankungen sind nur einige Beispiele für solche brisanten Themen. Um in Angelegenheiten mit bedeutenden Auswirkungen auf unsere Lebensweise, unsere Umwelt und unsere Selbsteinschätzung sachkundige Entscheidungen treffen zu können, brauchen wir die bestmögliche Information. Doch werden wir – angesichts der Tatsache, daß so viele der führenden Molekularbiologen der Welt in den Vorständen oder Beratergremien der Biotechnologiefirmen sitzen – den benötigten unparteiischen Rat überhaupt erhalten können? Die Industrie als Ganzes unterliegt stark dem Einfluß gesetzgeberischer Entscheidungen. Als der Oberste Gerichtshof der Vereinigten Staaten die Patentierbarkeit von Lebewesen bestätigte, gingen die Aktienkurse vieler Unternehmen in die Höhe. Ebenso hätte ein Moratorium für die Nutzung transgener Tiere und Pflanzen in der Landwirtschaft eine stark dämpfende Wirkung auf den Markt und damit indirekt auf den Aktienbesitz oder die Honoraranweisungen der meisten Wissenschaftler. Natürlich stellen sich solche Interessenkonflikte auch in vielen anderen Bereichen von Wirtschaft und Verwaltung ein und werden dort auf ethisch vertretbare Weise gelöst; wir sehen keinen Grund, warum es anders sein sollte, wenn Wissenschaftler mit der „wirklichen Welt" konfrontiert werden. Dennoch zeigt sich hier nachdrücklich, daß wir Forscher nicht umhin können, unseren „Elfenbeinturm" zu verlassen und unseren Platz in der Gesellschaft einzunehmen.

Das zweite Problemfeld hängt mit der geschäftsüblichen Geheimhaltung zusammen. Der Einzug einer gewissen „Heimlichtuerei" in die

Molekularbiologie stellt eine echte Bedrohung dar. Traditionell zeichnet sich diese Disziplin traditionsgemäß durch eine große Offenheit aus; neue Erkenntnisse und Hypothesen überqueren die Ozeane mit rasanter Geschwindigkeit, und im wissenschaftlichen Wettstreit geht es eher um Ideenreichtum und experimentelles Geschick als um finanziellen Gewinn. Diese Tradition ist in Horace Judsons Buch *Der 8. Tag der Schöpfung* wunderbar beschrieben. Sie wird durch den Gentechnologieboom jedoch unterhöhlt und vielleicht sogar zerstört. Wissenschaftler, die einst begierig ihre wenigen Minuten im Rampenlicht vor den Kollegen aus dem In- und Ausland auskosteten, halten sich plötzlich auf den großen internationalen Konferenzen merklich zurück, übergehen Details oder weigern sich sogar rundheraus, methodische oder strukturelle Daten offenzulegen. Das behindert den Fortschritt in der Molekularbiologie, der außer vom Gedankenaustausch auch von der energischen Kritik an Methoden und Ergebnissen aus den Reihen der Kollegen abhängt. Immer häufiger ist ein neuer Ablauf der Ereignisse zu beobachten: entdecken, patentieren, eine Pressekonferenz einberufen, um die Aktienkurse anzuheben, und erst dann publizieren! So ärgerlich das auch erscheinen mag – es ist immer noch deutlich besser als die Norm in einigen Industriezweigen, wo Veröffentlichungen aus kommerziellen Gründen oft um Monate oder sogar Jahre verzögert werden. Trotz des gegenwärtigen Trends wird aber die Tradition des freien Informationsaustauschs wohl kaum aussterben. Der Wunsch, vor berühmten Kollegen zu glänzen, ist unter Wissenschaftlern immer noch stark ausgeprägt. Gute Vorträge bei Konferenzen und erstklassige schriftliche Veröffentlichungen bleiben nach wie vor die beste Methode, um die so geschätzte Achtung der Kollegen zu erlangen.

Die Zukunft der DNA-Industrie

Man darf der DNA-Industrie wohl für die neunziger Jahre und darüber hinaus eine geordnetere, wenn auch pluralistischere Entwicklung vorhersagen. Zweifellos wird die grundlegende Technologie der Klonierung und Expression von Genen sich mit rasanter Geschwindigkeit weiterentwickeln und die biomedizinische Wissenschaft immer stärker beherrschen. Die Beschäftigten der DNA-Industrie werden jedoch nicht mehr nur Nutzer dieser Fortschritte sein, sondern in zunehmendem Maße selber dazu beitragen. Viele der kleineren DNA-Firmen werden eingehen, andere aus wirtschaftlichen Gründen mit erfolgreicheren „Mitgliedern des Clubs" fusionieren. Manchen steht zweifellos eine Übernahme durch Pharma- oder andere multinationale Konzerne bevor. Allgemein gesehen wird es auf folgenden Sektoren zu einem starken Ausbau der Kapazitäten in der Molekular- und Zellbiologie und der Genetik kommen: bei Großunternehmen, die Medikamente und biologische Wirkstoffe herstellen, in der Nahrungsmittelindustrie, der Landwirtschaft, der Rohstoff- und der chemischen Industrie. Mit der Zeit werden die dort vorhandenen Forschungskapazitäten die der spezialisierten Gentechnologiefirmen an Größe sicher übertreffen, wenn auch wahrscheinlich nicht an Qualität.

Staatliche Initiativen dürften für einen beträchtlichen internationalen Wettbewerb in der Biotechnologie sowie für ein insgesamt schnelles Wachstum dieser Branche sorgen. Die Grenzen zwischen der Gentechnologie und anderen Verfahrenstechnologien auf biologischer Grundlage werden zunehmend verschwimmen. Man wird die Gentechnologie als eine von mehreren möglichen Optionen zur Problemlösung ansehen. Damit sollte die fast mystische Aura, die dieses Gebiet heutzutage noch umgibt, verblassen. Der Medienrummel wird abnehmen, und die staatlichen Sonderprogramme werden in die übliche Industrieförderung eingegliedert werden. Die Kräfte des Marktes werden dafür sorgen, daß sich die besten Forschungsansätze durchsetzen, und viele andere scheitern lassen.

Eines Tages werden wir für die gegenwärtige Phase der DNA-Industrie dankbar sein. Sie wird zwar als eine durch viele Übertreibungen charakterisierte Periode in die Geschichte eingehen; dennoch lenkte sie in großem Maße die Aufmerksamkeit auf die ungeheuren Möglichkeiten der biologischen Wissenschaften – nachdem das „Gen" nun zugänglich geworden war. Letztendlich werden wir es eher schätzen als bedauern, daß die Universitäten sich in dieser besonderen, völlig neuen Art und Weise mit dem „schnöden Mammon" auseinandersetzen mußten. Das Verhältnis zwischen der Gesellschaft und ihren Institutionen der höheren Bildung war nie einfach, und gemeinsame praktische Ziele sind ein wichtiger Weg, um Gegensätze zu überbrücken. Wir freuen uns auf den Tag, an dem Wissenschaftler sich frei zwischen Hochschule und Industrie hin und her bewegen können und dabei ihre Kontakte erweitern und die scharfen Kanten von Mißverständnis und Mißtrauen abschleifen. Solch ein offener Pluralismus wird es ermöglichen, zum Wohle der Menschheit die besten Köpfe anzulocken und optimal zu fördern.

10. Spielen die Wissenschaftler Gott?

Wie weit dürfen Wissenschaftler bei der Erkundung der Geheimnisse des Lebens gehen? Wer soll entscheiden, ob ein Experiment ethisch vertretbar und ungefährlich ist? Welche Überlegungen sind zu berücksichtigen, wenn man von Laborerkenntnissen zur kommerziellen Anwendung oder zur klinischen Praxis übergehen will? Und nicht zuletzt, wie wird die neugewonnene, vielleicht erschreckende Fähigkeit, die Grundstruktur des Lebens selbst zu manipulieren, das Bild des Menschen vom Universum und seinem Platz darin beeinflussen? Dies sind nur einige der vielen ethischen, moralischen und philosophischen Fragen, die sich uns durch die Gentechnologie stellen. Keine von ihnen ist völlig neu, aber die Heftigkeit und das Ausmaß der Debatte übertreffen alles, was man in den biologischen Wissenschaften bislang erlebt hat. Die Situation erinnert an die Agonie der Atomwissenschaftler vor etwa vierzig Jahren.

Neben den Parallelen gibt es aber auch ein paar auffallende Unterschiede. Die Kernphysik entwickelte sich in einem ruhigen, abgeschirmten akademischen Umfeld und blühte im Schoße der weltkriegsbedingten Geheimhaltung auf. Die Gentechnologie dagegen war schon Gegenstand intensiver gesellschaftlicher Prüfung, als sie kaum mehr als das Luftschloß einiger Träumer war. Außerdem lösten die Wissenschaftler in diesem Fall selbst den Alarm aus. Die Geschichte ihrer frühen Bedenken ist einen Rückblick wert.

Ein einzigartiges freiwilliges Moratorium

Die Biochemiker, die in vorderster Front die Revolution der Molekularbiologie in Gang brachten, entstammen einem anderen Hintergrund und besitzen andere Fertigkeiten als die traditionellen, medizinisch orientierten Mikrobiologen, die sich routinemäßig damit beschäftigen, Krankheitserreger zu isolieren und zu lernen, wie man sie gefahrlos handhabt. Folglich war es nicht überraschend, daß die Molekularbiologen, als Tierviren und Säugetierzellen in Kultur zu einem Standardwerkzeug der Forschung wurden, sich Sorgen um die Laborsicherheit machten. Im Januar 1973 hielten sie in Asilomar in Kalifornien ein Treffen ab, um die Risiken bestimmter Arbeiten mit Viren zu diskutieren. Erstaunlicherweise löste weder diese Konferenz noch das daraus hervorgegangene Buch besondere Kommentare in den Medien oder anderweitiges Interesse in der Öffentlichkeit aus. Bis Juni desselben Jahres hatten sich dann die Dinge deutlich schneller weiterentwickelt als erwartet. Die außergewöhnliche Fähigkeit der Restriktionsendonucleasen, Gene ganz präzise auszuschneiden (siehe Kapitel 3), rückte voll in den Brennpunkt, und die ersten rekombinierten DNA-Moleküle waren Realität geworden. Die entscheidenden Fortschritte wurden auf einer Gordon-Konferenz in den Vereinigten Staaten diskutiert, und die Teilnehmer dieser Tagung beschlossen, ihre Sorge über potentielle Risiken der Öffentlichkeit mitzuteilen. Dies geschah in einem Brief, den man an die Präsidenten der National Academy of Sciences der USA und des National Institute of Medicine schickte und der im September 1973 in der weitverbreiteten Fachzeitschrift *Science* abgedruckt wurde.

Dieser erste Brief war mit großer Sorgfalt formuliert. Seine Argumente haben ihre Gültigkeit über die Zeit hinweg bewahrt. Der Brief beschreibt die technischen Möglichkeiten, DNA-Moleküle unterschiedlicher Herkunft miteinander zu verbinden und führt als Beispiel die Fusion viraler und bakterieller DNA an. Er fordert die Akademien auf, eine Kommission zur Untersuchung möglicher Risiken einzusetzen, die jedoch mit Nachdruck als mutmaßlich bezeichnet werden. Trotz längerer Artikel in *Science* und *The New Scientist* blieb die öffentliche Reaktion auch diesmal gedämpft. Die gewünschte Kommission zur Abschätzung der Risiken der Gentechnologie wurde aber gegründet, und als Vorsitzenden berief man Paul Berg, einen der Pioniere der DNA-Rekombinationstechnik, dessen Arbeiten später mit dem Nobelpreis ausgezeichnet wurden.

Die Kommission veröffentlichte im Juli 1974 einige ihrer wichtigsten Empfehlungen in *Science*. Der Beitrag wurde als „Berg-Brief" bekannt. Zu jener Zeit setzte man sowohl Phagen als auch Plasmide als Vektoren für rekombinierte Gene ein. Einige Wissenschaftler waren höchst besorgt darüber, daß als Wirtsbakterium üblicherweise *E. coli* diente, also ein Bewohner des menschlichen Darmtraktes. Was geschähe, wenn ein rekombinierter Organismus, der zum Beispiel Gene eines krebsauslösenden Virus trüge, aus dem Labor entwiche und sich seuchenartig ausbreitete? Könnte eine Krebsepidemie die Folge sein? Angesichts solcher erschreckender Perspektiven verlangte die Berg-Kommission ein freiwilliges, weltweites Moratorium für bestimmte Experimente, die man für risikoreich hielt. Sie empfahl außerdem, innerhalb der National Institutes of Health der USA einen Ausschuß einzurichten, der Versuche mit rekombinierter DNA überwachen sollte. Schließlich kündigte die Gruppe für 1975 ein repräsentatives internationales Treffen an, auf dem man die Situation erneut diskutieren wollte.

Der Berg-Brief ist nicht nur wegen seines gewichtigen Themas von historischer Bedeutung, sondern auch, weil in ihm zum ersten Mal eine Gruppe führender, verantwortlicher Biologen zu einem freiwilligen Aufschub von Experimenten aufgerufen hat, die zum Teil von außergewöhnlichem wissenschaftlichen Interesse waren. Außerdem hatte die Zunft der Wissenschaftler bis dahin Bedenken weitestgehend für sich behalten – jetzt jedoch forderte man die gesamte Welt zur Anteilnahme auf. Nachdem gewissermaßen die „Katze aus dem Sack" war, nahm auch die Berichterstattung in der Presse erheblich zu – besonders in New York und Washington. Soweit es sich feststellen läßt, wurde das Moratorium in den Vereinigten Staaten befolgt.

Die frühen Verfahren der Gentechnologie waren überwiegend in den Vereinigten Staaten entwickelt worden. Die raffinierten Kunstgriffe ließen sich jedoch relativ leicht nachvollziehen, so daß man mit Spannung die Reaktion der europäischen Wissenschaftler beobachtete. Zumindest aus finanziellen Erwägungen brauchten sie das in den USA ausgesprochene Moratorium nicht zu befolgen. Während dort ein Forscher, der die Vorschriften verletzte, mit einer Kürzung seiner Unterstützung rechnen mußte, konnte man die europäischen Forscher nur durch moralische Appelle über den Atlantik hinweg beeinflussen. Erwartungsgemäß waren die Reaktionen auf den Berg-Brief in Europa gemischt. Etliche führende Wissenschaftler befolgten das Moratorium; wenige setzten ihre Arbeiten unverändert fort, ohne allzuviel Aufhebens davon zu machen. Schließlich übernahm Großbritannien unter dem Vorsitz von Lord Ashby die Initiative und gründete eine einflußreiche Arbeitsgruppe, die im Januar 1975 einige sehr vernünftige und vertretbar restriktive Empfehlungen aussprach. Trotzdem dürfte das Moratorium in den Vereinigten Staaten, das von Juli 1974 bis Februar 1975 andauerte, den europäischen Molekularbiologen Gelegenheit gegeben haben, ihren Rückstand auf jenem so rasant fortschreitenden Gebiet zumindest ein wenig aufzuholen.

Als Ort für das große internationale Forum, auf dem Wissenschaftler der ganzen Welt über die Gentechnologie debattieren konnten, wählte man erneut Asilomar. Die internationale Gemeinschaft der Biologen bewies dort eindrücklich ihre Solidarität. Die meisten Industrienationen, einschließlich der Sowjetunion, schickten ihre besten Forscher. Sowohl die Presse als auch angesehene Juristen waren zahlreich vertreten. Nach sechs Tagen wissenschaftlicher Präsentationen und heftiger Diskussionen stimmte man mit nur wenigen Gegenstimmen für einen schriftlich fixierten Konsens. Die Konferenz beschloß, das Moratorium aufzuheben und statt dessen bindende Richtlinien aufzustellen, so daß gentechnologische Experimente unter entsprechenden Sicherheitsbedingungen fortgesetzt werden konnten. Sie empfahl zwei Wege, um die potentiellen Gefahren bei der Verwendung rekombinierter Organismen einzuschränken: biologische Sicherheitsmaßnahmen – insbesondere eine Abschwächung des jeweiligen Wirtsbakteriums oder Vektors in der Art, daß ein Überleben außerhalb der künstlichen Laborumgebung unmöglich ist – sowie technische Schutzvorrichtungen, die verhindern, daß Mikroorganismen überhaupt aus dem Forschungslabor entweichen können. Das Ausmaß der empfohlenen Sicherheitsmaßnahmen (englisch *containment*) variiert je nach Einstufung des Versuchs in Arbeiten mit minimalem, niedrigem, mittlerem und hohem Risiko. Entsprechend erhielten die Forschungslabors die Bezeichnungen P1, P2, P3 und P4, um die zunehmend komplizierteren Schutzvorkehrungen widerzuspiegeln. P1-Einrichtungen stehen für normale, strenge Sauberkeit, P2-Labors haben Eigenschaften ähnlich einem chirurgischen Operationssaal, P3-Sicherheitsmaßnahmen bedeuten Arbeiten in einem abgeschlossenen, keimfreien Labor mit speziellen Schleusen, und P4-Einheiten schließlich stellen die strengstüberwachten Forschungseinrichtungen für biologische Kriegsführung in den Schatten. Darüber hinaus verbot man – trotz der allgemeinen Aufhebung des Moratoriums – bestimmte Experimente mit extrem pathogenen Organismen vollständig. Später legte der Direktor der National Institutes of Health der USA detaillierte Richtlinien für die Laborpraxis fest, die sich an den allgemeinen, in Asilomar empfohlenen Grundsätzen orientierten, jedoch weit ausführlicher und entschieden strenger waren.

Die Aufhebung des Moratoriums ruft gegensätzliche Reaktionen hervor

Wie vielleicht vorherzusehen war, ernteten jene Wissenschaftler, die den ursprünglichen Berg-Brief unterstützten, für ihre Offenheit und Vorsicht wenig Lob von der Gesellschaft. Die weitaus größere Gruppe, die das Moratorium später aufhob, sah sich jedoch dem erbitterten

Widerstand von Bürgerinitiativen und anderen Gruppierungen sowie einer kleinen, aber nicht unbedeutenden Anzahl führender Wissenschaftler gegenüber. Trotz beredter Fürsprache von Fachleuten wie dem Nobelpreisträger Joshua Lederberg, der auf das unzweifelhafte und enorme Potential der Gentechnologie hinwies und auf die völlig mutmaßliche Natur ihrer Risiken, erhielten die Propheten des Untergangs den Löwenanteil der öffentlichen Aufmerksamkeit. Der renommierte Mikrobiologe Robert Sinsheimer drängte auf eine Fortsetzung des Moratoriums – wegen der möglichen biologischen Katastrophen, welche die neuartigen Formen sich schnell teilender Organismen seiner Ansicht nach verursachen könnten. Er warf auch tiefgründige gesellschaftliche Fragen auf: »Bis wohin wollen wir die Gentechnologie vorantreiben? Wollen wir ganz grundsätzlich die Verantwortung für das Leben auf diesem Planeten übernehmen, indem wir neue Lebensformen für unsere eigenen Zwecke entwickeln? Wollen wir unsere zukünftige Evolution selbst in die Hände nehmen?« Erwin Chargaff, einer der Pioniere der DNA-Entschlüsselung, forderte einen Aufschub der weiteren Forschung – wenn nötig, zwei bis drei Jahre lang –, bis ein anderer Wirt als *E. coli*, vielleicht ein Meeresorganismus, gefunden sei.

Zu der direktesten Konfrontation zwischen Wissenschaftlern und Öffentlichkeit kam es 1976 im Mekka der Grundlagenforschung, der Stadt Cambridge im US-Bundesstaat Massachusetts, wo sowohl die Harvard University als auch das Massachusetts Institute of Technology (MIT) beheimatet ist. Das auslösende Moment war der Antrag für den Bau eines P3-Labors. Gegner der Forschung mit rekombinierter DNA, darunter auch einige sehr prominente Wissenschaftler, trugen die Angelegenheit vor den Stadtrat. Dieser unternahm den beispiellosen Schritt, die Gentechnologie lokal mit einem dreimonatigen Moratorium zu belegen – ein Akt, der an der Harvard University und am MIT durchaus als legal betrachtet wurde. Letztlich setzte ein neu einberufener Untersuchungsausschuß eigene Sicherheits- und Gesundheitsstandards für die Stadt fest, die neben die landesweit geltenden Vorschriften der National Institutes of Health traten und ihnen übergeordnet waren.

Die Idee von der Einschaltung lokaler Ausschüsse in die Diskussion setzte sich nicht durch. Viele Länder, darunter auch Australien, übernahmen das Beispiel der Vereinigten Staaten und Großbritanniens, wo die Einhaltung der gentechnologischen Sicherheitsmaßnahmen hauptsächlich durch den Druck aus Kollegenkreisen (und bei Übertretungen durch die Kürzung von Zuschüssen) gewährleistet wurde. Insgesamt scheint dieses System gut funktioniert zu haben. Es gibt nur ein oder zwei bekannt gewordene Fälle, in denen die Regeln nicht befolgt wurden. Zeitweilig erwog man in den USA den Erlaß detaillierter und weitreichender Gesetze, sah aber schließlich doch davon ab. Dieses Muster wiederholte sich in mehreren europäischen Ländern.

Der Flaschengeist erweist sich als wohlwollend

Letztendlich bewahrheitete sich keine der Befürchtungen der Schwarzmaler. Die Fähigkeit des *E. coli*-Stammes K12 – des meistverwendeten Wirtsorganismus für rekombinierte Vektoren –, sich im menschlichen Darm anzusiedeln, erwies sich als sehr begrenzt. Menschen, die große Mengen solcher Bakterien aufnahmen, schieden zwar ein paar Tage lang einige wenige lebensfähige Vertreter dieses Stammes in ihrem Stuhl aus, doch danach war alles wieder wie vorher. Dies ist eigentlich nicht überraschend, denn die gesamte Erfahrung der Mikrobiologie legt nahe, daß Bakterien nach wiederholtem und lang andauerndem Wachstum in künstlichen Medien allmählich die Fähigkeit verlieren, ihren ursprünglichen Wirt zu infizieren. Außerdem sind die mikrobiologischen Sicherheitsmaßnahmen sehr effektiv, und selbst wenn sie es nicht wären, besteht doch ein gewaltiger Unterschied zwischen der absichtlichen Zufuhr einer Milliarde *E. coli*-Bakterien und der versehentlichen Aufnahme von einem oder zehn Organismen. Die Erfahrung aus buchstäblich Tausenden von Labors, die inzwischen mit rekombinierter DNA arbeiten, hat gezeigt, daß die Technologie als solche vollkommen sicher ist. Seit der Aufhebung des Moratoriums wurde nicht ein einziger Krankheitsfall gemeldet. Natürlich darf man die Sorge, jemand könne die Gentechnologie für üble Zwecke ausnutzen, nicht einfach vom Tisch wischen. Bis jetzt jedoch ist noch kein einziger Hinweis auf Forschungsvorhaben dieser Art aufgetaucht. Zurückblickend kann man feststellen, daß keines der befürchteten Risiken aufgetreten ist und daß die ursprünglichen Sicherheitsrichtlinien unnötig streng waren. In der Tat lockerten die National Institutes of Health Anfang 1979 ihre Vorschriften in bestimmtem Umfang. Viele Experimente rückten eine Stufe tiefer – statt eines P3-Labors war dann zum Beispiel nur noch eine P2-Einrichtung erforderlich. Die meisten anderen Länder folgten nach. Wir sind zuversichtlich, daß sich dieser Prozeß fortsetzen wird und daß die allermeisten Arbeiten mit rekombinierter DNA bald nur noch P1-Standards erfordern werden – also wenig mehr als die in Labors ohnehin übliche Sauberkeit.

Als ein weiterer Erfolg ist zu verzeichnen, daß anscheinend auch die Industrie weltweit die Richtlinien freiwillig befolgt hat. Dies ist insofern bewundernswert, als mit dem Einreichen von Forschungsprotokollen gelegentlich Unternehmensstrategien mit aufgedeckt werden, die normalerweise aus kommerziellen Gründen der Geheimhaltung unterliegen.

Der Widerstand gegen die Gentechnologie im historischen Zusammenhang

Nachdem illusorische, irrationale Ängste weitgehend ausgeräumt sind, können wir die zu Beginn des Kapitels gestellten Fragen realistischer angehen. Mit Sicherheit ermöglichen die Gentechnologie und ihre vorhersehbaren Weiterentwicklungen der Menschheit, mehr als je zuvor über die grundlegenden Lebensvorgänge herauszufinden und auf eine Art und Weise neue Lebensformen zu schaffen, die im Plan der Natur nie vorgesehen war. Diese gewaltige neue Macht beunruhigt viele Menschen.

Das Mißtrauen gegenüber der Wissenschaft ist keineswegs neu. In seinem brillanten Essay *Gedanken über die Neoromantische Kritik der Wissenschaft* erinnert uns Leo Marx daran, daß viele Schriftsteller des 18. Jahrhunderts »die Legitimität der Wissenschaft sowohl als Erkenntnismethode wie auch als soziale Institution« in Frage stellten. Alfred North Whitehead sah in dieser romantischen Reaktion »einen Protest im Namen einer organischen Betrachtungsweise der Natur und zugleich einen Protest gegen die Ausgrenzung von Werten« aus der nüchternen Anordnung von Tatsachen, welche die Früchte wissenschaftlicher Arbeit sind. Die idyllische, arkadische Vision der Natur als gut, erhaben und großzügig schien durch die unpersönliche Maschinerie der Technik herausgefordert, welche die Naturbestimmtheit des menschlichen Schicksals untergrub. Während die Verläßlichkeit wissenschaftlicher Erkenntnis in ihrem eigenen Bezugsrahmen seit den Tagen Galileos nicht wirklich ernsthaft in Frage gestellt worden ist, sieht Whitehead eine Diskrepanz zwischen dem, was die Wissenschaft in Form von Erkenntnissen zur Verfügung stellt, und dem, was sich die Menschheit tatsächlich im Sinne einer sinnvollen Existenz wünscht. Bezeichnenderweise erwähnen die romantischen Schriftsteller kaum die Auswirkungen von Wissenschaft und Technik auf die bedrückende Arbeitslast, welche die Armen auf sich nehmen mußten, um ihr kärgliches Dasein zu fristen. In neuerer Zeit beklagte C. P. Snow die Kluft zwischen den »zwei Kulturen«, aber selbst er sah nicht die Heftigkeit jener im Zuge der Jugend- und Studentenbewegung erweckten Antiwissenschaftskultur voraus, die ihren Höhepunkt während des Vietnamkrieges erreichte. Die Wissenschaft wurde zum Schurken, der nicht nur die Verantwortung für die Entwicklung der Vernichtungswaffen trägt, sondern auch eine Mentalität begünstigt, die deren Anwendung ermöglichte.

Grundsätzlich gibt es gegen größere technologische Veränderungen und damit indirekt gegen die Wissenschaft als solche zwei Arten der Opposition. Einerseits neigen Menschen dazu, Unbekanntes zu fürchten, vor Veränderungen zurückzuscheuen, bequeme vorgefaßte Meinungen beizubehalten und neue Umstände, die sie nicht selbst mitgeschaffen haben, abzulehnen. Dieser Form des Widerstands begegnet man am besten, indem man die Geschwindigkeit der technologischen Veränderung reguliert, und obwohl dies eine große Herausforderung für Politiker und andere Entscheidungsträger darstellt, hat die Politik hier doch zumindest die Möglichkeit, das Thema anzupacken und richtungsweisende Entscheidungen zu treffen.

Die zweite Art von Widerstand ist schwieriger beizulegen. Sie ist abstrakter und bezieht sich darauf, ob eine wissenschaftliche Betrachtung der Natur – immerhin ein noch junges Phänomen in der Menschheitsgeschichte – uns nicht vielleicht anderer Möglichkeiten der Wahrheits- oder Erkenntnisfindung beraubt. Theodore Roszak wirft die Frage auf, inwieweit eine feste Verpflichtung zu Wissenschaft als Realitätsprinzip »unsere besten Bemühungen, Ganzheitlichkeit zu erreichen, zunichte macht«. Er verknüpft das neue Kokettieren der Menschheit mit Wissenschaft und Technik mit dem zum Teil erschreckenden Trend zur Verstädterung und beklagt den »technokratischen Elitismus«, der nicht nur die Industrienationen kennzeichnet, sondern auch die Führungsebenen der meisten Entwicklungsländer beherrscht.

Es wäre viel zu einfach, diese Kategorie der Opposition gegen Wissenschaft als maschinenstürmerische Reaktion unzufriedener Minderheiten abzutun. Viele begabte und intelligente Menschen empfinden eine echte Bedrohung. Papst Johannes Paul II. äußerte zum Beispiel bei einer Ansprache vor der UNESCO folgende Ansicht:

»Die Zukunft des Menschen und der Menschheit ist durch die Wissenschaftler, trotz deren sehr ehrenwerten Absichten, bedroht, dramatisch bedroht . . . Ihre Entdeckungen wurden und werden immer noch – unter Mißachtung ethischer Gebote – in einem nie zuvor erreichten Ausmaß für tödliche und zerstörerische Zwecke ausgenutzt, wobei unvorstellbare Verwüstungen entstehen ... Dies gilt sowohl für die Manipulation von Genen und biologische Experimente als auch für die chemische, bakteriologische und atomare Aufrüstung.«

Diese Sichtweise mag extrem erscheinen, aber wir müssen uns fragen, warum sich die verschiedenen Gegenbewegungen, denen die Ablehnung populärer materieller und ökonomischer Ziele gemeinsam ist, so großer Unterstützung erfreuen. Überdies verzeichnen unsere Schulen ein sinkendes Interesse an den „härteren" Naturwissenschaften und eine verstärkte Hinwendung zu den „weicheren" Sozialwissenschaften. Die Enttäuschung über Wissenschaft und Technik ist offenbar in manchen Gesellschaftsbereichen stark ausgeprägt.

Zur Verteidigung der wissenschaftlichen Wahrheit

Der Vorstellung von Wissenschaft als etwas Inhumanem, das die Menschen kaltblütig einer wahrhaft befriedigenden Bestimmung beraubt, muß energisch widersprochen werden, denn sie beleidigt den gesunden Menschenverstand – sie ist schlichtweg falsch. Wenn es Schwächen gibt, so liegen sie in der Natur des Menschen und der Art und Weise, wie er von den gegebenen Möglichkeiten Gebrauch macht.

In der ganzen Welt hat man Wissenschaft und Technik aus einem einfachen Grund akzeptiert: Sie funktionieren. Nach Ansicht von Sir Peter Medawar ist »Wissenschaft im weitesten Sinne die mit Abstand erfolgreichste Unternehmung, mit der sich Menschen je beschäftigt haben«. Wir brauchen gar nicht so weit zu gehen wie Marcelin Berthelot, der erklärte, daß »die Wissenschaft in Zukunft die einzig wirklich humane Basis für Moral und Politik bilden wird«. Dennoch ist es unfair, Wissenschaft und Technik für Schwächen der menschlichen Natur verantwortlich zu machen, die so alt sind wie die Menschheit selbst: unangemessene Aggression, Selbstsucht, Gier und die chronische Unfähigkeit, seinen edelsten Bestrebungen gemäß zu leben. Wissenschaft und Technik die Schuld dafür zu geben, daß sie unseren Durst nach Spiritualität und Transzendenz nicht stillen, ist genauso unlogisch wie der Vorwurf an Literatur, Kunst und Musik, daß sie uns nicht ernähren, kleiden und schützen. Die Wissenschaft kann sich nur einem Teil des Phänomens „Mensch" zuwenden. Kaum jemand weiß das besser als die Wissenschaftler selbst, die als Gruppe belesener sind und sich intensiver mit menschlichen Werten befassen als viele andere Fach- und Berufsgruppen.

Zweifellos werden einige die gentechnologische Forschung als Beleidigung der Natur ansehen und die Überzeugung äußern, daß die Schaffung neuer Lebensformen allein in die Hände der Evolution und nicht in die der Menschen gehört. Wir müssen uns diese Meinung anhören, sollten aber ihren Vertretern unbedingt klar machen, wie sehr auch die konventionellen genetischen Methoden, welche die Menschheit schon seit zehntausend Jahren anwendet, das Ökosystem Erde beeinflußt haben. In der Tat könnte es schwierig sein, etwa eine krankheitsresistente Weizensorte, die vor 1975 durch „klassische“ wissenschaftliche Züchtungs- und Selektionsverfahren entstand, von einer anderen zu unterscheiden, die morgen mit Hilfe der neuen Technologie geschaffen wird.

Sollten wir wirklich darauf verzichten, die Suche nach Pilzen zu beschleunigen, welche bessere und billigere Antibiotika synthetisieren, weil die DNA-Rekombination irgendwie an sich „schlecht“ ist? Und falls das wenig sinnvoll erscheint – sollten wir dann zumindest die Hände von der genetischen Veränderung höherer Lebensformen wie Säugetiere lassen? Wenn aber durch die genetische Manipulation von Wachstumshormonen ein Stier statt in drei Jahren in sechs Monaten seine volle Größe erreichen könnte – wäre es angesichts der Tatsache, daß die Welt nach erstklassigem Protein hungert, verwerflich, solche Tiere zu schaffen?

Wie aber steht es mit Menschen als genetischen Versuchskaninchen? Genau dieser Aspekt hat wohl die meisten Bedenken und die größte Verwirrung in der Öffentlichkeit ausgelöst. Realistisch vorhersehen läßt sich heute nur die Möglichkeit der Manipulation von Zellen und Geweben eines erbkranken Menschen mit einem bestimmten funktionsuntüchtigen Gen. (Die ersten Versuche einer solchen Gentherapie haben wir in Kapitel 6 beschrieben.) Dies scheint ein lohnendes und edles Ziel zu sein. Es gibt zur Zeit keine Methode, um Einzelgendefekte in einer Person in dem Sinne zu heilen, daß man die entsprechenden Gene in sämtlichen Samen- oder Eizellen repariert. Um „schlechte“ Gene zum Nutzen späterer Generationen auszumerzen (oder zu reparieren), ist man folglich darauf angewiesen, die Spermien oder Eizellen oder auch frühe Embryonen im Reagenzglas zu behandeln (im Vorfeld einer künstlichen Befruchtung oder einer Embryoverpflanzung). Angesichts der Tatsache, daß solche Methoden in der Praxis wohl noch Jahrzehnte entfernt sind und daß in vielen Fällen rezessiver Genanlagen ohnehin die Selektion von Samen- und Eizellen sinnvoller sein dürfte, besteht für die Menschheit in dieser Hinsicht eigentlich kein Anlaß zur Sorge.

Wir kommen jetzt zu dem berühmten Bild vom „kleinen Finger und dann der ganzen Hand“ – etwa nach dem Motto: Wer heute die Thalassämie heilt, wird morgen auch gegen soziale Aufsässigkeit angehen. Wenn wir erst einmal den Beginn solcher Praktiken erlauben, wo wird das alles enden? Als erstes, wenn auch nicht unbedingt wichtigstes Gegenargument könnte man anführen, daß wir über die Vererbung komplexer Charakterzüge – ja selbst über die der meisten körperlichen Eigenschaften wie Kraft, Schönheit, der Neigung zu Fettleibigkeit und ähnlichem – nur eine sehr bruchstückhafte Vorstellung haben. Diese Merkmale sind ganz offensichtlich das Ergebnis des Zusammenspiels einer Vielzahl von Genen sowie von gesellschaftlichen und Umwelteinflüssen, die auf jeden einzelnen einwirken. Damit sind sie einer Gentherapie überhaupt nicht zugänglich und werden es wohl auch in Zukunft nicht sein. Und selbst wenn dies doch der Fall wäre, fiele es uns schwer, einer Argumentation zu folgen, die erklärt: „Ich werde diese gute Sache nicht tun, weil sie mich letztlich zu jener schlechten Sache führen könnte.“ In ihrer gesamten Geschichte hat die Menschheit immer wieder probiert, untersucht, erkundet, die Grenzen des Wissens ausgelotet und schließlich überschritten; dabei hat jede Generation auf dem Erbe ihrer Vorgänger aufgebaut. Diesen Wissensdurst zu leugnen, wäre wohl der sicherste Weg, die Ganzheitlichkeit der Menschheit zu zerstören.

Und wenn nun allein die chemische Natur des Menschen das Untersuchungsobjekt ist? Was bringt uns die Erkenntnis, daß wir „nicht mehr“ sind als ein paar DNA-Moleküle, die kopiert und abgelesen werden? Die Antwort ist wiederum von blendender Klarheit. Selbstverständlich nützt es uns, wenn wir besser verstehen, was wir sind. Im schlechtesten Fall können wir dieses Wissen immerhin dazu benutzen, unsere augenfälligsten Leiden zu verhindern oder zu heilen. Und im Idealfall mag es uns sogar helfen, vernünftiger miteinander umzugehen. Keine Erkenntnis einer natürlichen Wahrheit, die durch objektive Forschung gewonnen wurde, kann an sich schädlich sein – lediglich ihr Mißbrauch. Außerdem wird keine noch so tiefe, aus naturwissenschaftlichen Experimenten abgeleitete Einsicht in die physische Natur des Menschen von jenen Erkenntnissen ablenken oder mit ihnen konkurrieren, die wir durch die Geisteswissenschaften gewinnen; vielmehr sollten sich beide ergänzen können.

So wie man die Fortführung der gentechnologischen Forschung nie prinzipiell in Frage gestellt hat – nur das Wie und das Wann waren zeitweilig umstritten –, so ist auch die Frage nach der Anwendung der neuen Verfahren beim Menschen grundsätzlich schon beantwortet. Natürlich stehen hier zahlreiche, oft noch unscharf umrissene Probleme an, denen man sich nach und nach zuwenden muß und die sicherlich ganz anders aussehen werden, sobald sie nicht mehr hypothetisch sind. Wie können wir dafür Sorge tragen, daß die Revolution der Gentechnologie auch in Zukunft im Dienst der Menschheit stehen wird, daß man sie für gute Zwecke einsetzt und daß sie sich mit einer Geschwindigkeit entwickelt, die unsere Zivilisation nicht nur ertragen kann, sondern aktiv gutheißt? Solche wissenschafts- und gesellschaftspolitischen Themen wollen wir im nächsten Kapitel diskutieren.

11. Gentechnologie und Politik

Wissenschaftler haben in unserer Gesellschaft eine eigenartige, zum Teil schwierige Position inne. Einerseits erfreuen sie sich erheblicher Freiheiten bei der Verfolgung eigener Interessen; sie können ihre Kreativität walten lassen, ohne im selben Maße von täglichen Verpflichtungen eingeschränkt zu sein wie die meisten anderen arbeitenden Menschen. Andererseits leben sie hauptsächlich von öffentlichen Geldern und sind deshalb gewissermaßen verpflichtet, auf die Bedürfnisse der Gesellschaft einzugehen. Und ganz bestimmt stehen Wissenschaftler nicht über dem Gesetz. Ohne Zweifel hat die Macht der Wissenschaft, die Tagesordnung der Menschheit zu diktieren, gewaltig zugenommen. Brauchen wir folglich neue Gesetze und eine neue Politik, um die Forschung stärker zu kontrollieren?

Vorhandene Ebenen der Kontrolle von wissenschaftlichen Experimenten

Zunächst einmal sollte man darauf hinweisen, daß Forscher im heutigen Wissenschaftsbetrieb von vornherein einem vielstufigen Kontrollsystem unterliegen. Die teils direkten, teils indirekten Sicherungen beeinflussen die alltägliche Arbeit des Wissenschaftlers, und sie sind eine genauere Betrachtung wert. Erstens hat jede Forschungseinrichtung bestimmte Sicherheitsvorschriften, einen ausgebildeten Sicherheitsbeauftragten und einen entsprechenden Ausschuß. Sämtliche Aktivitäten in einer solchen Institution müssen diesen intern auferlegten Anforderungen genügen. Inzwischen findet man neben den traditionellen Sicherheitsausschüssen, die sich in erster Linie um Brände, Explosionen oder giftige Chemikalien kümmern, vermehrt Kommissionen für biologische Sicherheit. Zweitens benötigt jede Forschung Geldgeber. Wenn große staatliche Institutionen beteiligt sind, hat die finanzierende Körperschaft gewöhnlich eine Ethikkommission und verschiedene spezialisierte Komitees, welche die Sicherheit bestimmter Kategorien wissenschaftlicher Arbeiten beurteilen. Dies ist das wichtigste Druckmittel, das bisher bei der Forschung mit rekombinierter DNA eingesetzt wurde. Drittens muß man für Versuche am Menschen sowohl die Einwilligung der zuvor ausgiebig informierten Person als auch die Zustimmung eines Ethikausschusses der Klinik oder Universität einholen. Solchen Kommissionen gehören neben medizinischen Experten immer auch Laien an. Viertens müssen Wissenschaftler im Rahmen der normalen Verwaltungskontrollen der jeweiligen Institution Rechenschaft ablegen und riskieren folglich Strafen oder Disziplinarmaßnahmen, wenn sie sich auf ein Tätigkeitsfeld begeben, das außerhalb akzeptierter Normen liegt.

Indirektere Kontrollmechanismen sind ähnlich wirksam. Der Gruppendruck durch die Fachkollegen ist in der Wissenschaft allgegenwärtig, denn gerade deren Anerkennung zählt zu den begehrtesten Belohnungen. Jetzt, da Gebiete wie Gentechnologie, Embryonenforschung und Organverpflanzungen so sehr im Rampenlicht stehen, werden die Wissenschaftler selbst – mit den wohlvertrauten örtlichen Richtlinien im Kopf – jeden möglichen „Abweichler“ ausdeuten und zur Rede stellen. Der Prozeß der Publikation stellt eine weitere Ebene der indirekten Kontrolle dar. So mag der Herausgeber einer Fachzeitschrift den Bericht über Experimente, die irgendeine unnötige Grausamkeit gegenüber Tieren einschließen, schlichtweg ablehnen – genau wie er jedes Manuskript zurückweisen wird, das bei potentiell gefährlichen Versuchen nicht die entsprechenden Sicherheitsvorkehrungen beschreibt. Auch der Finanzierungsmodus leistet einen indirekten Beitrag. Wenn ein Projekt zwar nicht unmittelbar einer Sicherheitsbestimmung zuwiderläuft, sich aber hart an der Grenze zu bewegen scheint, könnte sein Betreiber sich benachteiligt sehen, sobald eine endgültige Prioritätenliste für die Geldmittelvergabe erstellt wird.

Alle bislang genannten Kontrollmechanismen entstehen mehr oder weniger innerhalb der Sphäre der Wissenschaft. Wie steht es mit Kontrollen von außerhalb? Für einige Gebiete gibt es spezielle rechtliche Vorschriften und Gesetze auf Bundes-, Landes- oder kommunaler Ebene; Beispiele sind maximal erlaubte Strahlungswerte oder zulässige Höchstmengen giftiger Abfälle. Für die Gentechnologie existiert – zumindest in vielen Ländern – eine solche Form der Kontrolle bislang nicht. (In Deutschland ist allerdings 1990 das sogenannte Gentechnikgesetz in Kraft getreten – und wird von etlichen Wissenschaftlern wegen seiner restriktiven Konsequenzen für die gentechnologische Forschung heftig kritisiert.) Oft sorgen schon die bereits vorhandenen allgemeinen Rechtsvorschriften und Verordnungen für Klarheit. Sollte zum Beispiel eine gentechnologische Forschungsgruppe die Sicherheitsstandards, Erlasse und Richtlinien ihres Landes mißachten und entstünde dadurch ein Schaden für eine oder mehrere Einzelpersonen, so könnten die Geschädigten mit guten Aussichten auf Erfolg klagen. Daß dies noch nicht geschehen ist, zählt zu den besten Belegen für die Sicherheit der bisherigen gentechnologischen Forschung!

Spezielle Gesetze oder flexible Richtlinien?

Solche Antworten stellen natürlich jene Wissenschaftskritiker nicht zufrieden, die der Öffentlichkeit bei Forschungsaktivitäten ein größeres Mitspracherecht einräumen wollen. Sie fordern eine spezifische Gesetzgebung für die als umstritten oder riskant angesehenen Bereiche. Auf dem Gebiet der Organverpflanzung ist solch eine Gesetzgebung seit Jahren in Kraft, und sowohl Patienten als auch Ärzte scheinen sie problemlos zu akzeptieren. In den meisten Ländern regeln Gesetze auch die Embryonenforschung und Bereiche wie Samenübertragung, Reagenzglasbefruchtung und Abtreibung. Auf diesen Feldern hat es eine Menge Auseinandersetzungen gegeben, die oft mit Verbitterung und sogar Haß geführt worden sind. Nicht selten wurden die entsprechenden Gesetze zudem weitgehend mißachtet. Können neue Gesetze dazu beitragen, die Entwicklung der Gentechnologie zu verbessern?

Die Befürworter einer speziellen Gesetzgebung führen für ihren Standpunkt eine Anzahl triftiger Gründe an. Bestimmte mikrobielle Agentien wie Krankheitserreger sind ganz offensichtlich gefährlich und dementsprechend bereits seit längerer Zeit Gegenstand verschiedener Gesetze und Vorschriften. Sollte die neugewonnene Fähigkeit, noch gefährlichere Abarten dieser Erreger zu schaffen, dann nicht Ausdruck in Erweiterungen oder Veränderungen jener Gesetze finden? Und wenn eine Technologie das Potential besitzt, katastrophale Schäden anzurichten (zum Beispiel durch die Freisetzung eines außerordentlich giftigen gentechnologisch erzeugten Mikroorganismus in die Umwelt oder durch die unkontrollierte unkrautartige Verbreitung einer Pflanzenvarietät mit überlegenen Wachstumseigenschaften) –, könnte dann nicht ein Punkt erreicht werden, an dem die Gesellschaft besser den Schutz des Gesetzes suchen sollte, statt sich auf freiwillige Beschränkungen zu verlassen? Gesetze könnten auch dafür sorgen, daß Überwachungskommissionen das ganze Spektrum der in der Gesellschaft vertretenen Standpunkte repräsentierten und mit wirklicher Macht ausgestattet wären. Darüber hinaus beklagt man schon seit längerem, daß der Gesetzgeber sich im allgemeinen vielen Auswirkungen der schnellen wissenschaftlichen Entwicklung nicht ausreichend zuwende; vielleicht könnte gerade das dramatische Beispiel der Gentechnologie als Auslöser dienen, den Rechtsstand und die Politiker diesbezüglich in die Pflicht zu nehmen. Schließlich mag der Ruf nach einer neuen Gesetzgebung auch eine stärkere Beteiligung der Öffentlichkeit an der Diskussion darüber fördern, wohin die Wissenschaft die Welt führt. All diese Argumente verdienen eine sorgfältige Prüfung.

Nachdem wir die Debatte 15 Jahre lang intensiv verfolgt und dabei großen Respekt für einige fähige Befürworter eines gegnerischen Standpunktes entwickelt haben, sind wir heute entschieden *gegen* die Einführung neuer Gesetze zur Gentechnologie. Es winken viele Komplikationen, aber keine Vorteile, wenn man auf diesem Gebiet den Weg der Gesetzgebung verfolgt. Erstens verändert sich die Technologie so schnell, daß die Gesetzesabfassung extrem schwierig wäre. Die Grenzen der Gentechnologie dehnen sich ständig aus, und die Trennlinie zwischen ihr und dem Rest der Zell- und Molekularbiologie verschwimmt zusehends. Zum Beispiel würde man die *Infusion* von DNA von einer Zelle in eine andere der Gentechnologie zuordnen, die *Fusion* zweier lebender Zellen mit dem Ziel der genetischen Hybridisierung jedoch nicht. Die Gesetze müßten wahrscheinlich erweitert werden, noch ehe die Druckerschwärze getrocknet wäre. Zweitens kennen zwar die schlimmsten Befürchtungen einer Gesellschaft keine geographischen Grenzen, ihre Gesetze jedoch durchaus. Würde ein bestimmtes Land Experimente mit rekombinierter DNA heute durch eine restriktive Gesetzgebung einschränken, so hielte dies die Forschung insgesamt nicht auf; sie würde sich einfach ins Ausland verlagern. Dafür gibt es tatsächlich Beispiele – etwa Fälle, in denen der eine Staat für ein bestimmtes Experiment eine P4-Einrichtung, also die strengste und teuerste Laboreinrichtung, vorschreibt und ein anderer nur ein entschieden weniger aufwendiges P3-Labor. Ein Land, das mit seinen Wissenschaftlern einen „harten Kurs" fährt, erreicht letztlich nur, daß es die Führung auf dem mit Verboten belegten Gebiet an weniger restriktive Länder abgeben wird. Drittens würde die Verabschiedung von Gesetzen immer noch nicht eines der Hauptanliegen der Kritiker erfüllen: nämlich die Kontrolle oder Mitbestimmung wissenschaftlicher Fragestellungen durch Nichtwissenschaftler. Ein Großteil der Gesetze wäre zwangsläufig sehr fachspezifisch und zudem provisorisch, bis man mutmaßliche Risiken besser untersucht hätte. Im wesentlichen müßten daher Fachleute nicht nur sämtliche Entwürfe erstellen, sondern auch die wichtigen Entscheidungen treffen. Das aber bringt uns mehr oder weniger zu der gegenwärtigen Situation zurück! Viertens mangelt es den bekannten Horrorszenarien an Realitätsnähe. Es ist sehr zweifelhaft, ob man wirklich Pflanzensorten maßschneidern kann, die sich wie ein Lauffeuer ausbreiten, oder ob sich Krankheitskeime schaffen lassen, die schrecklicher sind als die bereits existierenden wie die Erreger des Lassa-Fiebers oder des Botulismus. Zu guter Letzt sollte man sich daran erinnern, daß keine der diskutierten mutmaßlichen Gefahren jemals Wirklichkeit geworden ist.

Statt Gesetzeswerken geben wir den vielfältigen, offenen, „sanften" Regelmechanismen einer freien und rechtschaffenen Gesellschaft den Vorzug. Es gibt in der biomedizinischen Forschungsgemeinschaft einen festen Kern von Idealismus, und das Risikobewußtsein ist heute so weit entwickelt, daß die meisten Dummheiten rechtzeitig verhindert werden. Wissenschaftler wie Gesetzgeber haben von der fast ein Jahrzehnt dauernden Debatte viel profitiert. Die wichtigste Herausforderung ist jetzt nicht, die gentechnologische Forschung zu kontrollieren, sondern sie zu fördern.

Biologische Arten als geistiges Eigentum

Bevor wir den Rechtsschauplatz verlassen, sollten wir noch erwähnen, daß der Oberste Gerichtshof der Vereinigten Staaten 1980 mit der kleinstmöglichen Mehrheit von fünf zu vier Stimmen entschieden hat, daß ein lebender Organismus eine patentierbare Einheit darstellen kann. Dies ermöglichte es kommerziellen Unternehmen, ihr Engagement in der Gentechnologie unter der gleichen Art von Patentschutz auszubauen, wie er zum Beispiel für Medikamente oder Chemikalien gilt. Außerdem erlangte ein Patent Rechtsgültigkeit, das Stanley Cohen und Herbert Boyer auf die von ihnen entwickelten und bei den meisten gentechnologischen Arbeiten verwendeten Verfahren angemeldet hatten. Somit erhalten die Stanford University und die University of California in San Francisco von praktisch allen Gentechnologieprodukten, die auf den Markt kommen, Lizenz- und Patentgebühren – es sei denn, das Patent wird angefochten. Ob dies für die beiden Universitäten eine Goldgrube bedeutet, muß sich allerdings noch zeigen.

Selbstverständlich wirft die Patentierung lebender Organismen einige schwierige Rechtsfragen auf, die weit über den Rahmen dieses Buches hinausgehen. Wir möchten den interessierten Leser auf eine vorzügliche Arbeit mit dem Titel *Patenting of Life Forms* verweisen, die mit Unterstützung des Cold Spring Harbor Laboratory und unter der Herausgeberschaft von David W. Plant und anderen erschienen ist. Sie vereint die Ansichten von interessierten Wissenschaftlern mit denen von einigen der besten Juristen auf diesem Gebiet.

Die Notwendigkeit einer verstärkten Kommunikation zwischen Wissenschaft, Industrie und staatlichen Stellen

In Kapitel 9 haben wir erwähnt, daß etliche Regierungen Teilbereiche der DNA-Industrie in ihren Ländern aktiv fördern. Muß angesichts des Sturmes, der mit der Entstehung der Gentechnologie einherging, und der immer wieder erhobenen Forderungen nach neuen Vorschriften und Gesetzen nicht mehr geschehen, damit Politiker wie auch Juristen auf diesem Gebiet Schritt halten können? Was vermögen wir als Gesellschaft zu tun, um Entscheidungsträger auf den verschiedensten Ebenen stärker auf diese und andere Themen, welche komplizierte Technologien und wissenschaftliche Spezialisierungen betreffen, aufmerksam zu machen?

Diese Fragestellung ist, wie wir glauben, derzeit weit wichtiger als der Ruf nach neuen Gesetzen. Um sie anzugehen, müssen wir zuerst klären, warum eine deutlich intensivere Kommunikation und Diskussion überhaupt notwendig ist. Das entscheidende Manko liegt in dem mangelnden Wissen – oder gar der Gleichgültigkeit – innerhalb der Gesellschaft hinsichtlich des grundlegenden Forschungsprozesses sowie der Verknüpfung zwischen Grundlagenforschung und angewandter Entwicklung. Technologische Veränderungen beeinflussen unser Leben schon heute Tag für Tag auf die unterschiedlichste Art und Weise. Die Zukunft wird weitere bedeutende Neuerungen bringen. Auf manche hoffen wir fieberhaft (etwa auf ein Heilmittel für Krebs oder auf abgasfreie Fahrzeuge), anderen sehen wir eher mit einer Mischung aus Bewunderung und Besorgnis entgegen (mehr Roboter in den Fabriken, Raketenflüge als Reisemittel). Fast immer beschäftigen wir uns dabei ausschließlich mit den praktischen Endergebnissen der wissenschaftlichen Entwicklung, mit den abgeschlossenen Experimenten, die sich direkt auf unser Leben auswirken. Doch all diese Veränderungen – von den wichtigsten bis zu den unbedeutendsten – sind von Menschen abhängig, von Wissenschaftlern und Technikern, die in dem gewaltigen Unternehmen der globalen Forschung und Entwicklung arbeiten. Fast definitionsgemäß sind diese Menschen Spezialisten. Sie leben in einem Spektrum miteinander verwobener „Subkulturen“ und üben ihren Einfluß im allgemeinen eher in der Welt der Ideen aus als in den anerkannten Sphären der Macht, also in Politik und Wirtschaft. Daher sind in den Parlamenten der Welt oder in den Führungspositionen des öffentlichen Dienstes nur sehr wenig Wissenschaftler vertreten. Vielleicht noch erstaunlicher ist ihre ebenfalls geringe Präsenz auf der Managementebene von Industrie und Handel, sogar in Hochtechnologiebranchen. Insgesamt sind also Menschen mit dem Wissen und der Fähigkeit, die Zukunft technologisch zu gestalten, auf den höchsten Stufen der Entscheidungsfindung unterrepräsentiert.

Wissenschaftler und Techniker kennen das dynamische Zusammenspiel zwischen dem grundsätzlichen, durch Neugier motivierten Sondieren von Ideen und dem zielgerichteten Bemühen um einen erhofften praktischen Fortschritt sehr gut. Im allgemeinen wissen sie ziemlich genau, was sich bei entsprechendem Einsatz relativ bald erreichen läßt, was mittelfristig realisierbar erscheint und was noch außer Reichweite liegt. Weiterhin ist ihnen bewußt, daß man Fortschritte der letztgenannten Kategorie nur dann zuwege bringen wird, wenn man auf breiter Basis und mit Ausdauer die Grundlagenforschung vorantreibt, die „einfach" darauf abzielt, die Natur in ihrer ganzen Vielgestaltigkeit zu verstehen. Die Öffentlichkeit weiß hiervon jedoch wenig, und, schlimmer noch, sie interessiert sich kaum dafür.

Aus dieser Trennung zwischen dem Grundprozeß von Forschung und technologischer Veränderung einerseits und der Führung und Steuerung der gesellschaftlichen Entwicklung andererseits erwächst die Notwendigkeit einer besseren Kommunikation. Es sollte eine Verständigung unter gleichrangigen Partnern sein, die objektiv und neutral geführt wird. Die Wissenschaftler müssen die Öffentlichkeit darüber informieren, was sie tun, welche praktischen Ergebnisse man in absehbarer Zeit erwarten kann und welche längerfristigen Träume man mit Recht hegen darf. Die Gesellschaft sollte mit allen vorhandenen Mitteln der Kommunikation und Einflußnahme reagieren und so das Unternehmen Wissenschaft dorthin leiten, wo man Schwerpunkte setzen will. Dieser Prozeß ist natürlich in den meisten Ländern längst in Gang, er leidet jedoch unter bestimmten Beschränkungen.

Strukturelle Probleme erschweren eine objektive Kommunikation

Die erste Hürde ist das mangelnde Grundlagenwissen innerhalb der Gesellschaft. Den meisten Menschen – einschließlich vieler einflußreicher Führungspersönlichkeiten – fehlt die Geduld und das intellektuelle Durchhaltevermögen, wissenschaftlichen Argumenten zu folgen, selbst wenn diese in einer einfachen, allgemeinverständlichen Sprache vorgebracht werden. In vieler Hinsicht sind wir eine Gesellschaft von wissenschaftlichen Analphabeten, so sehr uns die Ergebnisse der Wissenschaft auch beeinflussen. Als Wissenschaftler, die sich immer wieder der Aufgabe stellen, die moderne Biologie verschiedenen Gruppen von Laien zugänglich zu machen, sind wir nur zu vertraut mit den fragenden Blicken oder der offenkundigen Verwirrung, die oft der Lohn unserer Bemühungen sind! Aus irgendeiner Versenkung scheinen Erinnerungen an Klassenzimmerqualen aufzutauchen, und ein bestimmter Schutzmechanismus sagt dem Zuhörer: »Dies ist nur für jemand sehr klugen bestimmt. Am besten überlasse ich das alles den Experten.« Die einfachste Reaktion für den Wissenschaftler ist, sehr schnell „zur Sache", also zu den praktischen Konsequenzen der Forschung, zu kommen und die zugrundeliegenden Prozesse weitgehend zu überspringen.

Aber auch der Wissenschaftler trägt seinen Teil der Schuld an der ungenügenden Kommunikation. Zwei Mängel sind besonders verbreitet. Erstens können oder wollen viele Forscher nicht von einer fachwissenschaftlichen zu einer allgemeinverständlichen Darstellungsweise überwechseln. Eine der Hauptsünden in wissenschaftlichen Veröffentlichungen besteht darin, übertriebene Behauptungen über die Allgemeingültigkeit einer bestimmten Entdeckung aufzustellen oder die Grenzen der jeweils gewählten Vorgehensweise zu verschweigen, die eine Einschränkung der allgemeinen Schlußfolgerung erforderlich machen könnten. Da Wissenschaftler diesen Fehler unbedingt vermeiden wollen, zeichnen sich ihre Publikationen oft durch eine geschraubte, stilisierte und eher spröde Prosa aus, in der immer wieder Wendungen auftauchen wie: »Tabelle III scheint anzudeuten, daß . . .« »Die Ergebnisse stehen mit der folgenden Interpretation in Einklang . . .« »Innerhalb der Grenzen des verwendeten experimentellen Aufbaus . . .« und so weiter. Außerdem strotzen die Veröffentlichungen gewöhnlich vor Fachausdrücken, die dem Forscher so geläufig erscheinen, daß ihre Unverständlichkeit für den Laien bei ihm Erstaunen auslöst. Wer wissenschaftliche Entdeckungen einem breiten Publikum vermitteln will, tut gut daran, zum Kern der Sache vorzudringen und eher unbedeutende Einzelheiten und Einschränkungen auszulassen – vorausgesetzt, er erweckt dadurch beim Zuhörer oder Leser nicht eine völlig falsche Vorstellung von den realen Ereignissen. Außerdem sollte man allgemein bekannte Ausdrücke und vielleicht vertraute Beispiele verwenden, um die Botschaft zu übermitteln. Zweitens fällt es Wissenschaftlern schwer, im Hinblick auf ihre eigene Arbeit objektiv und neutral zu bleiben. Oft suchen sie die Kommunikation mit dem Laien nur dann, wenn sie etwas wollen – normalerweise eine größere Fördersumme! Die Reaktion darauf ist vorhersehbar. Entscheidungsträger nehmen die Aussagen von Wissenschaftlern mit Vorsicht auf – manchmal zu Recht, häufig jedoch mit mehr Skepsis als nötig. Allzuoft findet die Kommunikation unter Bedingungen statt, die zumindest Ansätze einer feindlichen Beziehung enthalten, und viel zu selten in einer Atmosphäre des freien, aus reinem Interesse gespeisten Gedankenaustauschs.

Diese Beschränkungen zeigen sich am deutlichsten im Bereich der reinen oder Grundlagenforschung. Eine tiefsitzende Skepsis gegenüber ihrem Wert scheint der Bereitschaft der Politiker, Verpflichtungen gegenüber Universitäten und ähnlichen Institutionen einzugehen, Grenzen zu setzen. Auch das ist nicht allein der Fehler der Politiker. Man kann nicht oft genug wiederholen, daß die großen Fortschritte in der Fähigkeit der Menschheit, die Natur zu beherrschen, der durch reine Neugier angetriebenen, oft ziellos erscheinenden Forschung entstammen. Wer hätte die Prophezeiung gewagt, daß die Untersuchung irgendeines unbedeutenden bakteriellen Enzyms, das DNA in kleine Stücke zerhacken kann, den Ausgangspunkt einer neuen industriellen Revolution bilden würde? Eine Analyse aller bedeutenden Entwicklungen in der Technik zeigt schnell deren Abhängigkeit von der vorausgehenden Grundlagenforschung. Die Darstellung dieses Zusammenhanges sollte in keinem Versuch, Wissenschaft zu popularisieren, fehlen.

Sind die Probleme, die uns die Gentechnologie stellt, angesichts dieser Verständigungsschwierigkeiten und des mangelnden Hintergrundwissens vielleicht schlichtweg zu schwierig, um sie lösen zu können? Wir bezweifeln dies und wollen unsere Ansicht durch die Betrachtung einer der umstrittensten Fragestellungen veranschaulichen: der Freisetzung transgener Organismen. Wir halten es durchaus für möglich, solche Probleme anzugehen und zu begründeten und vernünftigen Richtlinien zu gelangen.

Die Einführung neuer Arten: Mais und Kartoffeln, Kaninchen und Feigenkakteen

Lassen Sie uns am Ende dieses Kapitels eine der schwierigsten Fragen der angewandten Gentechnologie diskutieren. Die Leistungsfähigkeit und Eleganz gentechnologischer Methoden stehen außer Frage, aber wollen wir sie auch außerhalb des Labors einsetzen? Mit der Einführung jeder neuen Technologie sind Risiken und Nutzen verbunden. In dieser Beziehung stellt die Gentechnologie keine Ausnahme dar. Jede neue Anwendung wird erhoffte Vorteile und vorhersehbare Risiken mit sich bringen. So kann man abschätzen, ob es wünschenswert ist, die betreffende Arbeit fortzusetzen. Für manche Bereiche, wie etwa die Herstellung neuer Pharmazeutika, ist die Antwort ein klares Ja. Wir sehen beispielsweise in der Produktion von TPA einen großen Nutzen – bei einem sehr geringen Risiko für die damit beschäftigten Arbeitskräfte, die Gesellschaft und die Umwelt. Aber es gibt auch Anwendungen, bei denen die Vorteile vielleicht nicht so groß oder die Risiken bedeutender oder schwieriger vorhersehbar sind. Wie soll die Gesellschaft in solchen Fällen vorgehen?

Um die Faktoren, die an der Entscheidungsfindung beteiligt sind, zu verdeutlichen, wollen wir die Freisetzung transgener Organismen in die Umwelt betrachten. Dies ist zweifellos eine der umstrittensten Anwendungen der DNA-Technologie. Welches Risiko gehen wir ein, wenn wir im Labor einen veränderten Organismus schaffen und ihn dann in die Außenwelt entlassen? Werden wir womöglich eine ökologische Katastrophe heraufbeschwören, wenn solch ein künstlich konstruiertes Lebewesen sich ausbreitet und dabei natürlich vorkommende Arten zurückdrängt? Sollte man besser jegliche Freisetzung veränderter Organismen verbieten?

Wie wir bereits gesehen haben, waren die Anfänge der Gentechnologie von Auseinandersetzungen gekennzeichnet. Vielen schien es durchaus möglich, daß im Labor geschaffene, genetisch veränderte Organismen die dort beschäftigten Forscher infizieren oder in die Umwelt gelangen könnten. Wie in Kapitel 9 beschrieben, boten technische Abschirmungsmaßnahmen und die Schaffung abgeschwächter Bakterienstämme einen Ausweg aus dieser Gefahr. Rückblickend haben wir es vermutlich diesen Vorsichtsmaßnahmen zu verdanken, daß die Experimente sicher verlaufen sind – jedenfalls gibt es nach mehr als einem Jahrzehnt solcher Versuche keinen einzigen dokumentierten Beweis für irgendwelche Gefährdungen.

Bei der bewußten Freisetzung genetisch umkonstruierter Organismen liegen die Dinge anders. Hier können wir uns nicht auf technische oder biologische Sicherheitsmaßnahmen verlassen, denn schließlich setzen wir diese Organismen frei, *damit* sie sich in der Umwelt vermehren und dort gedeihen. Lassen sich die Folgen einer Freisetzung solcher neuartiger Lebewesen überhaupt vorhersagen? Tatsächlich können wir in dieser Frage schon auf eine beträchtliche Menge von Daten zurückgreifen. Sie stammen aus Studien über die Einführung oder Einschleppung natürlicher Arten in neue geographische Gebiete.

Als Beispiel sei die Einfuhr von Tier- und Pflanzenarten durch Siedler oder zurückkehrende Entdecker erwähnt. Einige dieser Importe waren sehr nützlich – man denke nur an die im 15. und 16. Jahrhundert aus Amerika nach Europa gebrachten Nahrungspflanzen wie Mais, Kartoffeln und Tomaten. Andere hatten schlimme Folgen, denn manche neu eingeführte Art entwickelte sich rasch zu einer Plage, so zum Beispiel die Kaninchen in Australien. Aus der Analyse vieler solcher Fälle können Wissenschaftler eine Reihe von Kriterien erarbeiten, die erfüllt sein sollten, um das Risiko einer zu starken Ausbreitung eines veränderten Organismus auf ein Mindestmaß zu beschränken.

Die Erfahrung mit jenen „Experimenten der Natur" lehrt, daß eine massive, unkontrollierte Ausbreitung eines eingeführten Organismus im allgemeinen eher unwahrscheinlich ist. Falls es allerdings doch dazu kommt, kann der Schaden ganz erheblich sein. In Australien etablierten sich weniger als zehn Prozent der fremden Pflanzen, und nur zwei Prozent breiteten sich so stark aus, daß man sie als Unkräuter bezeichnen kann. Desgleichen sind in Großbritannien etwa ein Prozent der eingeführten Arten zu Schädlingen geworden.

Es gibt verschiedene Kriterien, die uns signalisieren, daß eine neue Spezies außer Kontrolle zu geraten droht. Dazu gehören die Fortpflanzungsrate und die Geschwindigkeit der Ausbreitung in der lokalen Umgebung ebenso wie die Hartnäckigkeit gegenüber Ausrottungsversuchen, das Ausmaß der ursprünglichen Freisetzung und – vielleicht am wichtigsten – die Anpassungsfähigkeit der neuen Art. Wenn ein Organismus unter vielen verschiedenen Bedingungen überleben und gedeihen kann, dann werden ihm große Gebiete als brauchbarer Lebensraum offenstehen. Ein Bakterium, das sich alle 20 Minuten teilt, bei vielen unterschiedlichen Temperaturen leben kann, eine große Vielfalt von Nahrungsquellen nutzt und resistent gegen Gifte ist, wird sich höchstwahrscheinlich schnell und weit ausbreiten. Ein anderer Organismus dagegen, der sich nur alle 20 Jahre vermehrt und in seinen Wachstumserfordernissen extrem anspruchsvoll ist, könnte wohl nur in einem begrenzten Areal überleben oder würde sogar völlig aussterben. Daher müssen die Gentechnologen ein neuartiges Lebewesen möglichst so maßschneidern, daß es lediglich in eine sehr spezifische ökologische Nische paßt. Zusätzlich wäre es klug, die freigesetzten transgenen Organismen in irgendeiner Weise abzuschotten, also zum Beispiel transgene Fische statt im offenen Meer in Fischfarmen zu züchten.

Solche Überlegungen können nur grobe Richtlinien liefern, weil unser ökologisches Wissen bislang nicht ausreicht, um die Folgen einer Freisetzung ganz genau vorherzusagen. Erfahrungen lassen sich nur durch Versuche gewinnen, bei denen man geringfügig veränderte Organismen freisetzt und zuvor so kennzeichnet, daß man ihre Verbreitung überwachen kann. Auf diese Weise lassen sich eine Menge Daten gewinnen, die bessere Voraussagen erlauben. Und mit dem neugewonnenen Wissen können wir dann auch die Freisetzung von Arten erwägen, die kommerziell bedeutender sind. Über jeden Versuch wäre anhand klar definierter Gefahrenkriterien einzeln zu entscheiden, und man müßte die Experimente kontinuierlich überwachen, um sie, falls nötig, sofort abbrechen zu können.

Schon 1988 wurden bereits mehr als ein Dutzend neuartiger Organismen in Feldversuchen kleineren Umfangs freigesetzt. Bei den meisten handelte es sich um Pflanzen, doch waren auch neue Bakterienstämme darunter. In Kalifornien besprühte man zum Beispiel Kartoffelpflanzen mit gentechnisch veränderten Bakterien, deren Anwesenheit die Bildung von Eiskristallen unterbinden und somit Frostschäden an den Feldfrüchten verhindern sollte. Diese Experimente lösten in der Öffentlichkeit eine heftige Debatte aus. Offensichtlich hatten die Firmen im Vorfeld der Versuche nicht genug Zeit investiert, um die Bürger zu informieren und ihnen Rede und Antwort zu stehen. Dies führte in der Öffentlichkeit zu einer sehr mißtrauischen und ablehnenden Haltung. Die Lage verschlimmerte sich noch, als man einen Fall aufdeckte, in dem ein Wissenschaftler unter Mißachtung der Bundesgesetze der Vereinigten Staaten genetisch veränderte Bakterien freigesetzt hatte, von denen er sich letztlich eine erfolgreiche Eindämmung des Ulmensterbens erhoffte. Solche einzelgängerischen Aktionen sind rundweg zu verurteilen. Die Öffentlichkeit erwartet auf diesem umstrittenen Feld mit Recht ein verantwortungsvolles Verhalten von Wissenschaftlern und Firmen. Wie geht man das Problem der Freisetzung transgener Organismen also auf vernünftige Weise an? Wir sind der Überzeugung, daß diese Technologie enorme Möglichkeiten birgt, daß man sie jedoch in einer wohlüberlegten und eher gemächlichen Gangart entwickeln sollte. Unternehmen könnten – mit einem Blick auf ihre Bilanzen und Aktienpreise – versucht sein, den Vorgang zu beschleunigen, aber eine praktische Notwendigkeit besteht dafür nicht. Schließlich leben wir in einer Welt, in der viele Länder Nahrungsmittelbestände vernichten, um die Preise hoch zu halten. So gesehen, können wir uns bei der Entwicklung neuer Pflanzen, die etwa in Regionen mit versalzten oder degradierten Böden überleben können, Zeit lassen. Gleichzeitig sollten wir uns aber sehr genau und intensiv mit jenen Vorgängen befassen, die für die jeweiligen Umweltzerstörungen ursächlich verantwortlich sind. Die Erhaltung des Status quo mit Hilfe zunehmend komplizierterer technischer Notlösungen ist eine Praxis, die letztendlich fehlschlagen wird. Mit der Anwendung der Gentechnologie könnten wir zwar etwas Zeit gewinnen, aber letztlich sollte dies nur ein Teil einer umfassenden Neubewertung vieler unserer umweltrelevanten Verhaltensweisen und Gewohnheiten sein.

Die Rolle des öffentlich-politischen Sektors bei der Förderung der Gentechnologie

In den biologischen Wissenschaften hat die „DNA-Story“ viel dazu beigetragen, daß die Bemühungen um ein Gespräch zwischen Wissenschaftlern und dem Rest der Gesellschaft verstärkt worden sind. Für die Probleme, die wir eben besprochen haben, gibt es keine einfachen oder endgültigen Lösungen. Sie erfordern eine allmähliche Einstellungsänderung und ständige Bemühungen. Auch dieses Buch ist als kleines Beispiel dafür gedacht, auf welche Art man Kommunikationsbarrieren niederreißen kann. Durch das lebhafte Interesse der Gesellschaft an allem, was die Gesundheit betrifft, werden solche Anstrengungen natürlich erleichtert. Die Schlußfolgerung mag vermessen sein, aber uns scheint, als sei die Gesellschaft nun bereit, dem politischen Sektor eine aktive Rolle bei der Förderung der Gentechnologie zu übertragen. Dies ist nicht zuletzt der ernsthaften Arbeit zu verdanken, die auf beiden Seiten des Zaunes geleistet wurde.

Es gibt drei Ebenen, auf denen Politik eine beträchtliche Wirkung entfalten kann. In Australien sind sie alle auf kreative Weise durch neue Initiativen in Angriff genommen worden. Die grundlegenden Prinzipien sind aber allgemeingültig und daher auf andere Länder übertragbar. Zur ersten Ebene gehört die umfassende Ausbildung von Wissenschaftlern und Technikern, die schließlich mit einem hohen Niveau von Sachkenntnis in der DNA-Industrie arbeiten können. Obwohl zu diesem Zweck hervorragende Grund- und Fortgeschrittenenkurse für Studenten natürlich notwendig sind, reicht dies allein nicht aus. Der kostengünstigste Weg, die Anzahl gut ausgebildeter Wissenschaftler zu vergrößern, besteht darin, die Erweiterung von Arbeitsgruppen auf diesem Gebiet unter renommierter Führung zu fördern. Der entsprechende Finanzierungsmechanismus sollte auf der Beurteilung durch Kollegen beruhen, aber gleichzeitig auf Richtlinien aufbauen, die deutlich machen, daß förderungswürdige Projekte genügend anwendungsorientierte Aspekte einschließen müssen. Ein solches Verfahren besäße quasi eine eingebaute Qualitätskontrolle und gleichzeitig eine relativ kurze Anlaufphase – ein klarer Vorteil gegenüber aufwendiger strukturierten und teuren nationalen Ausbildungsplänen.

Zur zweiten Ebene gehört die Förderung der Risikokapitalbildung. Dabei sollte man vorzugsweise sowohl große als auch kleine Unternehmen motivieren, sich die Risiko-Ertrags-Gleichung in diesem Bereich genau anzusehen. Steuerliche Anreize stellen hier eine einfache und wirksame Methode dar, die Ausgabe langfristiger Anleihen zu niedrigen Zinsen eine andere. Auch eine Aktienbeteiligung seitens staatlicher Institutionen sollte man erwägen. In kleineren Ländern reicht vielleicht der Zugang zu Kapital allein nicht aus, um eine Biotechnologie-Industrie zu schaffen. Programme, die Erfindern und Unternehmern helfen, Managementkenntnisse zu erwerben, könnten hier wichtig sein. Um kleine Firmen bei der Weiterentwicklung einer Entdeckung zu unterstützen, sollten Regierungsstellen – wie hier und da schon geschehen – eine Beratung über Absatzmärkte, ökonomische Machbarkeit, internationale Handelsmöglichkeiten und ähnliches anbieten. Exportanreize dürften vor allem in Ländern mit einem begrenzten heimischen Verbrauchermarkt wertvoll sein. In den Anfangsjahren muß der Staat wahrscheinlich in den meisten Ländern fördernd eingreifen, um ihnen überhaupt eine Chance zu geben, auf diesem Gebiet mit den USA zu konkurrieren.

Ein dritter Bereich, dem man Aufmerksamkeit schenken muß, ist die Beziehung zwischen den Universitätsabteilungen, welche die DNA-Forschung vorantreiben, und den Industrieunternehmen, die diese Fortschritte umsetzen und nutzen wollen. Diese Bemerkung mag banal erscheinen, aber es ist eigenartig, welch beträchtliche Kluft diese beiden Welten immer noch trennt – trotz der in Kapitel 9 erwähnten Annäherung. Zusätzlich zu den dort genannten spontanen Entwicklungen kann eine zielgerichtete Politik diese Kluft durch Maßnahmen verkleinern, die dem Wissenschaftler Anreize bieten, aktiver nach einem kommerziellen Partner zu suchen. Im Rahmen eines in Australien eingeführten Förderprogramms werden Finanzmittel bevorzugt an solche Universitätsabteilungen vergeben, die offizielle Verbindungen zu Firmen geschaffen haben, welche die Forschungsergebnisse zur wirtschaftlichen Verwertung bringen wollen und können. Programme, die den Austausch von Beschäftigten zwischen Universitäten, Forschungsinstituten und der Industrie fördern, sind ebenfalls attraktiv. Sie ermutigen jüngere Wissenschaftler, die starren Grenzen für Förderungszeiträume von zwei bis drei Jahren zu überschreiten, und erlauben älteren Forschern eine sechs- bis zwölfmonatige Befreiung von ihren universitären Verpflichtungen. Es wäre wichtig, den Austausch in beide Richtungen zu unterstützen und die Karriereaussichten der Beteiligten abzusichern. Solche Programme sind nicht teuer, schaffen jedoch ein Klima, in dem sich das traditionelle Mißtrauen recht schnell abbauen läßt – vorausgesetzt, beide Sektoren erfüllen ihre jeweilige Aufgabe in der Gesellschaft ordnungsgemäß.

Natürlich werden sich die Details der staatlichen Maßnahmen in den einzelnen Ländern unterscheiden und sich im Laufe der Zeit auch verändern. Die australische Politik bewegt sich erfreulicherweise genau in die eben beschriebene Richtung. Australien ist ein Land mit wenig Einwohnern und nicht gerade für den Erfolg seiner herstellenden Industrie bekannt. Es muß im internationalen Vergleich in diesem Bereich unbedingt konkurrenzfähiger werden. Seine lange Tradition hervorragender biologischer Grundlagenforschung wie auch die breite Anerkennung der Tatsache, daß die Biotechnologie die Möglichkeit bietet, hochwertige Produkte zu schaffen, für welche die Entfernung von den Exportmärkten nicht den üblichen drastischen Nachteil darstellt, kündigen aber eine aufregende Zukunft an.

12. Ferne Horizonte

Spekulationen über die Zukunft der Gentechnologie fallen gewöhnlich in eine von drei Kategorien, die allesamt fähige und wortgewaltige Sprecher haben. Manche Beobachter sind vor allem von dem industriellen und kommerziellen Potential fasziniert und sehen neue Silicon Valleys entstehen, die ganze Nationen in ein goldenes Zeitalter des Wohlstandes katapultieren könnten. Dann gibt es diejenigen, deren vorrangige Sorge zwei verschiedenartigen Gefahren gilt. Zum einen befürchten sie eine gewollte oder unbeabsichtigte Freisetzung hochpathogener Arten in die Biosphäre; zum anderen sind sie beunruhigt, daß ein übertrieben mechanistisches Verständnis von der Natur des Lebens die Menschheit weiter zum Materialismus und zu einer sterilen, stereotypen Weltsicht treiben könnte, in der feine Abstufungen und Werte keinen Platz mehr haben. Als dritte Gruppe kommen schließlich noch die Wissenschaftler selbst hinzu. Viele von ihnen betrachten die Molekularbiologie als den Schlüssel zur Lösung praktisch aller großen Rätsel, denen sie sich gegenübersehen, und halten sie daher für die Fachrichtung, der vor allen anderen Gewicht und Unterstützung gebührt.

Die Wirklichkeit ist natürlich komplexer, und jedes der genannten Extreme bedarf der Kommentierung. Nur weil ein Verfahren oder Produkt mit dem Etikett „Gentechnologie“ oder „High-Tech“ versehen ist, verfügt es noch lange nicht über magische Eigenschaften, mit denen es unverzüglich den Markt erobern und seine Förderer zu Reichtum bringen könnte. Bei allen Arten der industriellen Anwendung, die wir in diesem Buch besprochen haben, muß das einzelne gentechnologisch erzeugte Produkt erst seine Überlegenheit gegenüber den schon vorhandenen Alternativen beweisen. Dies wird stets ein harter Kampf sein – mit wenigen Gewinnern und vielen Verlierern. Die Silicon-Valley-Beobachter erwähnen nur selten, daß jedem erfolgreichen Aufstieg einer kalifornischen Elektronikfirma buchstäblich Massen von Konkursen gegenüberstanden. Es gibt keinen Grund, warum es bei der DNA-Industrie anders sein sollte. Die große Publizität der Gentechnologie hat zwar das allgemeine Wissen um ihr kommerzielles Potential in sehr erfreulicher Weise gesteigert. Dennoch wird es in der nahen und ferneren Zukunft darauf ankommen, in jedem Einzelfall eine sorgfältige und realistische Analyse der sich abzeichnenden Möglichkeiten vorzunehmen – immer vor dem Hintergrund eines gerechtfertigten langfristigen Optimismus.

Die Furcht vor den Gefahren der Gentechnologie wird unbegründet bleiben

Keine der vorhergesagten Gefahren der Gentechnologie wird eintreten. Was mögliche ökologische oder epidemiologische Katastrophen betrifft, so haben wir in den Kapiteln 10 und 11 bereits die Wirksamkeit vorhandener Sicherheitsmaßnahmen behandelt. Hier möchten wir nun einen weiteren, spekulativen Aspekt einbringen. Der Evolution stand eine sehr lange Zeit zur Verfügung, um die gegenwärtige, sich ständig verändernde, jedoch ausgewogene und außerordentlich vielfältige biologische Ausstattung unseres Planeten hervorzubringen. Entscheidend für diesen Prozeß war die Veränderbarkeit der Erbsubstanz DNA im Laufe der Generationen. Bei jeder Verdoppelung können Kopierfehler auftreten, die einzelne Gene abwandeln. Zusätzlich zu diesen Mutationen können Viren oder andere Vektoren von außen neue Gene in die Zellen einschleusen. Gene vermögen überdies innerhalb der Zelle umherzuspringen. Und im Zuge der sexuellen Vermehrung werden sie immer wieder zu neuen Konstellationen zusammengefügt. So sind in der Evolution manche Arten entstanden, die uns mit ihrer Fähigkeit, große Zerstörungen anzurichten, erschrecken – etwa die Erreger der Beulenpest oder die Heuschrecken, die ganze Getreidegebiete verwüsten. Doch selbst die furchtbarsten Belege für die Macht der Evolution, ein Ökosystem einer einzigen Spezies quasi auszuliefern, haben ihre Grenzen in Zeit und Raum. Die Pest vernichtete nicht die westliche Zivilisation. Und die Heuschreckenplagen bedeuteten nicht das Ende einer geregelten Landwirtschaft. Obwohl wir nicht in Frage stellen, daß die Gentechnologie Arten mit wahrhaft erstaunlichen Eigenschaften hervorzubringen vermag, so bezweifeln wir doch die Fähigkeit aller solcher Arten, die Welt zu zerstören – wie wir schon in Kapitel 11 ausführlich diskutiert haben. Die Rückkoppelungsschleifen innerhalb von Ökosystemen sind zu vielfältig und zu zahlreich, um dies zuzulassen. Es gibt nur eine Spezies, welche die Welt vernichten kann: der Mensch mit seiner schrecklichen Erfindung, den Kernwaffen.

Damit kommen wir zu der zweiten Kategorie angeblicher Risiken. Wir haben in Kapitel 10 argumentiert, daß wissenschaftliche Ergebnisse und Erkenntnisse keineswegs zu einer Entmenschlichung führen, sondern vielmehr das Beste im Menschen anspornen. Nun wollen wir noch einen Schritt weiter gehen und behaupten, daß ein tieferes Verständnis der biologischen Natur des Menschen – nicht durch wenige Experten, sondern durch die breite Masse der Bevölkerung – sich als geradezu befreiende Kraft erweisen könnte. Unwissenheit, Aberglaube, die Furcht vor undurchschaubaren dunklen Mächten, Unterdrükkung durch die wenigen, die Wissen und Macht besitzen – dies waren die Beschränkungen, die jahrhundertelang den menschlichen Geist gefesselt haben. Die Überzeugung, daß selbst die grundlegendsten und verborgensten Gegebenheiten des Lebens – die Natur des Bewußtseins, die Einzigartigkeit jedes Individuums – geordneten Prozessen folgen, die ihrerseits bestimmten Gesetzen gehorchen und Struktur besitzen, sollte es dem einzelnen erlauben, sich seinem Schicksal bewußter und mit größerer Kraft zu stellen. Wenn außerdem die Überzeugung wächst, daß man diese Gesetze und Strukturen erkennen und verstehen kann, so wird der Mensch gewiß aufrechter und freier in die Zukunft schreiten, entschlossener, diese Zukunft selbst zu gestalten. Während die Wissenschaft die biologischen Grundlagen des Phänomens „Mensch“ Schritt für Schritt enthüllt, entsteht – fernab von einem sterilen und eintönigen Bild – ein reich verziertes, detailreiches Mosaik, verwirrend in seiner Komplexität, Vielfalt und Feinstruktur. Von diesem Endpunkt sind wir allerdings noch weit entfernt, und wir tasten uns – in dem eher „taxonomischen“, beschreibenden Stadium der heutigen Genforschung – nur langsam vor. Noch können wir aufgrund von DNA-Sequenzen einen Einstein nicht von einem Idioten und einen Mozart nicht von einem unmusikalischen Philister unterscheiden. Wir haben jedoch einen ersten Schritt getan. Vollständiger als je zuvor vermögen wir die Unterschiede in der genetischen Ausstattung zweier Menschen zu beschreiben. Wir sind in der Lage, gewichtige Aussagen über die Krankheiten zu machen, die jeder der beiden mit größerer Wahrscheinlichkeit bekommen wird, sowie über mögliche biochemische Defekte, die sie an ihre Nachkommen vererben könnten. Naturgemäß galt das erste Interesse der Forscher den Anomalien, die möglicherweise in der Erbsubstanz aufzuspüren waren; inzwischen hat man aber auch mit der Analyse von genetischen Unterschieden zwischen gesunden Menschen als eigenständiger Fragestellung begonnen. Die Verknüpfung solcher genetischer Befunde mit den körperlichen oder geistigen Eigenschaften, die uns so wichtig sind, stellt eine gewaltige Aufgabe dar – eher die Arbeit von Jahrhunderten als von Jahrzehnten. Mit Sicherheit brauchen wir jedoch das Ergebnis nicht zu fürchten.

Die Gentechnologie hat die Allgemeingültigkeit, Schönheit und Ordnung biologischer Gesetze offenbart. Diesen Gesetzen entspringt jene Vielfalt des Lebens, die wir bewundern und verehren. Nun gilt es dafür zu sorgen, daß die hier zum Vorschein kommenden zentralen Wahrheiten ihren Weg in die Schullehrpläne finden – nicht nur für jene relativ wenigen Kinder und Jugendliche, die sich dem Fach Biologie in besonderem Maße zuwenden, sondern für alle heranwachsenden Staatsbürger. Im tiefsten Sinne gehören Struktur und Funktion der DNA heute genauso zu unserem kulturellen Erbe wie die Werke Goethes, der Lauf der Geschichte oder all die anderen Dinge, die ein gebildeter Mensch unserer Ansicht nach wissen sollte. Das Zeitalter, in dem schon ab der Mittelstufe die Grundlagen der Molekularbiologie und Gentechnologie gelehrt werden, könnte sich durchaus als das Zeitalter erweisen, in dem die Menschheit endlich mit der Wissenschaft, einer ihrer hervorragendsten Errungenschaften, in Einklang kommt und nun gereift dafür Sorge trägt, daß deren Potential nur für gute Zwecke genutzt wird.

Die Molekularbiologie als Krönung der Biowissenschaften?

Die dritte Gruppe von Futurologen kommt aus der Wissenschaft selbst und äußert ihre Spekulationen gewöhnlich nicht in der Öffentlichkeit; vielmehr übt sie ihren Einfluß innerhalb des Systems aus – eher unausgesprochen, aber trotzdem effektiv. Wir meinen die Entscheidungsträger, Trendsetter und Vorbilder, die aus dem Inneren der akademischen Gemeinschaft heraus die Richtung der Wissenschaft bestimmen. Viele von ihnen räumen der Molekularbiologie eine Vorrangstellung als wichtigstes Fach innerhalb der Naturwissenschaften ein. Molekularbiologe zu sein, ist das Allerhöchste. Wer sich einer anderen biologischen Disziplin widmet, sollte sich besser einen Molekularbiologen als Mitarbeiter suchen, um im wissenschaftlichen Rennen nicht zurückzufallen. Die Molekularbiologie genießt eine solche Wertschätzung, weil sie die große harmonisierende und verschmelzende Kraft in der Biologie ist, die alle Fachgebiete vereint. Und natürlich stellt die Gentechnologie das wichtigste Instrument des Molekularbiologen dar.

Eine derartige Sichtweise mag verdienstvoll sein, aber in mancher Hinsicht ist sie auch fragwürdig und ein wenig erschreckend. Daß die Molekularbiologie und die Genetik als Hilfsmittel bei dem großen Abenteuer der heutigen Biowissenschaft eine entscheidende Rolle spielen, steht außer Zweifel. Ob man nun auf dem Gebiet der Medizin, der Veterinärmedizin oder der Landwirtschaft arbeitet, ob man grundlegende biologische Prozesse zu verstehen sucht oder ein praktisches Ziel verfolgt, ob man sich vor allem mit dem Gehirn, der Leber oder dem Immunsystem befaßt – immer wird man es auf irgendeiner Ebene des Problems mit Zellen und der komplizierten Verständigung zwischen ihnen zu tun haben. An diesen Vorgängen sind Proteinmoleküle entscheidend beteiligt. Um sie zu verstehen, muß man also mehr über Proteinstrukturen wissen, und wenn man in sie eingreifen will – ob zum Guten oder zum Bösen –, muß man Medikamente oder andere Substanzen verabreichen, die bestimmte Proteine nachahmen oder hemmen. Dank der im letzten Jahrzehnt entwickelten, überaus leistungsfähigen Methoden der Gentechnologie können wir heute die Struktur von DNA, RNA und Proteinen auf völlig neue Art und mit atemberaubender Geschwindigkeit analysieren. Gentechnologische Verfahren haben viele traditionelle Methoden der Untersuchung biologischer Probleme ersetzt und etliche andere erheblich erweitert. Falls man über zukünftige Entwicklungen überhaupt irgend etwas mit völliger Sicherheit vorhersagen kann, dann dies: Die Gentechnologie wird uns grundlegende Informationen über die verschiedensten biologischen Systeme liefern und damit die ihr zugeteilten Mittel mehr als rechtfertigen. Ihr Beitrag zur Grundlagenforschung mag sich sogar als ihr größter Nutzen erweisen.

Obwohl die naturwissenschaftliche Forschung sich ständig verändert und ihre technische Komplexität gewaltig wächst, dreht sie sich doch im Grunde zuallererst um Ideen. Hochentwickelte Verfahren sind absolut notwendige Hilfsmittel, und vielleicht fallen auch Forschungspreise vor allem in die Hände derjenigen, welche die meisten dieser Werkzeuge beherrschen oder sie am effektivsten einsetzen. Das Wesentliche in der Wissenschaft sind aber die phantasievollen und doch logischen Konzepte und Ideen, die der menschliche Verstand produziert, wenn die Werkzeuge ihre Arbeit getan haben. Das unterscheidet die Wissenschaft von der Technik (oder die Forschung von der Entwicklung). Deshalb ist es wichtig, im Auge zu behalten, daß die Gentechnologie lediglich ein Werkzeug darstellt. Wie in der Physik kann man auch in der Biologie die komplizierten Phänomene der Natur und des täglichen Lebens, die wir zu verstehen trachten, aus vielen Blickwinkeln besehen. Nehmen wir ein einfaches Beispiel aus der Medizin, etwa einen Patienten mit Multipler Sklerose (einer bislang unheilbaren Krankheit des Zentralnervensystems). Der Neurologe wird hier in erster Linie ein Problem von Diagnose und Therapie sehen; seine Ansatzpunkte sind die Analyse der geschilderten Symptome und der körperlichen (klinischen) Anzeichen sowie diagnostische Tests. Unter Berücksichtigung der Einzigartigkeit des jeweiligen Krankheitsfalles wird der Arzt aus den vorhandenen Möglichkeiten eine bestimmte Behandlung auswählen. Dagegen beschäftigt sich der klinische Immunologe eher mit den auslösenden Mechanismen: Ist die Krankheit einem latenten Virus zuzuschreiben, einer unangemessenen Immunabwehr oder etwa beidem? Der Neurologe wiederum mag sich des weiteren an diesen oder jenen Kollegen aus den Neurowissenschaften wenden: Der eine wird mit Hilfe komplizierter elektronischer Aufzeichnungsgeräte die Beeinträchtigung der Nervenleitung bis ins Detail untersuchen; ein anderer wird die im Serum des Patienten vorhandenen Antikörper analysieren, um herauszufinden, ob einige davon die Fähigkeit besitzen, Nerven zu schädigen; ein dritter wird nach bestimmten Genen suchen, von denen man weiß, daß sie das Risiko einer Erkrankung erhöhen; ein vierter schließlich wird sich mehr dafür interessieren, welche Moleküle auf den Nervenzellen im Laufe der Krankheit angegriffen worden sind. Aber neben dem Neurologen und dem Neurowissenschaftler – gewissermaßen „darüber" und „darunter", um es überspitzt darzustellen – gibt es noch andere, die an der Erforschung der Multiplen Sklerose beteiligt sind. „Darüber" finden wir den Epidemiologen, der versucht, die besondere Art der geographischen Ausbreitung dieser Krankheit zu verstehen, sowie den Fachmann für das öffentliche Gesundheitswesen, der erarbeitet, wie man die Patienten mit den vorhandenen, begrenzten Mitteln am besten versorgen kann. „Darunter" steht das ganze Spektrum der biologischen Grundlagenwissenschaften, die Erkenntnisse über die Struktur, die Organisation und die Funktion des Gehirns vermitteln können.

Der springende Punkt dieses einfachen Beispiels besteht darin, daß jeder der genannten Blickwinkel berechtigt und wertvoll ist. In jedem Bezugsrahmen entsteht neues Wissen, und neue Einsichten vergrößern die Möglichkeiten eines Eingreifens. Eines Tages wird man das Rätsel schließlich lösen, und die dann frei werdenden menschlichen Energien stehen wieder für andere Probleme bereit. Jede Ebene des Suchens und Bemühens wird ihre eigene Sprache und ihre Einheit als Fachgebiet behalten, während sie auf allen erdenklichen Wegen die Kommunikation mit den Ebenen direkt „darüber" oder „darunter" sucht. Jede wird außerdem einen bestimmten Bereich für jene neuen Probleme reservieren, die sich mit jeder gefundenen Lösung stellen. Für dieses vieldimensionale Netzwerk global betriebener Wissenschaft sehen wir bis in die fernste Zukunft hinein nichts anderes als ein grenzenloses Wachstum voraus. Insofern gilt es, das Gleichgewicht und die Ordnung zwischen den einzelnen Ebenen und Disziplinen unbedingt zu erhalten. Alle neuen Mittel auf dem Gebiet der Multiplen Sklerose in die Epidemiologie zu stecken, hätte genausowenig Sinn, wie sie ganz auf die Immunologie oder auf elektrophysiologische Diagnoseinstrumente zu konzentrieren.

Deshalb wird die Kunst für die weltweite biologische Wissenschaft darin bestehen, das wahrhaft überwältigende Potential der Gentechnologie auszuschöpfen, ohne andere fruchtbare Fachrichtungen zu beeinträchtigen. Viele der interessanten Fragestellungen, an denen Gentechnologen arbeiten, stammen aus ihrem eigenen Bezugsrahmen, doch weitaus mehr kommen von außen. Krebsforscher, Immunologen, Endokrinologen, Neurobiologen und viele andere suchen die kollegiale Unterstützung der Gentechnologen in einem Ausmaß, das der jüngeren Generation leicht die falsche Vorstellung vermitteln könnte, dies sei der einzig gangbare Weg. Die Mehrzahl der Fragestellungen, für die wir molekulare Erklärungen suchen, wird jedoch auch in Zukunft von außen kommen; daher brauchen wir Wissenschaftler, die sich den „höheren" Disziplinen widmen (und in deren Traditionen stehen), um einen steten Nachschub für die Gentechnologen zu gewährleisten.

Warum halten wir eine übertriebene Fixierung auf die Gentechnologie nur für eine geringe Gefahr? Weil wir, alles in allem, der Überzeugung sind, daß der globale Wissenschaftsbetrieb in einem guten Zustand ist und über genügend Selbstkorrekturmechanismen verfügt. Das bedeutet nicht, daß man das System nicht verbessern könnte. Wir hören viel von dem harten Wettbewerb um Stipendien und Fördermittel, besonders unter den jüngeren Forschern, die noch nicht in eine Karrierestruktur eingebunden sind. Wissenschaftler zeigen sich besorgt über die verstärkte Einflußnahme durch die Industrie, bemängeln die Berichterstattung in den Medien, warnen vor zu vielen bürokratischen Einschränkungen und ärgern sich immer wieder über das Unverständnis der Politiker. Aber ungeachtet dessen gibt es eine Begeisterung und eine Hochstimmung, die sich kaum in Zaum halten lassen. Die Biologie ist mitten in einem explosiven Sprung, der künftigen Historikern jahrzehntelang Arbeit verschaffen wird. Für die jungen Menschen in den biomedizinischen Wissenschaften ist es eine großartige Zeit.

Anhang A: Atome, Moleküle, Proteine

In diesem Anhang wollen wir eine kurze Einführung in einige der grundlegenden Begriffe geben, die bei der Beschreibung der Struktur biologischer Substanzen häufig verwendet werden. Er richtet sich an Laien, die mit Bezeichnungen wie „Atom" oder „Molekül" nicht vertraut sind, und wir hoffen, daß er es ihnen erleichtern wird, den etwas fachspezifischeren Kapiteln am Anfang des Buches zu folgen.

Die gesamte Materie der Welt, zu der auch die lebenden Organismen zählen, setzt sich aus winzigen Bausteinen oder Partikeln zusammen, den *Atomen*. Diese Teilchen sind unglaublich klein. Der Durchmesser eines Atoms beträgt grob gesagt ein Milliardstel eines Zentimeters. Jede Seite dieses Buches ist ungefähr eine Million Atome dick. Die Atome selbst sind nicht einmal die kleinsten Untereinheiten der Materie, denn sie setzen sich wiederum aus subatomaren Partikeln (Elementarteilchen) zusammen – Protonen, Neutronen und Elektronen –, die ihrerseits zum Teil aus noch kleineren Bausteinen bestehen. Wir wollen jedoch bei den Atomen beginnen, weil sie die kleinste Einheit eines chemischen Elements darstellen, die dessen typische Eigenschaften besitzt. (Ein chemisches Element ist eine reine Substanz, die durch chemische Prozesse wie Kochen, Gefrieren und ähnliches nicht weiter zerlegt werden kann.) Über hundert Elemente sind bekannt – natürlich vorkommende wie auch vom Menschen erzeugte. Dazu gehören viele vertraute Substanzen wie etwa Kohlenstoff (Graphit), Sauerstoff und Wasserstoff (die Gase, aus denen sich Wasser zusammensetzt), Eisen und Calcium. Erstaunlicherweise findet man in Lebewesen nur relativ wenige Elemente. Allein vier, nämlich Wasserstoff, Kohlenstoff, Stickstoff und Sauerstoff, machen über 99 Prozent ihrer Gesamtsubstanz lebender Organismen aus. 21 weitere Elemente haben sich als notwendig (essentiell) erwiesen. Sie kommen jedoch nur in Spuren vor und stellen zusammen weniger als ein Prozent ihrer Gesamtsubstanz. Eine der Grundbedingungen des Lebens ist die Fähigkeit, komplexe Strukturen zu bilden. Unter den chemischen Elementen liefert der Kohlenstoff, der stabile lange Ketten, verzweigte Gerüste und sogar Ringstrukturen bilden kann, ein Musterbeispiel für diese Eigenschaft.

Wenn sich Atome verschiedener Elemente zusammenschließen, entsteht eine *Verbindung*. Ein einfaches Beispiel ist Wasser, das aus einem Sauerstoffatom (chemisch mit dem Buchstaben O abgekürzt) und zwei Wasserstoffatomen (H) besteht; diese Einheit – H_2O – nennt man ein Wasser*molekül*. Wir können von einem Zuckermolekül oder einem Fettmolekül sprechen und meinen damit jeweils eine Einheit dieser Verbindungen. Oft treten viele Atome zu einer Verbindung zusammen – zum Beispiel wird der Zucker Glucose (Traubenzucker) von sechs Kohlenstoffatomen, zwölf Wasserstoffatomen und sechs Sauerstoffatomen gebildet, die in einer bestimmten Weise angeordnet sind. Die Art der Verknüpfung der Atome ist sehr wichtig. So besitzt ein Molekül, in dem ein Wasserstoffatom mit einem Sauerstoffatom verbunden ist, welches wiederum mit einem Kohlenstoffatom in Verbindung steht, ganz andere Eigenschaften als ein Molekül, bei dem das Wasserstoff- und das Sauerstoffatom unabhängig voneinander mit dem Kohlenstoffatom verknüpft sind. Komplexe organische Moleküle (mit organisch meinen wir die in Lebewesen vorkommenden Moleküle) wie Proteine oder Lipide können aus Tausenden oder sogar Hunderttausenden von Atomen bestehen.

Gewöhnlich werden diese komplizierten Moleküle durch den Zusammenschluß kleiner Untereinheiten gebildet. *Proteine* beispielsweise bestehen aus einfacheren Bausteinen, die man als Aminosäuren bezeichnet. Dabei handelt es sich um Verbindungen aus sieben bis 31 Stickstoff-, Kohlenstoff-, Sauerstoff-, Wasserstoff- und bisweilen Schwefelatomen.

Die Aminosäuren werden bei der Proteinherstellung zu Ketten zusammengefügt. Die fertigen Proteine können aus einigen wenigen, aber auch aus mehreren tausend dieser Untereinheiten bestehen. Es ist die Reihenfolge und die Art der Aminosäuren, welche die Eigenschaften des Proteins bestimmen. Proteine können einer strukturellen Aufgabe dienen (wie das Keratin in Haaren und Fingernägeln) oder als Gerüst für den Aufbau der Zellen fungieren. Etliche arbeiten als Enzyme, die bestimmte chemische Reaktionen unterstützen – etwa bei der Nahrungsverdauung im Darm, beim Anlegen von Zuckervorräten in Muskeln oder sogar bei der Produktion anderer Proteine.

Lebewesen bestehen also wie alle Materie aus Atomen der in der Natur vorkommenden Elemente. Diese Atome sind zu komplexen Verbindungen zusammengesetzt, von denen ein Molekül jeweils die Grundeinheit bildet. Viele Moleküle treten zu größeren Strukturen zusammen, zu Zellbestandteilen, Geweben, Organen und schließlich dem Organismus.

Anhang B: Zellorganellen

Die lebende Zelle ist keineswegs ein formloser Sack voller Proteine, Fette und Kohlenhydrate, sondern eine hochorganisierte Struktur mit einzelnen „Organen", den sogenannten Organellen, die ganz bestimmte Funktionen übernehmen. Einige der wichtigeren Organellen sind im folgenden beschrieben.

Die Mitochondrien. Die Mitochondrien sind die Kraftwerke der Zelle. Sie produzieren kleine, bewegliche Energiepakete für die Vielzahl von chemischen Umwandlungen, welche die Zelle in jeder Minute durchführen muß. Den Prozeß, auf den die Mitochondrien dabei zurückgreifen, nennt man „oxidative Phosphorylierung". Dieser einschüchternde Begriff sollte uns nicht abschrecken, denn das Prinzip ist recht einfach zu verstehen. Wenn Sie einen Holzscheit verbrennen, führen Sie eine relativ unkontrollierte Oxidation durch. Kohlenstoff und Wasserstoff aus dem Holz verbinden sich mit Sauerstoff und liefern Kohlendioxidgas, Wasser sowie Energie in Form von Wärme. Die Energie geht normalerweise schnell verloren. Die Mitochondrien haben jedoch eine Methode gefunden, den Oxidationsprozeß so zu steuern, daß sie die meiste entstehende Energie chemisch speichern können. Diese kontrollierte Oxidation zellulärer Nahrung führt zum Aufbau energiereicher phosphorhaltiger Moleküle, die man als Adenosintriphosphat oder kurz ATP bezeichnet. Immer wenn die Zelle Energie benötigt, greift sie sich einige wenige dieser auf Vorrat gelagerten ATP-Moleküle und baut sie zu Adenosindiphosphat oder ADP ab. Die in der energiereichen Phosphatbindung gespeicherte Energie wird dabei freigesetzt und genutzt, um die entsprechende chemische Umsetzung anzutreiben. Anschließend wandeln die fleißigen Mitochondrien das ADP wieder in ATP um und füllen so den Energievorrat auf.

Die Lysosomen. Die Lysosomen sind von zentraler Bedeutung für das Verdauungssystem einer Zelle. Zellen nehmen eine Fülle verschiedener Substanzen aus der Umgebung auf. Manche, etwa bestimmte weiße Blutkörperchen, sind große Esser und verschlingen ganze Partikel wie zum Beispiel eingedrungene Mikroben oder Stücke toter Zellen. Andere nehmen nur Nährstoffmoleküle aus der Flüssigkeit um sie herum auf. In jedem Fall muß die Zelle das hineingelangte Material in Portionen zerlegen, die im Zellstoffwechsel verwertet werden können. Dies erfordert den Einsatz von Verdauungsenzymen und, wie im Magen des Menschen, eine saure Umgebung. Würden sich solche Enzyme und Säuren ungehindert in das Zell- oder Cytoplasma ergießen, wären die Auswirkungen verheerend. Deshalb bewahrt die Zelle sie abgesondert in den Lysosomen auf. Auch die Nahrungsstoffe werden in der Zelle zuerst in kleinen Säckchen oder Taschen transportiert, die man Vakuolen oder Vesikel nennt. Die Lysosomen entladen ihren Inhalt in diese Nahrungsvakuolen, in denen dann die Verdauung erfolgen kann.

Die Ribosomen. In allen Zellen verstreut findet man winzige, fast punktförmige Organellen, die als Ribosomen bezeichnet werden. Häufig treten sie in Aggregaten von zehn bis zwanzig Stück auf – sogenannten Polyribosomen. Die Ribosomen sind für das Thema unseres Buches von entscheidender Bedeutung, weil sie für die Umsetzung genetischer Information in Proteine sorgen, die letztlich fast die gesamte Arbeit in der Zelle verrichten.

Das endoplasmatische Reticulum. Wenn die Zelle Proteine für den eigenen Gebrauch herstellt, schwimmen die beteiligten Ribosomen frei im Cytoplasma. Viele spezialisierte Zellen produzieren jedoch Proteine, welche die Zelle verlassen und im Blut zirkulieren, um bestimmte Körperfunktionen zu erfüllen. Ein Hormon wie Insulin ist ein typisches Beispiel. Insulin wird von Zellen in der Bauchspeicheldrüse synthetisiert und reguliert Stoffwechselprozesse in praktisch jeder Körperzelle. Antikörper veranschaulichen den Sachverhalt ebensogut. Diese Proteine, deren Aufgabe es ist, fremde Eindringlinge im Körper zu erkennen und unschädlich zu machen, werden von einem spezialisierten Zelltyp, den Plasmazellen, hergestellt und ausgeschieden, können jedoch überall wirken, wo der Blutstrom sie hinträgt. Das endoplasmatische Reticulum besteht aus Doppelmembranen, zwischen denen die Proteinmoleküle umherschwimmen. Die Polyribosomen, die Proteine für die Ausfuhr produzieren, sind unmittelbar an diese Membranen gebunden, so daß das neusynthetisierte Exportprodukt mit Sicherheit den richtigen Weg nimmt.

Der Golgi-Apparat. Proteine, die für die Sekretion bestimmt sind, gelangen in ein System von Membranen und Säckchen oder Taschen, das sich im Cytoplasma nahe dem Zellkern befindet. Es wird als Golgi-Apparat bezeichnet und dient der Konzentration und Verpackung. Wenn die Proteine für die Ausfuhr aus der Zelle bereit sind, bewegen sie sich in winzigen Bläschen vom Golgi-Apparat zur Zelloberfläche, wo sie schließlich in das umgebende Medium freigesetzt werden. An verschiedenen Stellen der Reise vom endoplasmatischen Reticulum zur Außenseite der Zelle können Zucker an die Proteine angefügt werden – ein wichtiger Aspekt in unseren Überlegungen, da gentechnologisch konstruierte Bakterien diese Aufgabe nicht erfüllen können.

Die Zellmembran. Obwohl selbst keine Organelle, bedarf die Außenhaut der Zelle, die Zellmembran, einer speziellen Erläuterung. Chemische Reaktionen laufen im Zellinneren in einer wässerigen Umgebung ab. Auch außerhalb der Zelle existiert ein wässeriges Milieu, die sogenannte extrazelluläre Flüssigkeit. Die Moleküle im Inneren sind von der Außenwelt durch eine „Haut" getrennt, die größtenteils aus Fetten oder Lipiden besteht. Diese Hülle, die Zellmembran, ist für die meisten Moleküle undurchlässig und erhält so die Autonomie und Unversehrtheit der Zelle aufrecht. Natürlich müssen verschiedenartige Schleusenvorrichtungen vorhanden sein, wenn Moleküle nach innen gelangen sollen, um die Zelle zu ernähren oder Botschaften zu übermitteln, oder wenn Moleküle hinausgelangen müssen, um zum Beispiel das Blut mit einem Sekret zu versorgen. Die Membran ist daher eine sehr dynamische und funktionelle Einheit. Wir finden eine große Anzahl von Proteinen in diesem Meer aus Fetten. Manche von ihnen dienen als empfindliche Antennen, um diverse Signale und Botschaften von Nachbarzellen oder von Hormonen in der umgebenden Flüssigkeit zu empfangen. Solche Moleküle nennt man Zellmembranrezeptoren.

Literaturempfehlungen

Die im folgenden aufgeführten Bücher sind nach ansteigendem Schwierigkeitsgrad geordnet. Wir empfehlen, daß Sie oben beginnen und sich nach unten durcharbeiten![*]

Judson, H. F. *Der 8. Tag der Schöpfung*. Wien/München (Meyster) 1980. 460 Seiten.

Dieses sehr empfehlenswerte Buch ist ein Beispiel erstklassigen Wissenschaftsjournalismus. Der Autor verbrachte sieben Jahre mit der Recherche der DNA-Saga und hat die meisten Schlüsselfiguren interviewt, die an der Revolution der Molekularbiologie beteiligt waren. Das Buch ist eine Mischung aus verständlicher Wissenschaft, neuerer Geschichte sowie Material von beträchtlichem allgemein-menschlichen Interesse. Einige Abschnitte sind keineswegs einfach, aber es schadet dem Erzählfluß nicht, wenn man hier und dort etwas überspringt. Das Buch endet, wo die eigentliche Gentechnologieexplosion beginnt.

Watson, J. D.; Tooze, J. *The DNA Story*. San Francisco (Freeman) 1981. 605 Seiten.

Dieses faszinierende Werk beschreibt die Ursprünge der Gentechnologie, indem es eine große Anzahl von Originaldokumenten wiedergibt – einschließlich Presseartikeln, Privatkorrespondenz, Tagungsberichten, Protokollen des amerikanischen Kongresses und Gesetzentwürfen. Die Autoren haben das Material mit kurzen Essays kommentiert, die in jedes Kapitel einführen, und liefern eine knappe, ausgezeichnet illustrierte Darstellung der Gentechnologie.

---

* Da nur ein Teil der von den Autoren empfohlenen Bücher in deutscher Sprache verfügbar ist, sind abschließend noch einige weiterführende deutschsprachige Titel angegeben.

Cherfas, J. *Man Made Life*. Oxford (Basil Blackwell) 1982. 270 Seiten.

Dieses Buch behandelt in etwa den gleichen Themenbereich wie der vorliegende Band, jedoch mit erheblich größerer Tiefe und wissenschaftlicher Genauigkeit. Es ist reichhaltiger illustriert und unternimmt den lobenswerten Versuch, wissenschaftliche Verdienste korrekt den verschiedenen Pionieren auf diesem Gebiet zuzuschreiben. Obwohl die Sprache weit lebendiger ist als die eines normalen Lehrbuches, stellt das Werk recht hohe Ansprüche an den Leser und eignet sich vermutlich eher für jemanden mit einer Universitätsausbildung in Physik, Chemie oder Biologie als für einen Laien.

Stryer, L. *Biochemie*. Heidelberg (Spektrum Akademischer Verlag) 1991. 1168 Seiten.

Dies ist ohne Zweifel das empfehlenswerteste allgemeine Biochemielehrbuch, das es für den Studienanfänger auf diesem Gebiet gibt. Die Abbildungen (gewöhnlich mehrere pro Seite) sind bei weitem die besten, denen wir begegnet sind, und der Text ist kurz und prägnant. Das Werk ist daher ideal für Studenten, welche die Gentechnologie in den größeren Rahmen der allgemeinen Biochemie stellen wollen.

Morison, R. et al. *Limits of Scientific Inquiry*. In: *Daedalus. Journal of the American Academy of Arts and Sciences* 107/2 (1978) 240 Seiten.

Diese ausgezeichnete Sammlung von Essays beschäftigt sich nicht ausschließlich mit der Gentechnologie. Vielmehr befaßt sie sich mit weiterreichenden Fragen: den gesellschaftlichen Bedenken gegenüber der Wissenschaft allgemein, dem Thema der Kontrolle der Forschung, der Bedeutung der wissenschaftlichen Freiheit und den Risiken für die Allgemeinheit.

Plant, D. W.; Reimers, N.; Zinder, N. D. (Hrsg.) *Patenting of Life Forms* (Banbury Report 10). Cold Spring Harbor Laboratory 1982. 337 Seiten.

Dieses Buch stellt die Zusammenfassung einer Konferenz dar, die führende Rechts- und Naturwissenschaftler zusammenführte, welche sich über das spezielle Thema des Titels hinaus auch für weiter gefaßte Fragestellungen aus Technologie und Recht interessierten. Es bildet einen guten Ausgangspunkt für Leser mit besonderem Interesse an den rechtlichen Aspekten der Gentechnologie.

Darüber hinaus gibt es mehrere ausgezeichnete und detaillierte Lehrbücher über Molekularbiologie. Sie erfordern ein biologisches Vorwissen auf Universitätsniveau, liefern jedoch allesamt eine umfassende Darstellung des gegenwärtigen Wissensstandes. Alle sind reich bebildert und unterscheiden sich qualitativ kaum voneinander:

Alberts, B.; Bray, D.; Lewis, J.; Raff, M.; Roberts, K.; Watson, J. D. *Molekularbiologie der Zelle*. 2. Aufl. Weinheim (VCH) 1990. 1490 Seiten.

Darnell, J.; Lodish, H.; Baltimore, D. *Molecular Cell Biology*. 2. Aufl. New York (Scientific American Books) 1986. 1105 Seiten.

Lewin, B. *Gene*. 2. Aufl. Weinheim (VCH) 1991. 926 Seiten.

Watson, J. D.; Hopkins, N. H.; Roberts, J. W.; Steitz, J. A.; Weiner, A. M. *Molecular Biology of the Gene*. 4. Aufl. Menlo Park (Benjamin/ Cummings) 1987. 2 Bde. 1163 Seiten.

Bei einem Gebiet, das sich so schnell weiterentwickelt, sollten interessierte Leser, die über die allgemeinen Entwicklungen auf dem laufenden bleiben wollen, die Zeitschriften *Spektrum der Wissenschaft* (beziehungsweise deren Mutterblatt *Scientific American*) und *New Scientist* verfolgen – angesehene Wissenschaftsmagazine, die häufig in ihren Artikeln wichtige Aspekte der Molekularbiologie behandeln.

Für die vorliegende übersetzte Ausgabe von *Reshaping Life* sei schließlich noch auf einige neuere deutschsprachige Bücher zum Thema Gentechnologie verwiesen – vom einführenden Sachbuch bis zum detaillierten wissenschaftlichen Lexikon:

Zell, R. A. *Gen-Zeit. Menschen, Mächte, Moleküle*. Stuttgart (Trias) 1990.

Gassen, H. G.; Martin, A.; Sachse, G. *Der Stoff, aus dem die Gene sind. Bilder und Erklärungen zur Gentechnik.* 3. Aufl. Frankfurt (Campus) 1990.

Fischer, E. P. (Hrsg.) *Vom richtigen Umgang mit Genen. Die Debatte um die Gentechnik.* München (Piper) 1991.

Winnacker, E.-L. *Gene und Klone. Einführung in die Gentechnologie.* Weinheim (VCH) 1990.

Ibelgaufts, H. *Gentechnologie von A bis Z.* Weinheim (VCH) 1990.

Glossar

Adenin Einer der kleinen molekularen Bausteine, die Basen genannt werden und die codierenden (informationstragenden) Einheiten von DNA und RNA darstellen. Häufig mit A abgekürzt. In der DNA bildet Adenin Paare mit Thymin (T).

Adenosindiphosphat (ADP) Ein Molekül, das aus Adenin, einem Zuckermolekül und zwei Phosphatgruppen besteht und im Energiehaushalt der Zelle eine wichtige Rolle spielt. Im Zuge der Oxidation eines Brennstoffmoleküls wie zum Beispiel Glucose kann ADP ein zusätzliches Phosphat aufnehmen (Entstehung von ATP) und dadurch Energie speichern.

Adenosintriphosphat (ATP) Ein Molekül, das aus Adenin, einem Zuckermolekül und drei Phosphatgruppen besteht und in biologischen Systemen als universelle „Währung" freier Energie fungiert. Die Umwandlung von ATP zu ADP setzt jene Energie frei, welche die verschiedenen Formen der Zellarbeit antreibt.

Adjuvans Eine Substanz, welche die Wirksamkeit eines Impfstoffes erhöht, indem sie die Immunantwort stimuliert.

Aids Eine Krankheit (*acquired immunodeficiency syndrome*, erworbenes Immunschwäche-Syndrom), bei der bestimmte T-Lymphocyten zerstört werden und der Patient dadurch den normalen Schutz gegenüber Infektionen einbüßt. Sie wird durch ein infektiöses Virus (HIV) verursacht.

Allosterischer Effekt Eine spezielle Form der Regulation von Proteinaktivitäten. Ein Protein wird durch die Verbindung mit einem anderen Molekül veranlaßt, seine Form zu ändern, und als Folge davon wird ein neues aktives Zentrum freigelegt. Das sauerstofftransportierende Protein Hämoglobin unterliegt zum Beispiel einer solchen allosterischen Regulation.

Aminosäure Ein Baustein von Proteinen. Es gibt 20 natürlich vorkommende Aminosäuren.

Antikörper Ein spezielles, als Schutzfaktor dienendes Proteinmolekül, das vom Immunsystem von Wirbeltieren hergestellt wird und so maßgeschneidert ist, daß es wie ein Schlüssel in ein Schloß exakt auf bestimmte Fremdmoleküle, etwa bakterielle Toxine, paßt (und diese damit unschädlich macht).

Antigen Ein Oberbegriff für ein Molekül, mit dem ein Antikörper reagiert. Teilbereiche des Moleküls, die für die Immunreaktion besonders wichtig sind, nennt man antigene Determinanten.

Autoimmunerkrankung Eine Krankheit, bei welcher der Körper gegen bestimmte eigene Bestandteile Antikörper herstellt. Es entwickelt sich also eine Art von Bürgerkrieg im Körper, bei dem eine Zelle die andere angreift.

Bakteriophage Siehe Phage.

Base Ein Baustein von DNA und RNA; der informationstragende (codierende) Bestandteil der Nucleotide. Zueinander passende (komplementäre) Basen bilden spontan Basenpaare.

Boten-RNA Eine Kopie eines DNA-Abschnitts, die vom Zellkern ins Cytoplasma wandert und deren verschlüsselte Information dort in die Aminosäuresequenz eines Proteins übersetzt wird.

cDNA Ein DNA-Abschnitt, der von speziellen Enzymen als getreue Kopie einer bestimmten (Boten-)RNA-Sequenz synthetisiert wurde und der folglich den Informationsgehalt der RNA bewahrt.

Chromosom Ein sehr langes, doppelsträngiges DNA-Molekül, das zusammen mit bestimmten Proteinen zu einer wurstförmigen Einheit verpackt und bei der Zellteilung unter dem Lichtmikroskop erkennbar ist. Die Anzahl der Chromosomen ist artspezifisch; der Mensch zum Beispiel hat 46 Chromosomen pro Zelle.

Codon Eine Sequenz von drei DNA- oder RNA-Basen, die eine Aminosäure codiert. Auch (Basen-)Triplett genannt.

Cosmid Ein virusähnlicher Vektor, der von Gentechnologen als Werkzeug zur Genklonierung verwendet wird und der bestimmte Vorzüge von Phagen und Plasmiden in sich vereint.

Cytoplasma Der Anteil einer Zelle außerhalb des Kernes; der Ort, an dem die Proteine hergestellt werden und chemische Energie erzeugt wird, also quasi der „Fabrikteil" der Zelle.

Cytosin Einer der kleinen molekularen Bausteine, die Basen genannt werden und die codierenden (informationstragenden) Einheiten von RNA und DNA darstellen. Häufig mit C abgekürzt. In der DNA bildet Cytosin Paare mit Guanin (G).

Differenzierung Der Vorgang, durch den Zellen speziellere Funktionen erhalten. Er läuft zum Beispiel bei einer Zelle ab, die dazu bestimmt ist, ein rotes Blutkörperchen zu werden, und die allmählich immer mehr Hämoglobin synthetisiert.

Diploid Bezieht sich auf die Anzahl der Chromosomen in einer Zelle oder einem kompletten Satz. Normale Zellen enthalten Chromosomen in Paaren. In einer normalen, diploiden Zelle des Menschen liegen 23 Paare, also 46 Chromosomen, vor. Krebszellen enthalten häufig mehr als 46 Chromosomen.

Disulfidbindung Eine chemische Bindung zwischen zwei Schwefel enthaltenden Aminosäuren innerhalb einer einzelnen Polypeptidkette oder zwischen den Ketten eines mehrkettigen Proteins. Disulfidbindungen (oder -brücken) stabilisieren die Form eines Proteins.

DNA Desoxyribonucleinsäure (*deoxyribonucleic acid*). Ein gewöhnlich doppelsträngiges Molekül (Doppelhelix) mit einem Zucker-Phosphat-Rückgrat und einer Abfolge von Basen(paaren), welche die codierenden Einheiten der genetischen Information darstellen. Bestimmte DNA-Abschnitte fungieren als Gene, wobei ein Gen (vereinfacht ausgedrückt) jene Sequenz ist, die eine Polypeptidkette codiert.

DNA-Ligase Ein Enzym, das die Bildung chemischer Bindungen bei der Verknüpfung von DNA-Stücken katalysiert. DNA-Ligasen können etwa ein Gen aus einer tierischen Zelle mit der DNA eines Phagen verbinden und somit rekombinierte DNA schaffen.

E. coli *Escherichia coli*. Eine harmlose Bakterienart, die den menschlichen Darmtrakt bewohnt. Wird in der Genforschung häufig verwendet, zum Beispiel als Wirtszelle für Phagen oder Plasmide, die rekombinierte DNA tragen.

Elektrophorese Ein Trennverfahren, bei dem ein Molekülgemisch einem elektrischen Strom ausgesetzt wird. Dieser sorgt dafür, daß jedes Molekül sich mit einer Geschwindigkeit fortbewegt, die von seiner elektrischen Nettoladung abhängt. Die Elektrophorese ist eine nützliche Methode zur Analyse und Trennung komplexer Molekülgemische, zum Beispiel von Proteinen.

Endonuclease Ein Enzym, das DNA zerschneiden kann.

Endoplasmatisches Reticulum Ein Kanalsystem im Cytoplasma für den Zusammenbau und die Ausfuhr von Proteinmolekülen.

Endotoxin Ein Molekül aus der Zellwand von Bakterien, das für Tiere extrem giftig ist.

Enzym Ein Proteinmolekül, das chemische Reaktionen im Körper katalysieren (das heißt fördern und beschleunigen) kann. Enzyme stellen unersetzliche Bestandteile sämtlicher zellulären Stoffwechselwege dar.

Erythropoietin (EPO) Ein natürlich vorkommendes Körperprotein, das die Herstellung roter Blutkörperchen stimuliert.

Exon Abschnitt eines Gens, der einen Teil der Aminosäuresequenz eines Proteins codiert. Ein Gen kann mehrere Exons enthalten.

Expressionsvektor Ein Werkzeug, das es den Gentechnologen erlaubt, ein Gen so in eine Zelle einzubauen, daß diese bei einem entsprechenden Signal riesige Mengen des von dem Gen codierten Proteins herstellt.

Gelelektrophorese Ein Verfahren, bei dem man ein Gemisch von Proteinen, Nucleinsäuren oder anderen Molekülen unter Einwirkung eines starken elektrischen Stromes in ein gelartiges Material eindringen läßt. Die Moleküle wandern mit einer Geschwindigkeit, die von ihrer elektrischen Nettoladung abhängt; aufgrund dessen kann man verschiedene Moleküle voneinander trennen.

Gen Ein DNA-Abschnitt, der die spezifische Information für den Aufbau einer Polypeptidkette oder eines Proteins enthält. Bei höheren Organismen bestehen Gene aus Exons und Introns.

Genaktivierung Ein Vorgang, bei dem der Befehl gegeben wird, ein Gen in Boten-RNA zu kopieren. Die Genaktivierung ist folglich der erste Schritt der Genexpression.

Genetischer Code Der Code, mit dem in den Nucleotiden der DNA die Information für die Proteinstruktur verschlüsselt ist. Proteine sind Ketten von Aminosäuren, wobei für jedes Glied der Kette aus zwanzig möglichen Aminosäuren jeweils eine ausgewählt wird. Nucleinsäuren sind Nucleotidketten mit einem von vier möglichen Nucleotiden an jedem Punkt. Eine Sequenz von drei Nucleotiden beziehungsweise Basen – ein sogenanntes Codon oder Triplett – bestimmt eine Aminosäure.

Genetischer Fingerabdruck Eine Methode, die für jedes Individuum ein einzigartiges, charakteristisches Bandenmuster von DNA-Fragmenten auf einem Southern-Blot liefert. Sie beruht auf der Tatsache, daß sich die DNA eines jeden Menschen (außer bei eineiigen Zwillingen) in einigen Basen oder Sequenzanordnungen von der DNA aller anderen Menschen unterscheidet.

Genexpression Die Umsetzung der genetischen Information der DNA in ein Polypeptid oder Protein; umfaßt die Transkription und die Translation.

Genklonierung Siehe Klonierung.

Genom Die Gesamtheit der Gene einer Zelle beziehungsweise eines Lebewesens.

Gentechnologie, Gentechnik Die Gesamtheit der Methoden, mit deren Hilfe man Gene isolieren, mit anderen DNA-Stücken neu kombinieren, in fremde Zellen übertragen, vermehren (klonieren) und aktivieren kann.

Gewebetypisierung Das Verfahren, mit dem Wissenschaftler zu Aussagen über jene Gene einer Person gelangen, die für eine Organverpflanzung wichtig sind.

Golgi-Apparat Ein Verpackungszentrum zur Konzentration und zeitweiligen Lagerung von Proteinmolekülen, die für den Transport aus der Zelle bestimmt sind.

Guanin Einer der kleinen molekularen Bausteine, die Basen genannt werden und die codierenden (informationstragenden) Einheiten von DNA und RNA darstellen. Häufig mit G abgekürzt. In der DNA bildet Guanin Paare mit Cytosin (C).

Hämoglobin Ein eisenhaltiges Pigmentprotein der roten Blutkörperchen, das für den Transport von Sauerstoff im Körper und dessen Freisetzung zur Versorgung von Zellen und Geweben verantwortlich ist.

Hämoglobinopathie Eine Krankheit, die durch eine Veränderung in einem der Gene für die Hämoglobinketten entsteht.

Hämophilie (Bluterkrankheit) Ein Erbleiden, bei dem ein für die Blutgerinnung notwendiges Protein defekt ist. Die Patienten bluten deshalb nach Verletzungen stärker und länger als gesunde Menschen und sind zudem anfälliger für spontane Blutungen.

Haploid Bezieht sich auf die Anzahl von Chromosomen in einer Zelle oder einem kompletten Satz. Die meisten Zellen enthalten Paare von Chromosomen – einen sogenannten diploiden Satz. Alle Fortpflanzungszellen jedoch, also Spermien und Eizellen, besitzen nur die halbe Anzahl, das heißt beim Menschen 23 Chromosomen statt 46 wie in anderen Körperzellen. Dies ist ein haploider Chromosomensatz. Bei der Verschmelzung von Samen- und Eizelle wird die Anzahl von 46 wiederhergestellt.

Haupt-Histokompatibilitäts-Komplex Eine Gruppe von Genen, die den Gewebetyp eines Menschen bestimmen, das heißt die Verträglichkeit (Kompatibilität) mit einem Gewebe anderen Typs bei einer Organverpflanzung. Außerdem sind diese Gene allgemein an der Regulation der Immunantwort beteiligt.

Hormon Ein chemisches Botenmolekül, das von Zellen einer endokrinen Drüse synthetisiert und im Blut transportiert wird. Es kann das Wachstum und den Stoffwechsel anderer, oft weit entfernter Zellen beeinflussen, die Rezeptoren für dieses Hormon besitzen.

Human Genome Project Ein ehrgeiziges Vorhaben von Wissenschaftlern mit dem Ziel, die Basensequenz der gesamten menschlichen DNA – etwa 3 000 000 000 Basen – zu ermitteln.

Hybridisierung Die Bildung von Basenpaaren zwischen komplementären DNA- und/oder RNA-Abschnitten.

Insulin Ein Hormon, das von den Beta-Zellen der Bauchspeicheldrüse hergestellt wird und für die angemessene Versorgung des Körpers mit Glucose (Blutzuckerspiegel) notwendig ist.

Interferon Ein Oberbegriff zur Beschreibung dreier Proteingruppen, der Alpha-, Beta- und Gamma-Interferone. Zellen stellen diese Moleküle unter anderem als Reaktion auf eine Virusinfektion her. Sie hemmen vorübergehend die Vermehrung anderer Viren in derselben oder in benachbarten Zellen.

Intron DNA-Abschnitt, der innerhalb eines Gens auftritt, jedoch keine Aminosäuren des entsprechenden Proteins codiert. Wenn ein Gen aktiviert wird, geben die als Kopien angefertigten RNA-Moleküle zunächst getreulich sowohl Introns als auch Exons wieder. Bevor diese RNA ins Cytoplasma gelangt, werden die Sequenzen, die den Introns entsprechen, jedoch herausgeschnitten und die übrigbleibenden RNA-Abschnitte, also die Kopien der Exons, zur endgültigen Boten-RNA-Matrize zusammengefügt.

Impfstoff Ein Präparat, das man zur Immunisierung eines Menschen oder eines Tieres verwendet und den geimpften Organismus vor einer bestimmten Infektion schützen soll.

Kern Das Kontrollzentrum der Zelle, das die DNA beherbergt und durch eine Doppelmembran von dem „Fabrikbereich" der Zelle, dem Cytoplasma, abgetrennt ist.

Klebrige Enden Siehe *sticky ends*.

Klon, Kolonie Eine Anhäufung von Zellen, die durch ungeschlechtliche Vermehrung aus einer einzelnen Ursprungszelle hervorgegangen ist. Eine Bakterienkolonie kann als sichtbarer Fleck von einem bis zwei Millimeter Durchmesser aus Millionen von Bakterien bestehen, die auf einem gelartigen Nährmedium (Agar) wachsen.

Klonierung In der gentechnologischen Fachsprache eine Abfolge von Ereignissen, durch die es gelingt, ein Gen in einer fremden Wirtszelle viele Male zu verdoppeln.

Koloniestimulierende Faktoren Proteine, welche die Bildung neuer weißer Blutkörperchen anregen. Benannt nach den charakteristischen Ansammlungen neuer Zellen, die man findet, wenn man weiße Blutkörperchen in Anwesenheit des Faktors auf Agarplatten wachsen läßt.

Komplementäre Sequenzen DNA- oder RNA-Abschnitte, deren Basenabfolgen so zueinander passen, daß die Abschnitte miteinander hybridisieren (das heißt durch Bildung von Basenpaaren zu Doppelsträngen zusammentreten) können.

Koppelungsgruppe Gene, die nahe beieinander liegen und deshalb gewöhnlich gemeinsam vererbt werden.

***lac*-Operon** Eine Gruppe von Genen und Kontrollelementen in Bakterien, die für die korrekte Verwertung von Lactose verantwortlich ist. Gentechnologen verwenden dieses System häufig als Schalter für die Genaktivierung.

Ligase Siehe DNA-Ligase.

Lipase Ein Enzym, das den Abbau von Fetten katalysiert.

Lipid Biologischer Fachausdruck für Fettmoleküle.

Lymphocyten An Immunreaktionen beteiligte Klasse der weißen Blutkörperchen.

Lysosomen Kleine Säckchen im Cytoplasma mit spezifischen Enzymen, welche in die Zelle gelangte Partikel oder Moleküle verdauen.

Meiose Eine besondere Art der Zellteilung, aus der die Geschlechts- oder Fortpflanzungszellen, also Ei- und Samenzellen, hervorgehen. Während dieses Vorgangs wird nicht nur die Anzahl der Chromosomen halbiert – beim Menschen zum Beispiel von 46 auf 23 –, sondern die väterlichen und mütterlichen Gene werden auch neu kombiniert. Da dies bei jeder meiotischen Teilung unterschiedlich verläuft, sind keine zwei Spermien oder Eizellen eines Lebewesens völlig identisch.

Mitochondrien Subzelluläre Strukturen (Organellen) im Cytoplasma, die der Zelle für eine Vielzahl biologischer Umsetzungen chemische Energie zur Verfügung stellen.

Mitose Die normale Art der Zellteilung, durch die jede Tochterzelle den vollen, diploiden Satz von Chromosomen erhält.

Mobiles genetisches Element Abschnitt des Genoms, der – anders als der größte Teil der DNA – keine definierte Position innehat, sondern auf einem Chromosom von Ort zu Ort springen oder sich sogar zwischen Chromosomen bewegen kann.

Molekül Eine Anordnung von Atomen, die zusammen eine stabile Substanz bilden.

Monoklonaler Antikörper Ein Antikörper, der von der Nachkommenschaft einer einzelnen Zelle (einem Klon) hergestellt wird und der folglich besonders rein und homogen ist.

mRNA Siehe Boten-RNA.

Mutation Eine dauerhafte Veränderung des genetischen Materials, die vor allem durch Kopierfehler während der DNA-Replikation zustande kommt.

Niemann-Pick-Krankheit Eine seltene Erbkrankheit, bei der ein Defekt eines für die Lysosomen wichtigen Gens eine Anhäufung von Lipiden in der Zelle verursacht. In gewisser Weise mit dem Tay-Sachs-Syndrom verwandt.

Nucleinsäuren Zwei Arten von Polymeren – DNA und RNA –, die als Speicher oder Träger der genetischen Information dienen. Sie bestehen aus einem Rückgrat alternierender Zucker- und Phosphatanteile und den als Codierungseinheiten fungierenden Basen, die jeweils an die Zuckermoleküle angehängt sind.

Nucleotid Ein Baustein der Nucleinsäuren, jeweils zusammengesetzt aus einem Zuckermolekül mit einer angehängten Codierungseinheit (Base) und einer Phosphatgruppe.

Onkogen Ein Gen, das bei unangemessener Aktivierung an der Entstehung von Krebs beteiligt sein kann.

Operon Eine Gruppe gemeinsam regulierter Gene bei Bakterien wie etwa das *lac*-Operon.

Organellen Kleine, subzelluläre, zum Teil partikelartige Strukturen im Cytoplasma, die im Elektronenmikroskop erkennbar sind und sich häufig durch biophysikalische Methoden voneinander und von dem flüssigen, strukturlosen Anteil der Zelle abtrennen lassen. Die meisten Organellen üben ganz spezifische, genau bekannte Funktionen aus.

Palindrom Ein DNA-Abschnitt, der vorwärts und rückwärts gelesen gleich lautet.

PCR Siehe Polymerase-Kettenreaktion.

Peptidsynthese Der Prozeß, durch den Aminosäuren miteinander verbunden werden, um kurze oder lange Ketten (Polypeptide) zu bilden.

Phage Kurzform von Bakteriophage. Ein Virus, das Bakterien infizieren und zerstören kann. Wird von Gentechnologen häufig als Vektor verwendet.

Phosphorylierung Ein Stoffwechselprozeß, durch den eine Phosphatgruppe an ein Molekül angefügt wird.

Plaque Ein durchsichtiger Fleck in einem Bakterienrasen, der dort entsteht, wo eine Phagenpopulation die auf einem gelartigen Nährmedium wachsenden Bakterien zerstört hat.

Plasmid Ein ringförmiges DNA-Stück, das sich in einer Zelle unabhängig von der Kern-DNA verdoppeln kann. Wird in der Gentechnologie häufig als Vektor verwendet.

Polymer Ein Molekül, das aus einer Anzahl kleinerer Untereinheiten aufgebaut ist.

Polymerase-Kettenreaktion Eine Methode zur schnellen Vervielfältigung eines bestimmten DNA-Abschnitts im Reagenzglas mit Hilfe eines DNA-kopierenden, kettenverlängernden Enzyms (DNA-Polymerase). Für diese wirkungsvolle Methode gibt es viele Anwendungen in Forschung und Medizin. Abgekürzt als PCR (*polymerase chain reaction*).

Polypeptid Eine Aminosäurekette, die ein Protein oder einen Bestandteil eines mehrkettigen Proteins bildet.

Polyribosom Eine Ansammlung von Ribosomen, die an ein Boten-RNA-Molekül angeheftet sind und nach den darin verschlüsselten Anweisungen die Synthese von Proteinen durchführen.

Primärtranskript Das RNA-Molekül, das bei Aktivierung eines Gens zuerst als getreue Kopie der gesamten Gensequenz synthetisiert wird. Teile des Primärtranskripts werden herausgeschnitten, bevor die Boten-RNA in das Cytoplasma gelangt.

Protein Ein polymeres Molekül, das aus Aminosäuren aufgebaut ist. Proteine leisten den größten Teil der Arbeit einer Zelle. Dazu gehören Enzyme, Antikörper, viele Hormone, Transportmoleküle für andere Substanzen, Rezeptoren und Strukturmoleküle.

Proteinkinase Ein Enzym, das an bestimmte Aminosäuren von Proteinen eine Phosphatgruppe anfügt.

Proteinsynthese Der Vorgang, durch den Aminosäuren miteinander verbunden werden, um Proteine zu bilden. Im Prinzip synonym zu Peptidsynthese, außer daß sich dieser Begriff auf kürzere Aminosäureketten bezieht.

Rekombination Die Neukombination beziehungsweise Umordnung von Genen im Rahmen natürlicher Vorgänge wie der Meiose oder durch Genmanipulation im Labor. Bei der Verknüpfung von DNA-Stücken unterschiedlicher Herkunft entsteht rekombinierte (rekombinante) DNA.

Replikation DNA-Verdoppelung durch getreues Kopieren der beiden Stränge einer DNA-Doppelhelix.

Restriktionsendonuclease Ein Enzym, das die DNA-Doppelhelix nur an einer ganz bestimmten Basensequenz schneidet.

Retrovirus Ein Virus, das RNA als genetisches Material verwendet, aber mit Hilfe des Enzyms Reverse Transkriptase in der Wirtszelle eine DNA-Kopie davon anfertigen kann.

Reverse Transkriptase Ein Enzym, das Ribonucleinsäure (RNA) als Matrize verwenden und eine DNA-Kopie der entsprechenden Sequenz anfertigen kann.

Rezeptoren Siehe Zellmembranrezeptoren.

Ribosomen Kleine, partikelartige Strukturen im Cytoplasma, die sich an Boten-RNA-Moleküle anheften und bei der Übersetzung der genetischen Botschaft in eine bestimmte Aminosäuresequenz mitwirken. Unentbehrlich für die Proteinsynthese in der Zelle.

RNA Ribonucleinsäure (*ribonucleic acid*). Ein einzelsträngiges Molekül, das aus einem Zucker-Phosphat-Rückgrat und einer daran gebundenen Kette von Basen besteht. Verschiedene Arten von RNA haben unterschiedliche Funktionen. Boten-RNA dient als direkte Vorlage (Matrize) für die Proteinsynthese.

Sonde Ein Stück DNA oder RNA, das mit einem radioaktiven Isotop markiert ist und sich an einen DNA-Abschnitt mit komplementärer Sequenz binden und ihn so „aufspüren" kann.

Southern-Hybridisierung, Southern-Blot Eine Nachweismethode, mit der sich zum Beispiel ein bestimmtes Gen innerhalb der Gesamt-DNA einer Zelle identifizieren läßt.

Springendes Gen Siehe mobiles genetisches Element.

Sticky ends „Klebrige Enden". Kurze, einzelsträngige Enden eines DNA-Moleküls, die sich an komplementäre Abschnitte anderer DNA-Moleküle binden können.

Substrat Das Molekül, welches von einem Enzym umgesetzt wird.

Tay-Sachs-Syndrom Eine Erbkrankheit, die besonders häufig bei den Aschkenasim (Ostjuden) vorkommt und auf einem erblichen Defekt des Enzyms Hexosaminidase A beruht. Dieser Defekt führt zu einer ungewöhnlichen Ansammlung bestimmter Fette in Nervenzellen, welche die geistige Entwicklung schwer beeinträchtigt, und ist meistens tödlich.

Thymin Einer der kleinen molekularen Bausteine, die Basen genannt werden und die codierenden (informationstragenden) Einheiten von DNA und RNA darstellen. Häufig mit T abgekürzt. In der DNA bildet Thymin Paare mit Adenin (A). In der RNA tritt Uracil (U) an seine Stelle.

***TPA* (*tissue plasminogen activator*)** Ein Protein, das im Gewebe (*tissue*) und im Blut vorkommt und die Bildung von Blutgerinnseln verhindert beziehungsweise zu ihrer Auflösung beiträgt. Nützlich bei der Behandlung von Herzinfarkten.

Transfektion Das Einschleusen von DNA in eine Zelle ohne einen Vektor und ihr Einbau in die zelleigenen Gene. Dieser Prozeß ist zwar im allgemeinen wenig effizient, doch er findet häufig genug statt, um eine Genmanipulation zu erlauben, wenn man die transfizierten Zellen unter geeigneten Selektionsbedingungen wachsen läßt.

Transfer-RNA (tRNA) Oberbegriff für RNA-Moleküle, die jeweils eine bestimmte Aminosäure an die richtige Stelle am Ribosom transportieren und so bei der Proteinsynthese mithelfen.

Transgene Tiere oder Pflanzen Organismen, in die ein neues Gen eingeschleust wurde.

Transkription Der Vorgang, bei dem sich die DNA-Doppelhelix teilweise auseinanderwickelt und so die Synthese einer RNA-Kopie eines Gens ermöglicht, die zu einem der beiden Stränge komplementär ist.

Translation Der Vorgang, bei dem die verschlüsselte Botschaft der Boten-RNA gelesen und in ein entsprechendes Protein übersetzt wird.

Transposon Ein mobiles genetisches Element, das sich im Genom umherbewegen kann, statt (wie der größte Teil der DNA) an einer Stelle im Chromosom fixiert zu sein.

Uracil Eine Base, die nur in RNA vorkommt. Vom Informationsgehalt entspricht sie dem Thymin in der DNA. Häufig mit U abgekürzt.

Vakuole Eine säckchenartige, subzelluläre Struktur der Zelle, die im Elektronenmikroskop durchsichtig erscheint. Häufig am Transport von Nahrung in die Zelle oder an der Ausfuhr eines für die Sekretion bestimmten Produkts beteiligt. Auch Vesikel genannt.

Vakzine Siehe Impfstoff.

Vektor Ein Werkzeug der Gentechnologen, das zum Transport rekombinierter DNA in eine Wirtszelle verwendet wird und die dortige starke Vervielfältigung dieser DNA – oft unabhängig von der Replikation der zelleigenen Erbsubstanz – ermöglicht. Sammelbegriff für Phagen, Plasmide, Cosmide und andere Arten mobiler DNA.

Virus Die kleinste und einfachste Organismenform. Viren sind obligatorische Parasiten und können sich nur innerhalb lebender Zellen vermehren.

Wachstumsfaktoren Sammelbegriff für eine Gruppe von Proteinen, welche die Zellteilung stimulieren. Jeder Wachstumsfaktor regt die Bildung eines bestimmten Zelltyps an.

Wasserstoffbindung Bei einer Wasserstoffbindung (auch Wasserstoffbrücke genannt) teilen sich zwei Atome (in biologischen Systemen gewöhnlich Stickstoff- und Sauerstoffatome) ein Wasserstoffatom. Wasserstoffbindungen stabilisieren die Struktur von Proteinen und DNA.

Zelle Die grundlegende Organisationseinheit aller lebenden Materie. Die einfachsten Lebensformen bestehen aus nur einer Zelle – etwa Bakterien, Algen oder bestimmte Parasiten. Höhere Lebensformen sind vielzellige Organismen, bei denen es zu einer Spezialisierung der Zellfunktion und damit zu einer Arbeitsteilung zwischen den Zellen kommt.

Zellkern Siehe Kern.

Zellmembran Die fetthaltige äußere Hülle einer Zelle, die diese von der nächsten Zelle, von der umgebenden Flüssigkeit oder der Außenwelt trennt.

Zellmembranrezeptoren Proteinmoleküle, die in der Zellmembran lokalisiert sind und häufig einige Zuckerreste tragen. Sie können spezifisch ein bestimmtes Molekül binden, wenn dieses vorbeischwimmt – zum Beispiel ein Hormon, einen Nährstoff oder einen Auslöser für die Zellaktivierung.

Index

A

B

C

P

R